明解
量子重力理論
入門

吉田伸夫 著
Nobuo Yoshida

講談社

はしがき

　量子重力理論は，時間と空間，物質と力といった物理の基本概念と密接な関わりを持つ理論物理学の最先端領域であり，それだけに，専門の研究者以外にも興味を持つ人は少なくない．だが，その難解さは尋常ではなく，手助けとなる入門書がなければ学習はおぼつかない．

　この分野で集中的に研究されているのはループ量子重力理論と超ひも理論（超弦理論）であり，後者に関しては，市販されている書物も多い．こうした書物は，主に2つのタイプに分類される．第1のタイプは，大学院生や研究者向けの専門書で，場の量子化や一般相対論に関して基礎知識のある読者を想定している．第2のタイプは，物理学を専門に勉強していない一般人を対象としており，数式を使わずに言葉だけで説明する．どちらも重要な役割を担ってはいるものの，前者は大多数の人にとってハードルが高すぎ，後者はイメージに頼った説明に終始するため誤解を招きやすい．物理学の内容を適切に理解するためには数式が不可欠であるにもかかわらず，数式を用いた書物はあまりに専門的であり，それよりやさしい書物からは数式が消えてしまう．

　本書は，この2つのタイプの間隙を埋めることを念頭に置いて執筆された．想定される読者は，ニュートン力学やマクスウェル電磁気学を学び，相対論や量子論の初歩は知っているものの，理論物理学の専門書を読むには至っていない学部学生や，理系の学部を卒業した後に理論の最先端から離れて教職や技術職に就いた人たちである．こうした読者に向けて，学部レベルの数式を使いながら，量子重力理論の紹介を行う．

　本書は2つの部分から成る．第I部では，量子重力理論に至るまでの道筋を示し，必要となる基礎知識を解説する．量子重力理論の全貌（ぜんぼう）を理解するには膨大な知識が必要となるため，この理論に興味を抱いても，多くの人は，核心に達する前の段階で挫折してしまう．そこで，本書ではあえて説明をショートカットすることをいとわず，できるだけ早く量子重力理論に触れられるように心がけた．具体的には，経路積分，場の量子化，一般相対論を取り上げていくが，厳密さよりもわかりやすさを優先しており，例えば，経路積分の解説では，あらゆる可能な経路の足しあわせではなく，加速度による積分を考察する．言うなれば，ゴールに至る道を踏破することは諦め，飛行機から道筋を俯瞰（ふかん）するにとどめたわけである．実際の道程を自ら踏破したいと思う読者は，所々で紹

介している書物にあたっていただきたい．

　第II部では，まず，量子重力理論のいくつかの学説を紹介する．とは言っても，学説の全貌を見渡すことは無理なので，それぞれの学説の最初の段階で使う式（例えば，ループ量子重力理論におけるループ変数の定義や超ひも理論におけるひもの作用など）を述べるにとどめる．さらに，ブラックホールのエントロピーと宇宙論への応用にも簡単に触れる．

　本書は，量子重力理論の教科書ではない．あくまで入門のためのロードマップであり，数式のない一般向けの解説書に飽き足らない人のために，もう一歩だけ踏み込んで理論を紹介するだけである．しかし，ほんの一歩であっても，量子重力理論という難解で奥深い理論に近づくことができるならば，そこから得るものは大きいはずである．

吉 田 伸 夫

目次

はしがき *iii*

第 I 部　量子重力理論までの道程

第 1 章　量子論の基本原理　*5*
- §1　古典物理学と最小作用の原理 ………………………………… *6*
- §2　不確定性関係と量子論の原理 ………………………………… *9*
- §3　経路積分の手法 ………………………………………………… *13*
- §4　波動関数とシュレディンガー方程式 ………………………… *19*
- §5　振動するシステムのエネルギー量子 ………………………… *23*
- §6　特殊相対論と場のアイデア …………………………………… *25*

第 2 章　場の量子化とくりこみ　*28*
- §1　マクスウェル電磁気学の基礎方程式 ………………………… *28*
- §2　電磁場の量子ゆらぎ …………………………………………… *31*
- §3　電子の場 ………………………………………………………… *37*
- §4　摂動論による相互作用の評価 ………………………………… *44*
- §5　量子電磁気学とファインマン則 ……………………………… *48*
- §6　くりこみの処方箋 ……………………………………………… *54*

第 3 章　時空のゆがみとしての重力　*57*
- §1　特殊相対論とミンコフスキ時空 ……………………………… *57*
- §2　等価原理から時空の幾何学へ ………………………………… *62*
- §3　ガウスの曲面論 ………………………………………………… *67*
- §4　リーマン幾何学における形式不変性 ………………………… *70*

§5	曲率テンソルと共変微分	72
§6	重力場の方程式	75
§7	重力波と重力子	79

第4章　重力の量子化　*81*

§1	量子場の共変性	82
§2	重力場と量子ゆらぎ	84
§3	有効場のくりこみ変換	86
§4	重力のくりこみ不能性	93
§5	量子重力理論の候補	97
§6	量子重力理論はどこまで信頼できるか？	99

第II部　量子重力理論の具体例

第5章　時空構造の極限を求めて——ループ量子重力理論　*105*

§1	格子上の場の理論	106
§2	格子ゲージ理論	107
§3	格子上のループ	112
§4	アシュテカ変数の導入	116
§5	ループ変数による量子化	119
§6	ループ状態の制限	120
§7	幾何学的状態の離散化	122
§8	スピンネットワーク	124
§9	共変性は絶対か？	127

第6章　素粒子論的アプローチ——超ひも理論　*130*

§1	超ひも理論以外のアプローチ	131
§2	なぜひもを考えるのか	134
§3	ひも理論から超ひも理論へ	138
§4	ひもの作用関数	139
§5	整合性の条件	147
§6	超ひも理論と重力	150

§7　超ひも理論はどこに向かうのか？ *155*

第 7 章　半古典的取り扱い——ホーキング放射　*157*

§1　ブラックホールとは何か................................... *157*
§2　リンドラー座標と事象の地平面............................. *159*
§3　ブラックホールの熱力学................................... *163*
§4　リンドラー座標系におけるウンルー効果..................... *168*
§5　ホーキング放射とブラックホールのエントロピー............. *175*
§6　量子重力理論による扱い................................... *177*

第 8 章　宇宙論への応用　*183*

§1　初期特異点... *183*
§2　次元数の問題... *189*

参考文献　*197*

あとがきに代えて——最先端科学の捉え方　*201*

索引　*203*

装丁／安田あたる

第 I 部
量子重力理論までの道程

量子重力理論は，現代物理学の最先端に位置する．しかし，なぜ最先端なのか？　量子や重力とは何を意味しており，どうしてこの2つを1つにまとめなければならないのか？　この問いに答えるには，19世紀末から現代に至る物理学の流れを大局的に眺める必要がある．

　ニュートン力学では，時間・空間・物質・力という4つの基本概念をもとに，空っぽな空間の内部に存在する物質が力の作用によって時間とともにその位置を変えるという形式で物理現象が記述される．19世紀以前には力の起源が曖昧であり，物質同士が接触したときに生じる摩擦力や抗力などの近接力と，重力や電気・磁気のように空間を隔てて働く遠隔力という2種類の力が併置されていた．しかし，19世紀末になると，物質が電荷を帯びた粒子から構成されることが明らかになり，物質同士の接触によって生じるとされた近接力は，実は構成要素である粒子間の電気的な相互作用だと考えられるようになる．こうして近接力と遠隔力は統合され，物質と力について新しい見方が生まれた．この見方によると，物理現象は，物質を構成する分割不可能な粒子——言葉の本来の意味で原子と呼ばれるべきもの——と，これらの粒子と相互作用する場（当時は重力理論が未完成だったので電磁場のみ）によって担われている．点在する物質粒子と空間全域を満たす電磁場は相互作用しており，物質粒子は周囲の電磁場の状態を変え，電磁場は物質粒子に電磁気的な力を及ぼす．このような物質粒子と電磁場の理論は，ファラデー，マクスウェル，ローレンツらによって作り上げられたが，本書では，最大の貢献をした研究者の名前を取ってマクスウェル電磁気学と呼ぶことにする．

　ニュートン力学とマクスウェル電磁気学を2本柱とする古典物理学の体系ができあがった結果，時間・空間・物質・力を基本概念とする世界観が完成の域に達する．この世界観によれば，あらゆる物理現象は，時間と空間という枠組みの中で「物質を構成する原子」と「力を媒介する場」が相互作用することによって生み出される．19世紀末には，さらに，熱を原子集団の統計的な運動として扱う統計力学も構築され，全ての物理現象を統一的に記述する目処が立った——ように見えた．

　しかし，20世紀物理学の進展は，こうしたわかりやすい世界観を覆していく．その帰結は本文中で詳述するが，ここでは少し先回りして，世界観がどのような変化を余儀なくされたかという概略だけ述べておこう．

　まず，時間と空間は，1915年にアインシュタインが完成した一般相対論によって，その内部で物理現象が生起するという単なる枠組みではなく，それ自体が方程式に従ってダイナミックに変動する重力の場であることが明らかになった．すでに1905年の特殊相対論で，時間が過去から未来へと流れていく経過ではなく，空間と同じような拡がり

であることが明らかにされていたが，一般相対論に至って，時間や空間を物質や力から峻別する根拠が曖昧になってきたのである．

一方，原子と場という2分法も，20世紀初頭に崩れていく．1915年に行われた光電効果の精密実験によって電磁場の波動と見なされていた光が粒子性を示すことが明らかになり，さらに，1923年には，物質粒子の一種と見なされていた電子が波動性を示すという物質波の理論が提唱された．つまり，原子も場も，粒子と波動の性質を併せ持つのである．こうした粒子・波動二重性を解明する理論として提唱されたのが，量子化された場——「量子場」——という概念である．電子も光も量子場の励起状態として統一的に解釈され，物質と力の2分法は撤回されることになる．

こうして，ニュートン力学とマクスウェル電磁気学の基礎概念である時間・空間・物質・力の4概念は，前2者が重力場として，後2者が量子場として統合されることになった．量子場に関しては，まだ統合は完全ではなく，電子やクォークのような物質粒子の場と，光子やグルーオンのような力の場を別々に扱っているものの，多くの物理学者は，これらを統合することに本質的な困難はないと考えている．

ところが，統合によってせっかく基礎概念の数を減らしたにもかかわらず，新たに得られた重力場と量子場という2つの概念を包含する理論体系は，いまだにできていない．時間・空間・物質・力という4つの概念を統合しようとして，結果的に，2つの相容れない概念を作り上げてしまったわけである．

重力場と量子場を結びつけるのが難しい理由は，これらを扱う物理学的な手法が根本的に異質だからである．重力場を扱う一般相対論では，ニュートン力学やマクスウェル電磁気学と同じように，重力場の変動を与える基礎方程式（アインシュタイン方程式）が厳密に成立すると見なされており，方程式からのわずかのずれも許されない．これに対して，量子場の理論では，場の運動方程式は厳密に成り立つのではなく，基本的な解の周囲に量子ゆらぎが存在すると考えられている．方程式が厳密に成り立つかどうか，あるいは，量子ゆらぎが存在するかどうかという点で，一般相対論と量子場理論は質的に異なっている．両者を包含する理論がなかなか作れないのは，そのせいである．

重力場も量子場も，物理現象が生起し得る場としてあらゆる領域に拡がっている．しかも，重力場は量子場が持つエネルギーに応じて変動し，量子場は重力場が生み出す時間と空間に規定されているので，両者が密接な関係にあることは間違いない．現実の物理現象としては，両者はみごとに協調している．しかし，その現象を記述するための理論は未完成である．

この問題を解決する1つの方向として，重力場にも他の量子場と同じような量子ゆらぎが存在すると仮定することが考えられる．量子重力理論とは，一般に重力場に量子ゆらぎを取り込んだ理論を指す．これが完成すれば，重力場と量子場を包含する理論を構

築し，さらには，両者を統合した「万物の理論」を作り上げることも夢ではない．実際に，万物の理論を目指した研究も進められている．

しかし，量子重力理論の構築はけた外れに難しい．最初にこの理論のアイデアが提案されたのは 1930 年であり，1960 年代には基本的な枠組み作りが意欲的に進められたにもかかわらず，それから何十年も経つのに，いまだに完成にはほど遠い．難しさの原因は，量子場理論において絶大な威力を発揮した「くりこみ理論」が使えないことにある．

本書第 I 部は，量子重力理論に至る道のりを俯瞰的に眺めることを目指す．全部で 4 つの章から成るが，基礎概念の統合という観点から話の流れを図解しておこう．

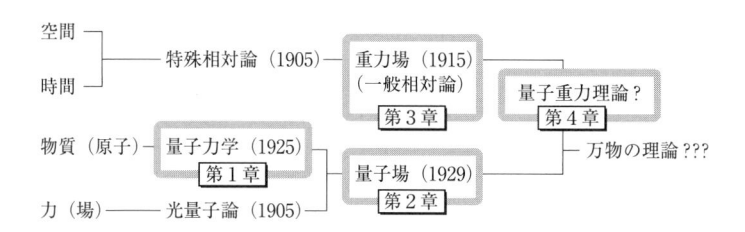

```
空間  ┐
     ├─ 特殊相対論 (1905) ─┬─ 重力場 (1915)      ┐
時間  ┘                    │  (一般相対論)        ├─ 量子重力理論？
                           │    第 3 章          │    第 4 章
                           │                     │
物質（原子）── 量子力学 (1925) ─┤                 └─ 万物の理論 ???
              第 1 章       │
                           │
力（場）──── 光量子論 (1905) ─┴─ 量子場 (1929)
                              第 2 章
```

まず，第 1 章で，粒子の運動を例にして経路積分に基づく量子化の手法を紹介し，古典解の周りに量子ゆらぎが存在するというイメージを形作る．第 2 章では，経路積分を用いた場の量子化について解説する．具体例として量子電磁気学を取り上げるが，ここで登場する素粒子の生成・消滅，ゲージ不変性，くりこみの処方箋などの議論は，量子重力理論で重要な意味を持ってくる．第 3 章では一般相対論を取り上げるが，座標変換に対する不変性がイメージできるように，ガウスの曲面論から出発し，等価原理の議論を経て，重力場に関するアインシュタイン方程式を示す．第 4 章では，それまでの議論を踏まえて重力場をどのように量子化すべきかを述べ，くりこみの手法が使えない結果としてどのような困難が生じるか，これを克服するためにどのようなやり方が模索されているかを紹介する．

第 1 章

量子論の基本原理

　古典物理学と現代物理学の最大の違いは，厳密に成り立つ基礎方程式が存在するか否かという点にある．ニュートン力学やマクスウェル電磁気学のような古典物理学では，時間微分を含む基礎方程式によって物理現象の時間変化が規定されており，必要十分な境界条件が与えられれば，その解は一意的に決定される．例えば，働く力がわかっている粒子の運動をニュートン力学で扱う場合，ある時刻での位置と速度さえ与えられれば，過去から未来にわたる全時刻での位置と速度は完全に定まる．このとき，方程式の解が解析的に求められるとは限らない．互いに重力を及ぼしあう3つの粒子の運動（いわゆる3体問題）では，コンピュータで数値計算をしなければ，それぞれの粒子がどのような軌道を描くかわからない．しかし，そうした場合でも，境界条件が適切に与えられていれば，方程式の解がただ1つしか存在しないことは数学的に証明できる．「あらゆる物理現象は基礎方程式の唯一無二の解として実現されている」というのが，古典物理学のドグマだった．

　ところが，量子論が登場して以降の現代物理学では，物理現象が基礎方程式に厳密に従っているという考え方は根本から否定される．唯一無二の軌道ではなく，**量子ゆらぎ**によってぼやけた軌道を想定せざるを得なくなったのである．

　初歩的な粒子の量子論の場合，シュレディンガー方程式に従う波動関数を使って量子ゆらぎを表すことが多い．しかし，波動関数による記述は，粒子の運動には適していても，量子重力理論のように場を対象とするケースには向いていない．そこで本書では，量子論に移行するに当たって，ファインマンが開発した**経路積分**の手法を使うことにする．量子化の手法としては，経路積分のほかにハイゼンベルクの行列力学に基づく演算子法がある．こちらの方が数学的に厳密に定義されており，波動関数との関係が見やすいこともあって，原子核や物性などの教科書では演算子法が採用されることが多いが，経路積分は，超ひも理論のような量子重力理論でさかんに利用されており，さらに，直観的にわかりやすいというメリットがある（経路積分法と演算子法については，18ページのコラムを参照のこと）．

§1 古典物理学と最小作用の原理

　ニュートン力学のように基礎となる微分方程式が厳密に成り立つことを前提とする理論では，その方程式だけに注目すれば物理現象が解明できる．だが，量子論の場合には，方程式を満たす解からのずれを扱わなければならないため，方程式そのものを導くような形式が必要になる．そこで用いられるのが，**最小作用の原理**に基づく定式化である．

　最小作用の原理とは，基礎方程式の解となる軌道を決定するのに，微分ではなく積分を利用する手法である．話を簡単にするために，x 軸上にある粒子の運動を例にして説明しよう．

　粒子の運動方程式を解く際によく使われるのが，最初の時刻における位置と速度を与えるという境界条件だが，位置と速度を同時に与えるという条件は §2 で述べる不確定性関係に抵触するので，ここでは，最初の位置と速度ではなく，最初と最後の位置を与えるという境界条件を設定する．すなわち，時刻 $t=0$ のときに x 座標の原点 ($x=0$) にいた粒子が，時刻 $t=T$ には位置 $x=X$ にいるという条件である．

　まず，最も簡単な例として，原子に束縛されず電磁場のない領域に置かれた 1 個の電子のように，力が全く働いていない「自由粒子」のケースを考えよう．このとき，運動方程式の解となるのは速度が X/T の等速運動であり，時刻 t での位置座標 x は，

$$x = \frac{X}{T}t \tag{1}$$

と表される．

　ニュートン力学が成り立つ場合は，これが境界条件を満たす唯一の軌道となる．しかし，もしニュートン力学に従わなくてもよいならば，$t=0$ のとき $x=0$ にいた粒子を $t=T$ のとき $x=X$ にいるように移動させる"経路"は，これ以外にも無数にある．例えば，一定の加速度 a で粒子を運動させるときには，位置 x が次のように表されるような経路も考えられる．

$$x = Vt + \frac{1}{2}at^2 \tag{2}$$

ただし，

$$V = \left(\frac{X}{T} - \frac{1}{2}aT\right) \tag{3}$$

　さまざまな加速度 a に対する (2) 式の経路は，図 1 のように表される．

　これらの経路でも，時刻が 0 から T になる間に位置を 0 から X へと変えることはできる．ただし，力が働いていないとき，こうした経路を辿る運動は，ニュートン力学で

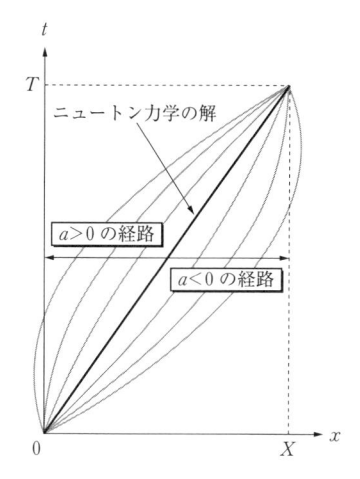

図1 加速度一定のときの粒子の経路

は許されない．もちろん，加速度が力に比例するというニュートンの運動方程式に従っていないからだが，加速度運動をする経路がニュートン力学の解ではないことを表す別の方法もある．

粒子の速度を v としたときの運動エネルギー $K = mv^2/2$ を $t = 0$ から $t = T$ まで積分した値を考える．ニュートン力学に反して加速度 a で運動している場合，この積分 S は，

$$S = \int_0^T dt \frac{1}{2} m \left(V + at \right)^2$$

と表される．(3)式を代入して積分を実行すれば，

$$S = \frac{1}{2} m \left(\frac{X^2}{T} + \frac{1}{12} a^2 T^3 \right) \tag{4}$$

と求められる．この式の形から明らかなように，積分 S は加速度 a がゼロのときに最小値 $mX^2/2T$ を取り，正であろうと負であろうと a が何らかの値を持つと，それよりも大きくなる．つまり，ニュートン力学で許される $a = 0$ という解は，S の値が最小になる場合に対応する．

実は，積分 S が最小のときニュートン力学で許される経路になるというのは，きわめて一般的な性質である．上の計算では，加速度が一定値 a の等加速度運動だけを考えたが，$t = 0$ から T の間に $x = 0$ から X に移動する経路は，加速度が途中で変化する無数のケースがある．そうしたあらゆる経路を含めても，S の値が最小になるのは，ニュー

トンの運動方程式の解となる経路になる．

証明は簡単である．(1) 式の x から δx だけずれた経路に対する S は

$$S = \int_0^T dt \frac{1}{2} m \left\{ \frac{X}{T} + \left(\frac{d\delta x}{dt} \right) \right\}^2$$
$$= \frac{1}{2} m \left\{ \frac{X^2}{T} + \frac{2X}{T} \int_0^T dt \left(\frac{d\delta x}{dt} \right) + \int_0^T dt \left(\frac{d\delta x}{dt} \right)^2 \right\}$$

となる．最後の式の { } 内第 2 項で積分を実行すると，

$$\delta x |_{t=0}^{t=T}$$

という項が現れるが，与えられた境界条件を満たすために $t = 0$ と $t = T$ では $\delta x = 0$ でなければならないので，この項はゼロとなる．また，第 3 項は，被積分関数 $(d\delta x/dt)^2$ が非負なので，S が最小になるのは，$(d\delta x/dt)^2$ が常にゼロになるとき，つまり，$\delta x = $ (定数) のときである．ところが，経路の両端で $\delta x = 0$ なので，結局，常に $\delta x = 0$ のときに S が最小となる．

物理学では，ここで導入した S のことを作用積分，作用関数，あるいは単に**作用**と呼ぶ．ニュートン力学の解は，作用が最小値を取る経路である．これを「**最小作用の原理**」と呼ぶ．

最小作用の原理は，位置エネルギー（ポテンシャルエネルギー）が存在するときにも成立する．位置エネルギーを位置 x の関数として $U(x)$ と書くと，位置 x にある粒子は，

$$F = -\frac{dU}{dx}$$

という力を受ける（3 次元の場合には，ベクトル微分演算子ナブラを用いて，

$$\boldsymbol{F} = -\nabla U$$

と表される）．このとき，作用 S は，運動エネルギー $K = mv^2/2$ だけでなく，位置エネルギー U も含めて，次のように定義される．

$$S = \int_0^T dt \, (K - U) = \int_0^T dt \, L$$

つまり，ある経路に対して，運動エネルギー K と位置エネルギー U の差を時間で積分したものが作用である．一般に，作用積分の被積分関数をラグランジアンと呼んで記号 L で表すが，上のケースでは K と U の差がラグランジアン L になっている．ニュートン力学で許されるのは作用 S が最小になる経路であり，それ以外の（ニュートン力学の範囲では実現されない仮想的な）経路での S は，この最小値よりも大きくなる．

作用が最小になる経路だけが実現されるという最小作用の原理は，粒子が運動方程式に従っていることと等価である．このことは，数学的に厳密に証明できる．証明には変分法という数学的手法が使われ，作用が最小になるとき，その経路のどの部分でも「質量×加速度＝力」という運動方程式に従っていることが示される．

　　最小作用の原理が運動方程式と等価なことは，解析力学の教科書（例えば，ゴールドスタイン著『古典力学』（吉岡書店））に書かれているので，詳しく知りたい人は，そちらを参照していただきたい．

　　多くの解析力学の教科書で明確に記されているように，正確に言えば，方程式の解になるのは，軌道を微小変化させても作用 S の値が変化しないときである．このときの S の値は停留値と呼ばれ，最小値とは限らない（極小・極大だけでなく，鞍点になることもある）．本書では，話を簡単にするために「最小値」と記すことにする．

　ニュートン力学だけではなく，マクスウェル電磁気学においても，やはり最小作用の原理が成り立つ．粒子の運動方程式に相当するマクスウェル方程式は，場所 (x, y, z)，時刻 t における電場 $\boldsymbol{E}(x, y, z, t)$ と磁場 $\boldsymbol{B}(x, y, z, t)$ に関する偏微分方程式の形をしており，この方程式を満たす解がマクスウェル電磁気学で許される"経路"となる．粒子に関する議論を拡張して，両端の時刻である $t = 0$ と $t = T$ で全空間にわたって電場と磁場の強度が与えられるという境界条件を設定し，時間が 0 から T までの間の電場と磁場の変化を考えることにしよう．マクスウェル電磁気学で許されるのは，マクスウェル方程式の解となる電場・磁場に限られるが，ここでは，マクスウェル方程式を満たさないような電場 $\boldsymbol{E}$ と磁場 $\boldsymbol{B}$ を仮想的な経路として想定し，次の式で与えられる作用 S を導入する（右辺の (係数) は，単位系として SI 単位系，実用単位系，ガウス単位系，あるいはそれ以外の単位系のどれを選ぶかによって異なる）．

$$S = (係数) \times \int_0^T dt \int dxdydz \left(\boldsymbol{E}^2 - \boldsymbol{B}^2 \right)$$

x, y, z 座標による空間積分は全空間にわたり，時間積分は $t = 0$ から $t = T$ の間とする．証明は省略するが，マクスウェル方程式を満たすのは，作用 S を最小にするような電場と磁場の経路であることが知られている．

§2　不確定性関係と量子論の原理

　古典物理学の特徴は，物理現象が基礎方程式に厳密に従っており，境界条件が与えられれば，その解は一意的に決定されることである．ところが，1920年代に定式化された

量子論では，こうした特徴は失われる．いわゆる不確定性関係により，位置や速度などの物理量が制約を受けるからである．

不確定性関係にはいくつかのバージョンがあるが，特に粒子の運動に関する不確定性関係を述べておこう．ニュートン力学では，粒子の位置と運動量（＝質量×速度）は，任意の精度で確定できると考えられていた．これに対して，量子論では，位置 x の不確かさ Δx と，運動量 p の不確かさ Δp 間に，

$$\Delta x \Delta p \geqq \hbar/2 \tag{5}$$

という式で表される関係がある．ただし，$\hbar$ はプランク定数 h を 2π で割ったもので，その値は，1.05×10^{-34} [Js] である．

ここで言う不確かさとは，測定に伴う誤差や人間が持つ知識の不完全さではない．粒子なのだからどこか特定の位置に存在しそうなものだが，量子論を信じるならば，粒子の位置がそもそも確定していないのである．これはひどくわかりにくい主張であるものの，粒子という概念を採用する限りは認めざるを得ない．実は，第 2 章で解説する量子場理論になると，粒子概念そのものが使われなくなり，「粒子の位置が確定していない」というわけのわからない主張は，「場の強度が確定していない」というほんの少しだけわかりやすい主張に置き換えられる．

不確定性関係を認めるならば，運動する粒子は確定した軌道を描かないことになる．もし軌道が確定していれば，軌道上では粒子の位置 x が時間 t の関数として与えられるので，x を t で微分することによって位置だけでなく速度も確定してしまい，不確定性関係に反するからである．これは，量子論ではニュートンの運動方程式が厳密には成り立たないことを意味するが，それだけではない．運動方程式の解にならないどのような軌道であっても，確定した軌道を描くと仮定する限り，やはり不確定性関係に抵触する．

量子論では，ニュートン力学のように確定した 1 本の軌道ではなく，"ぼやけた" 軌道を想定すべきである．"ぼやけた" という曖昧な表現の意味するところは以下の議論で示していくが，まずは，粒子が描く軌道がくっきりとした線ではなく，ぼんやりと拡がっているというイメージを持っていただきたい．

ニュートン力学が成り立つ世界ならば，どのような運動が実現されるかは，運動方程式を解くことで完全に決定される．これに対して，運動方程式が厳密には成り立たず軌道がぼやけている量子論の世界では，方程式の解を求めて何が起きるかを決定することはできない．そこで解の代わりとして用いられるのが，ある状態から別の状態への遷移が起こりやすいかどうかを表す遷移振幅という概念である．例えば，「$t = 0$ のとき $x = 0$ に粒子が存在する状態」と「$t = T$ のとき $x = X$ に粒子が存在する状態」とは，古典論では運動方程式の解となるただ 1 つの軌道で結びつけられるが，量子論の場合，

遷移振幅という量が両者の結びつきを表している．

状態 P から状態 Q へと遷移するときの遷移振幅を $A(\mathrm{Q};\mathrm{P})$ と書くことにしよう．実験によって $A(\mathrm{Q};\mathrm{P})$ そのものを測定することはできないが，同じ条件で実験を繰り返していけば，P から Q への遷移が実際に起きる確率 $P(\mathrm{Q};\mathrm{P})$ が測定できる（少なくとも原理的には）．

遷移振幅 $A(\mathrm{Q};\mathrm{P})$ は，測定可能な量である遷移確率 $P(\mathrm{Q};\mathrm{P})$ と，一般に，次の関係式で結びつけられる（空間が無限に広いときの自由粒子のように，遷移確率が適切に定義できない場合もある）．

$$P(\mathrm{Q};\mathrm{P}) = |A(\mathrm{Q};\mathrm{P})|^2 \tag{6}$$

ここで，量子論の基本原理を述べよう．量子論とは，遷移振幅が次の式で与えられる物理学理論のことである．

$$A(\mathrm{Q};\mathrm{P}) = \sum_{\mathrm{path}} (係数) \times \exp(iS/\hbar) \tag{7}$$

右辺の和は，状態 P から状態 Q に遷移する過程で，可能な全ての経路（path）について足しあげることを意味しており，S はそれぞれの経路ごとの作用を表す．指数関数 $\exp(\cdots)$ は，ネイピア数 e を底とするベキ乗のことで，引数に虚数単位 i が現れるため，S の増減に応じて振動する関数となる．(7) 式に現れる係数は，多くの場合，遷移振幅の持つ一般的な性質から決定できる（決定できない場合もある）．遷移振幅が (7) 式になるというのが量子論を定義する 1 つの方法であり，「経路積分法」と呼ばれる．

遷移振幅の係数をどのように決めるべきかは，運動が特定の範囲に拘束されるいわゆる「束縛系」になると，かなり難しい問題になる．この点について第 2 章で簡単に触れるが，数学的にやっかいな議論になるので，本書ではあまり深入りしない．

【コラム】——なぜ複素数が使われるのか

複素数についてあまり詳しくない読者もいると思われるので，ここで，複素数とは何か，なぜ量子論に $\exp(i\cdots)$ という複素数の関数が使われるかについて，簡単に触れておこう．

もともと複素数は，$x^2 = -1$ のように，2 乗したものが負になるという方程式を解くために導入された．実数の世界では，負とは数直線で正の向きと逆の向きを表している．負数の 2 乗は，数直線の負の向きからさらに向きを反転させることを意

味するので，必ず正数になる．正数の 2 乗はもちろん正なので，2 乗して負になる数は存在しない．

数直線上の点で表される実数とは異なり，複素数では，数を表現する土台が数平面（複素平面）へと拡張される．数直線上では，数は原点からの距離を表す絶対値と，正負の向きを表す符号によって表されていた．ところが，数平面上の数になると，正負 2 値の符号ではなく，実軸に対する角度（偏角）という連続量が使われるようになる．実数の乗算の場合，符号が負のときには数直線上の向きを反転させるという離散的な操作が必要だが，複素数では，乗じる数の偏角の分だけ回転させるという連続的な操作になる．このため，複素数を表す数平面上で「2 乗して負になる」とは，同じ角度で 2 度回転した結果が 180° の回転になることを意味し，90° ないし 270° の偏角を持つ数が $x^2 = -1$ のような方程式の解になる．複素数とは，実数の離散的な操作を連続的な操作に拡張することで，演算の自由度を大幅に増した数なのである．

複素数で特に重要な役割を果たすのが，絶対値が 1，偏角が任意の数であり，数平面では，原点を中心とする半径 1 の円周上の点で表される．偏角を θ として，この数を $f(\theta)$ と書くことにしよう．θ を微小量 $d\theta$ だけ増加させたときの増分 $df = f(\theta + d\theta) - f(\theta)$ は，図 2 から求めることができる．

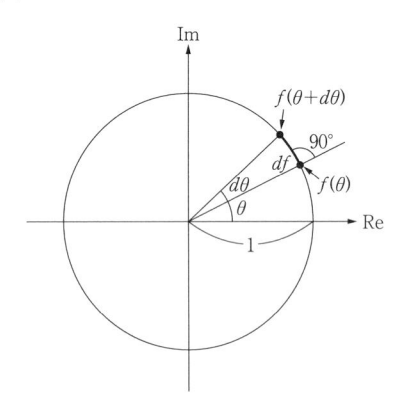

図 2 絶対値 1，偏角 θ の複素数

df の長さ（絶対値）は，2 辺の長さが 1，頂角 $d\theta$ の 2 等辺三角形の底辺なので（高次の微小量を無視すると）$d\theta$ に等しく，その偏角は θ から 90° だけ回転していることから $if(\theta)$ の偏角に等しい．ただし，i は絶対値 1，偏角 90° という虚数単位（$=f(90°)$）であり，$if(\theta)$ の絶対値は 1 であることに注意されたい．この関係を微

分形式で表すと，

$$df = ifd\theta$$

となる．実数の場合，微分方程式 $df/dx = f$ の解は指数関数 $\exp(x)$ になるので，これを複素数に拡張すれば，絶対値 1，偏角 θ の複素数 $f(\theta)$ は，$\exp(i\theta)$ に等しいことがわかる．この結果を使えば，オイラーの関係式

$$\exp(i\theta) = \cos\theta + i\sin\theta$$

が直ちに導かれる．

 $\exp(i\theta)$ という関数が重要なのは，これが振動の振舞いを直接的に表しているからである．実数で振動について調べるためには，三角関数の加法定理などを使って計算しなければならず，かなりやっかいである．ところが，$\exp(i\theta)$ を使うと，きわめて簡単な関数でありながら，θ を増やしていくだけで複素平面上で半径 1 の円周をグルグルと回るため，関数の実部と虚部を見ることにより振動の振舞いを即座に解析することができる．

 おそらく，自然界の根底には，何らかの振動が潜んでいるのだろう．その詳細はいまだに明かされていないが，少なくとも，振動の存在を前提としてその振舞いをを簡潔に表すには，$\exp(i\theta)$ という関数が最も適切である．量子論のような基礎物理学理論にこの関数が現れるのは，そのせいだと推測される．

§3 経路積分の手法

 (7) 式だけでは具体的に遷移振幅を計算する方法がわかりにくいので，具体例を使って説明しよう．§1 でも扱った 1 次元の自由粒子の運動で，時刻 $t = 0$ で $x = 0$ にいる状態から $t = T$ で $x = X$ にいる状態への遷移振幅 $A(X, T; 0, 0)$ を取り上げる．

 粒子の運動であらゆる経路を足しあげるためには，0 から T の間のあらゆる瞬間において，位置 x が進入可能な全領域をカバーするようにしなければならない．時刻 t での位置を $x(t)$ と書くならば，これは，全ての t に対して $x(t)$ を積分することに相当する．この積分は，形式的に

$$\int \prod_t dx(t) \cdots \tag{8}$$

と表せる（$\prod$ は全ての時刻 t について積を取ることを意味する）．こうした形式の積分

は，さまざまな経路を足しあわせることになるので，「経路積分」と呼ばれる．

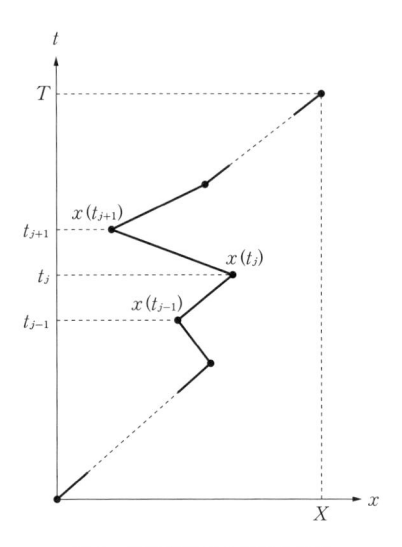

図3 経路積分での時間の分割

t は連続的な数なので，全ての $x(t)$ について積分することは本来できないはずだが，ここでは数学的にあまり難しいことは言わず，時間を無数の部分に分割して，各部分で積分すると考えていただきたい．時間を分割して積分する仕方は，概略的に図3のように表される．

このように，さまざまな t に対する $x(t)$ を独立の積分変数として扱うと，経路は滑らかな曲線にはならない．作用 S の計算に現れる運動エネルギーには x を時間で微分した項が含まれており，経路が滑らかでないと微分ができなくなるが，実際の計算では，次のように微分を差分で置き換えて値を評価する．

$$\frac{dx}{dt} \to \frac{x(t+\Delta t) - x(t)}{\Delta t}$$

時間 $t=0$ から $t=T$ までの経路積分を数学的にきちんと行うには，次のようにすればよい．まず，時間間隔 T を N 等分して，$x(jT/N)$ ($j=1,2,\cdots,N-1$) という $N-1$ 個の積分変数による積分を考える（変数の個数が $N-1$ 個になるのは，経路の両端が，$x=0$ および $x=X$ になるように固定されているからである）．積分実行後に N を無限大にする極限を取ったとき値が発散しなければ，遷移振幅が経路積分で定義できたことになる．

§3 経路積分の手法

経路積分では短い時間間隔のうちに位置が大幅に変動するような経路が含まれるため，時間微分（を差分に置き換えたもの）からの寄与が大きくなる．少し先回りをして言うと，量子重力理論では，この寄与が重大な問題を引き起こすことになる．

経路積分の具体例を示したいが，時間間隔を分割して経路積分を遂行するのはかなりやっかいなので，ここでは，§1で行ったように，一定の加速度 a で $x=0$ から $x=X$ まで移動する経路だけを考えることにしよう．こうすれば，全ての時刻における積分ではなく，適当な1つの時刻，例えば，$t=T/2$ での位置 $x(T/2)$ についての積分を行うだけでよい．(2), (3) 式からわかるように，

$$x(T/2) = \left(\frac{X}{T} - \frac{1}{2}aT\right)\left(\frac{T}{2}\right) + \frac{1}{2}a\left(\frac{T}{2}\right)^2 = \frac{X}{2} - \frac{1}{8}aT^2$$

となるので，加速度 a のときの作用 (4) を使えば，遷移振幅は，

$$A(X,T;0,0) \sim (係数) \times \int_{-\infty}^{+\infty} \left(\frac{T^2}{8}\right) da \exp\left\{\frac{im}{2\hbar}\left(\frac{X^2}{T} + \frac{1}{12}a^2T^3\right)\right\} \tag{9}$$

と表される（重要な項だけを抜き出したことを示すために，等号ではなく ～ を用いた）．

ここで登場する $\exp(ica^2)$ という形の関数（c は任意の定数）を積分するにはどうすればよいか，少しコメントが必要だろう．

$\exp(ica^2)$ は，a が大きくなるとともに同じ振幅でいつまでも振動を続けるために，積分領域を無限大まで拡げて積分しようとしても，通常の区分求積法では値が収束しない．経路積分では，このような振動関数の積分が頻繁に現れるため，数学的に「適切に定義されていない（ill-defined）」と言われることもある．しかし，解析接続という数学的なテクニックを用いれば，振動する関数でも積分値が求められる場合がある．$\exp(ica^2)$ は，この方法で積分領域を無限大に拡張できる関数であり，次の積分公式が成り立つ．

$$\int_{-\infty}^{+\infty} da \exp(ica^2) = \sqrt{\frac{\pi i}{c}} \tag{10}$$

この積分公式を確かめるには，次のようにする．まず，$\exp(ica^2)$ を解析接続することによって，積分変数 a を複素数の領域に拡張する．ここで図4のような閉曲線の積分路を考えると，コーシーの積分定理（「単連結領域で正則関数を閉曲線に沿って積分した値はゼロになる」という定理）によって，積分値はゼロになる．

図の半径 R を大きくしていくと，円弧の部分（積分路のⅡとⅣ）で被積分関数は $\exp(-cR^2)$ という形でゼロに近づき，R が無限大となる極限では，その積分値は他からの寄与に比べて無視できる（実軸の近傍ではゼロに近づく速さが遅くなるが，積分値が無視できることに変わりない）．この極限で積分路Ⅰからの寄与は (10) 式左辺に等しくなる

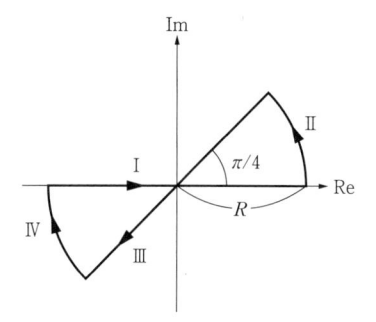

図 4 振動関数を積分するための積分路

が，I〜IVからの寄与を加えたものがゼロになり，IIとIVからの寄与が無視できるので，(10) 式左辺は，積分路IIIの積分値の符号を変えたものに等しくなる．したがって，

$$\int_{-\infty}^{+\infty} da \exp(ica^2) = -\int_{\text{IIIの積分路}} dz \exp(icz^2) = \int_{-\infty}^{+\infty} e^{\frac{\pi i}{4}} dR \exp(-cR^2)$$

最後の積分は，有名なガウス積分の公式を使って直ちに答えを求めることができ，最終的に (10) 式を得る．

経路積分に現れる振動関数の積分が，常にこのように簡単に遂行できるとは限らない．実際には，適切に定義できない積分があちこちに現れてしまい，物理学者を苦しめる．本書の主題である量子重力理論でも，この問題は影を落とす．ときには，振動する関数の積分が扱えないため，作用の定義に現れる時間積分において，時間 t を $i\tau$ という虚数の時間に置き換えてしまって，経路積分の被積分関数が振動しないようにすることも珍しくない．その実例には，第 8 章に登場するホーキング・ハートルの理論がある．

(10) 式を使えば (9) 式の積分が実行できて，指数部 ( ) 内の第 2 項は係数に吸収されてしまい，第 1 項の X^2/T だけが残る．(4) 式の説明で述べたように，$mX^2/2T$ はニュートン力学の解に対応する作用であり，これを S_c と書くと，

$$(遷移振幅) \propto \exp(iS_c/\hbar) \tag{11}$$

と表される．量子論的な効果が表面化せず古典物理学がよい近似になっている場合，古典物理学の解（古典解）に対応する作用 S_c を用いた遷移振幅の式 (11) は，自由粒子に限らず一般的な近似公式として成り立つことが知られている．

(9) 式は等加速度運動の経路だけを考えたものだが，あらゆる経路を足しあげても確

率振幅は同じ形の式で表される．係数まで含めると，次のようになる．

$$A(X,T;0,0) = \sqrt{\frac{m}{2\pi i\hbar T}} \times \exp\left(\frac{imX^2}{2\hbar T}\right) \qquad (12)$$

あらゆる経路を足しあげるのは，機械的だがかなり煩雑な計算になる．具体的な計算法は，経路積分の参考書（例えば，R. P. ファインマン／A. R. ヒッブス著『量子力学と経路積分』（みすず書房））を参照していただきたい．

(12) 式の係数は，次のようにして決定することができる．$A(X,T;0,0)$ を与える (7) 式式を経路積分の形式で表した上で，0 と T の間の時刻 t おける位置 $x(t)$ の積分だけを抜き出してみよう．

$$A(X,T;0,0) = \int dx \int \prod_{t'>t} dx\left(t'\right) (\text{係数}) \times \exp\left(\frac{iS(X,T;x,t)}{\hbar}\right)$$
$$\times \int \prod_{t'<t} dx\left(t'\right) (\text{係数}) \times \exp\left(\frac{iS(x,t;0,0)}{\hbar}\right) \qquad (13)$$

$S(X,T;x,t)$ は，時刻 t での位置 x から時刻 T での位置 X まで移動する特定の経路に対する作用である（$S(x,t;0,0)$ も同様）．(7) 式をこの形に書き換えるには，与えられた経路に対して，

$$S(X,T;0,0) = S(X,T;x,t) + S(x,t;0,0)$$

のように作用を分割する必要があるが，こうした分割は，ラグランジアン（作用積分の被積分関数）が 1 階の時間微分までしか含まない場合，自由粒子に限らず常に可能である．

(13) 式を使うと，遷移振幅に関する次の式が導かれる．

$$A(X,T;0,0) = \int_{-\infty}^{+\infty} dx A\left(X,T;x,t\right) A\left(x,t;0,0\right) \qquad (14)$$

この式は，$x=0$ から $x=X$ に移動する途中の時刻 t で，粒子が任意の位置 x を通ることを意味する．時間幅が T のときの遷移振幅の係数を $c(T)$ と書いて (14) 式に代入すると，

$$c\left(T\right)\exp\left(\frac{imX^2}{2\hbar T}\right) = \int_{-\infty}^{+\infty} dx\, c\left(T-t\right)\exp\left(\frac{im\left(X-x\right)^2}{2\hbar\left(T-t\right)}\right) c\left(t\right)\exp\left(\frac{imx^2}{2\hbar t}\right)$$

となる．(10) 式を使って積分を実行し，両辺を比較すると，

$$c\left(T\right) = \sqrt{\frac{m}{2\pi i\hbar T}}$$

が得られる．

§2 で量子論の軌道は"ぼやけている"という曖昧な言い方をしたが，その意味は，経路積分を元にイメージすると明瞭になるだろう．古典物理学の範囲では，軌道はただ 1

つの曲線に確定するが，量子論になると，(7) 式で示されるように，それ以外のさまざまな経路に $\exp(iS/\hbar)$ という重みをつけて足しあげていかなければならない．ところが，作用 S は，古典解に対して最小値（正確に言えば停留値）を取り，そこから著しく外れた経路では軌道のわずかな変分に対して値が大きく変動する．このため，古典解から外れた領域では $\exp(iS/\hbar)$ が激しく振動し正負の値が互いにうち消しあうように働くので，経路積分にはあまり寄与しない．量子論の軌道は，古典解が基本となり，その周囲に小さなゆらぎがあるような形で表される（ただし，量子効果が強く現れるような現象に関しては，このような描像は必ずしも成り立たない）．こうしたゆらぎが量子ゆらぎである．**量子論とは，物理現象が方程式の厳密な解になるのではなく，解の周囲に量子ゆらぎが存在する理論である．**

古典物理学の理論から出発し，(7) 式に基づいて量子ゆらぎを取り入れるように理論を拡張することを，「理論の量子化」と呼ぶ．力学を量子化したものが量子力学，電磁気学を量子化したものが量子電磁気学，そして，重力理論を量子化したものが量子重力理論である．

【コラム】——経路積分法と演算子法

理論を量子化する方法には，本書で述べている経路積分法の他に演算子法と呼ばれるものがある．演算子法は，1926 年にハイゼンベルクが量子論に至るアイデアを見いだしたすぐ後に，ディラックによって提案された．古典物理学では，粒子の運動における位置や運動量，電磁気における電場や磁場の強度は，ただ 1 つの値に確定する．これに対して，ハイゼンベルクは，原子レベルでの物理量は 2 つの状態を結びつける行列の形で表されると考えた．ディラックは，このアイデアをさらに掘り下げ，状態から切り離して独立に定義できる物理量を追求した．こうしてディラックが導入した物理量は，古典物理学のように値が確定できるものではない．彼の定式化によれば，量子論における物理量は，積の順序を交換すると結果が異なるような数で表される．例えば，粒子の位置 x と運動量 p の場合，次のような「交換関係」が成立する．

$$xp - px = i\hbar$$

古典物理学の位置や運動量のように x や p が 1 つの値を持つとすると，この交換関係を満たすことはできない．その後，ワイルやノイマンらの数学者によって，こうした性質を持つ物理量は，ヒルベルト空間（ある性質を持つ関数の集合）に作用す

る演算子として定式化できることが明らかにされた．この定式化によると，不確定性関係 (5) は，ハイゼンベルクが考えたような原理ではなく，ディラックの交換関係から導かれる定理にすぎない．演算子法とは，交換関係を原理として量子論を構築する方法である．

演算子法のメリットは，数学的にきちんとしていることである．細かな点（例えば同一点で 2 つの演算子の積がどうなるかといった問題）を別にすれば，演算子法に基づく量子力学は，数学的に明確に定義された理論体系である．ただし，デメリットもある．何と言っても，直観的に理解しにくい．われわれの頭脳は，演算子とかヒルベルト空間とか言われても，ピンとこないのである．

一方，経路積分法は，ファインマンが 1948 年に発表した．本文でも述べたように，経路積分法は数学的に厳密に定式化されていない．無限個の積分変数で振動する関数を積分するという無茶な手法である．解析学の定理を使って積分が実行できる場合はよいが，そうでなければ，怪しげな計算をせざるを得ない．

こうした問題はあるものの，経路積分法には，直観的にイメージしやすいという大きなメリットがある．さらに，さまざまな変換に対して理論が不変かどうかを確かめるのにも，経路積分の形式は便利である．こうしたことから，経路積分法を好む理論物理学者も多い．経路積分法の場合，位置のような物理量が確定しないのは，（演算子だからではなく）積分変数だからである．

演算子法と経路積分法は，大部分のケースで同じ結果を与えるが，特殊な相互作用を行うシステムでは，結果が食い違うことがわかっている．現実にそうした相互作用を行うシステムは見つかっていないので，量子化の 2 つの手法のどちらが正当なのか，いまだに決着はつけられていない．

---

§4 波動関数とシュレディンガー方程式

さまざまな経路が重ね合わされているという量子論的な運動は，光波の伝播とよく似ている．光の場合，ホイヘンスの原理に従って，さまざまな経路を進む要素波の重ね合わせが光の伝播を決定する．このとき，それぞれの経路からの寄与は，$\exp(i\phi)$ という形の位相因子の重みをつけて重ね合わされる．量子論では，この位相 ϕ が $S/\hbar$ で置き換えられた式になっている．

光の伝播とよく似ていることからわかるように，量子論的な力学（量子力学）における粒子の運動は波動的な振舞いを示す．このことは，(12) 式を使って具体的に確認する

ことができる．光と同じように，遷移振幅の位相
$$\phi = \frac{mX^2}{2\hbar T}$$
を考えよう．光の波の場合，1 波長分の距離の間に位相は 2π だけ変化する．そこで，遷移振幅でも，位置 X と $X + \lambda$ の間で位相 ϕ が 2π だけずれるという条件を課してみよう．すると，$X \gg \lambda$ という条件の下で
$$2\pi = \frac{m(X+\lambda)^2}{2\hbar T} - \frac{mX^2}{2\hbar T} \approx \frac{mX\lambda}{\hbar T}$$
となるので，遷移振幅は，ちょうど波長 $\lambda = h/m(X/T)$ の波のように変動することがわかる（$h = 2\pi\hbar$ はプランク定数）．X/T は古典解（ニュートン力学の解）の速度に等しく，質量と速度の積は運動量 p になるので，結局，$\lambda = h/p$ である．これは，1924 年にド゠ブロイが与えた物質波の波長に等しい．

時間についても，同じような関係式が求められる．光波は振動数の逆数に等しい時間が経過する間に 1 回振動し位相 ϕ が 2π だけ進むが，この条件を遷移振幅の式に当てはめ，T から $1/\nu$（$T \gg 1/\nu$）だけ経過したときに位相 ϕ が 2π だけ変化すると置いてみよう．
$$2\pi = \frac{mX^2}{2\hbar\left(T + \frac{1}{\nu}\right)} - \frac{mX^2}{2\hbar T} \approx -\frac{mX^2}{2\hbar T^2 \nu}$$
これより，遷移振幅の振動数は，
$$\nu = \frac{mX^2}{2hT^2} = \frac{1}{2}m\left(\frac{X}{T}\right)^2 / h = \frac{1}{2}mv^2/h = E/h$$
となる．ただし，X/T が粒子の速度 v，$mv^2/2$ が粒子のエネルギー E に等しいことを使って式を書き換えた．ここで導かれる $E = h\nu$ という関係式は，光量子論を提唱した論文でアインシュタインが提唱したものに等しく，アインシュタインの関係式と呼ばれる．

ド゠ブロイやアインシュタインの時代には，プランク定数 h を使うのがふつうだったが，現在では，h を 2π で割った $\hbar$ を用いるのが一般的である．そこで，これを使って，改めて運動量 p とエネルギー E に関するド゠ブロイ・アインシュタインの関係式を書いておこう．
$$p = \hbar k \quad (k：波数，k = 2\pi/\lambda)$$
$$E = \hbar \omega \quad (\omega：角振動数，\omega = 2\pi\nu)$$
この関係式は，原子に束縛されていない電子のような自由粒子の運動を扱う際に，一般的に成り立つものである．

§4 波動関数とシュレディンガー方程式

　量子論では，位相因子の重みをつけてさまざまな経路からの寄与を足しあわせる結果として，波動的な性質が現れる．この性質が明瞭に見られるのが，電子ビームを回折格子（実験では格子状に原子が配列した結晶が用いられる）に照射したとき，背後の蛍光板に衝突した電子のスポットが形作る干渉縞である．干渉縞がどの場所に生じるかといった問題を考えるには，遷移振幅を x と t の関数と見なすと扱いやすい．そこで，これを波動関数 $\psi(x,t)$ と呼び，その振舞いに基づいて粒子の運動を考えることにしてみよう．遷移振幅と確率の関係 (6) 式から明らかなように，$|\psi(x,t)|^2$ は，時刻 t に粒子が位置 x に存在する確率を表す．

　波動関数 ψ に関して，2 つの点をコメントしておく．

　第 1 に，この関数は，遷移先を 1 つに特定せず，さまざまな遷移の可能性を秘めたまま関数として表したものなので，ψ の空間的な拡がり自体は物理的な意味を持たないことを忘れてはならない．量子ゆらぎは現実に存在するものだが，波のように変動する ψ そのものが実在するわけではない．

　第 2 に，波動関数は，量子論的な力学（量子力学）の定式化で重要な役割を果たすものの，量子場や量子重力になるとあまり省みられなくなる点を注意したい．これは，量子力学では波動関数が粒子の位置の関数になり，空間に拡がった波動としてイメージしやすいのに対して，量子場や量子重力の理論では，場の強度の関数となって具体的なイメージが描きにくくなるせいでもある．量子重力理論で波動関数が取り上げられるのは，「宇宙全体の波動関数」といった形式的な議論においてであり，その例は第 8 章で紹介する．

　遷移振幅 $A(x,t;0,0)$ は，$t=0$ で $x=0$ に存在した粒子がどのように遷移するかを与えるものだが，波動関数を定義するとき，最初に位置が特定されていたケースに限る必要はなく，任意の状態 P から出発した遷移振幅 $A(x,t;\mathrm{P})$ を用いてもかまわない．このとき，最初の状態 P をあらわに書かず，次の式で波動関数を定義するのが便利である．

$$\psi(x,t) = \int dx' A(x,t;x',t') \psi(x',t') \tag{15}$$

この式は，遷移振幅の性質を表す (14) 式で，$A(x,t;0,0) \to A(x,t;\mathrm{P}) = \psi(x,t)$ と置いたものである．

　(15) 式は，波動関数 ψ を求めるための積分方程式になっている．この式で，時刻 t を t' に近づける極限を考えると，ψ を時間 t で微分したときの応答を与える微分方程式が得られる．1 次元の自由粒子の場合，この微分方程式は，

$$i\hbar \frac{\partial \psi}{\partial t} = -\frac{\hbar^2}{2m} \triangle \psi$$

となる．ただし，$\triangle$ は

$$\triangle = \partial^2/\partial x^2$$

と表される 1 次元のラプラス演算子である．波動関数に関するこの形の微分方程式を，シュレディンガー方程式と言う．

1 次元の自由粒子の場合，シュレディンガー方程式を導き出すには，すでに与えた遷移振幅の式を用いればよい．$\epsilon = t - t'$，$\xi = x' - x$ と置けば，(12) 式から次の積分方程式が得られる．

$$\psi(x, t+\epsilon) = \int_{-\infty}^{+\infty} d\xi \sqrt{\frac{m}{2\pi i\hbar\epsilon}} \exp\left(\frac{im\xi^2}{2\hbar\epsilon}\right) \psi(x+\xi, t)$$

ここで，右辺の ψ を ξ で展開する．

$$\psi(x+\xi, t) = \psi(x, t) + \xi\psi'(x, t) + \frac{1}{2}\xi^2\psi''(x, t) + \cdots$$

ダッシュは x についての微分を表す．この形にすると，ξ での積分が実行できる（指数関数の部分は引数が大きくなるにつれて振動するので通常の区分求積法では積分できないが，16 ページの図の積分路を考えると，解析的に積分の値が求められる）．ξ の奇数次の項は被積分関数が奇関数になるので積分するとゼロとなる．一方，ξ の $2n$ 次の項からは，ϵ の n 次の項が現れる．ϵ をゼロにする極限を取ると，ϵ の 0 次項は両辺とも恒等的に $\psi(x, t)$ となり，ϵ の 1 次項が求める微分方程式となる．

粒子が受ける力が位置エネルギー $U(x)$ から求められるときには，波動関数が満たすシュレディンガー方程式は次のようになる．

$$i\hbar\frac{\partial \psi}{\partial t} = -\frac{\hbar^2}{2m}\triangle\psi + U(x)\psi \tag{16}$$

この式を求めるには，(7) 式の遷移振幅において，作用 S を与える時間積分の区間が t' から t までの短い時間間隔 ϵ であることを使って

$$S = \epsilon\left\{\frac{m}{2}\left(\frac{x-x'}{\epsilon}\right)^2 - U\left(\frac{x+x'}{2}\right)\right\}$$

と置き，ϵ と $\xi = x' - x$ で展開して ϵ の 1 次項を比較すればよい．

微分方程式 (16) において，ψ と U の引数 x を 3 つの変数 x, y, z に拡張し，$\triangle$ を 3 次元のラプラス演算子

$$\triangle = \partial^2/\partial x^2 + \partial^2/\partial y^2 + \partial^2/\partial z^2$$

と見なせば，この式は，3 次元空間でもそのままの形で成り立つ．

このように，波動関数やシュレディンガー方程式は経路積分から導かれるので，経路積分の方がより基礎的だと見なしてかまわない．

§5　振動するシステムのエネルギー量子

　波動的な振舞いとして重要なのが，定在波における共鳴パターンの存在である．一般に，ある領域に波を閉じ込めると，行き交う波が干渉して，最終的には，特定の共鳴パターンを描きながら同じ場所で振動を繰り返す定在波だけが生き残る．例えば，水槽の水にモーターなどで振動を加えると，水の表面に幾何学的なパターンが現れるが，これが干渉で生き残った定在波である．波動的な振舞いを示す量子論の粒子を閉じ込めた場合にも，最初の状態が何であれ，充分に時間が経過した後には，特定の共鳴パターンだけが生き残っている．こうした共鳴パターンを議論するには，最初の状態を特定する遷移振幅ではなく，シュレディンガー方程式を用いて波動関数を計算するのが便利である．

　充分に時間が経って定在波だけが生き残っているとき，閉じ込められた波は，特定の共鳴振動数で振動していると考えられるので，波動関数は，この共鳴振動数による振動項と，定在波の空間的な共鳴パターンの項に分離することができるはずである．この予想に基づいて，

$$\psi(x,t) = \psi(x)\exp(-iEt/\hbar)$$

と置いてみよう．ただし，アインシュタインの関係式を使って，振動数（あるいは角振動数）の代わりにエネルギー E を使った．

　これをシュレディンガー方程式 (16) に代入すれば，空間的な共鳴パターン $\psi(x)$（時間に依存しない波動関数）に関する次の方程式（時間に依存しないシュレディンガー方程式）が得られる．

$$E\psi = -\frac{\hbar^2}{2m}\triangle\psi + U(x)\psi$$

　特に興味深いのは，振動するシステムを量子化した場合である．ここでは，バネを例に取ろう．バネに取り付けられた錘は，無限の彼方に飛び去ることができないので，量子化された理論では閉じ込められた波のように振舞う．フックの法則に従うバネの位置エネルギー U は，平衡点から計った距離 x の2乗に比例するが，後で現れる式を簡単にするために，バネに取り付けた錘の質量を m として，この比例係数を $m\omega^2$ と置くことにしよう．すると，位置エネルギー U は，

$$U(x) = \frac{1}{2}m\omega^2 x^2$$

と表される．ニュートン力学によると，このバネに取り付けられた錘は角振動数 ω で振動する（これは，上で述べた波動関数の共鳴振動数とは異なる）．位置エネルギーがこの形で表されるとき，シュレディンガー方程式を解いて得られる共鳴のエネルギー E は，0 以上の任意の整数を n として，

$$E = \hbar\omega \left(n + \frac{1}{2}\right) \tag{17}$$

となることが知られている．一般に，位置エネルギーが距離の 2 乗に比例するような振動システムを調和振動子と言い，(17) 式は，任意の調和振動子におけるエネルギーの公式となる．

調和振動子のエネルギーが (17) 式の形で表されることは，どの量子力学の教科書にも書いてある．ここでは，求め方のアウトラインをごく簡単に記しておこう．まず，次の 1 組の微分演算子を考える．

$$a = \frac{1}{\sqrt{2}}\left(\alpha x + \frac{1}{\alpha}\frac{d}{dx}\right), \quad a^\dagger = \frac{1}{\sqrt{2}}\left(\alpha x - \frac{1}{\alpha}\frac{d}{dx}\right) \tag{18}$$

ただし，

$$\alpha = \sqrt{\frac{m\omega}{\hbar}}$$

である．簡単に求められるように，

$$a^\dagger a = \frac{1}{2}\left(\alpha^2 x^2 - \frac{1}{\alpha^2}\frac{d^2}{dx^2}\right) + \frac{1}{2}\left(x\frac{d}{dx} - \frac{d}{dx}x\right)$$

となるが，右辺第 2 項を任意の関数 u に作用させると，

$$\frac{1}{2}\left(xu' - (xu)'\right) = -\frac{1}{2}u$$

となる（ダッシュは x についての微分を表す）ので，第 2 項は $-1/2$ という定数に等しい．同様の計算を $aa^\dagger$ についても行うことにより，

$$aa^\dagger - a^\dagger a = 1$$

という関係式が得られる．

a の式を代入して整理すれば，調和振動子の（時間に依存しない）シュレディンガー方程式は，

$$E\psi = \hbar\omega\left(a^\dagger a + \frac{1}{2}\right)\psi \tag{19}$$

となることがわかる．このシュレディンガー方程式の両辺に左から a を作用させると，次式が得られる．

$$a(E\psi) = \hbar\omega\left(aa^\dagger a + \frac{1}{2}a\right)\psi = \hbar\omega\left((a^\dagger a + 1) + \frac{1}{2}\right)(a\psi)$$

したがって，
$$(E - \hbar\omega)(a\psi) = \hbar\omega\left(a^\dagger a + \frac{1}{2}\right)(a\psi)$$

この式は，$a\psi$ がシュレディンガー方程式の解で，エネルギーが $E - \hbar\omega$ であることを示している．同じようにシュレディンガー方程式の両辺に $a^\dagger$ を作用させると，$a^\dagger\psi$ がシュレディンガー方程式の解となり，そのときのエネルギーが $E + \hbar\omega$ であることがわかる．つまり演算子 a と $a^\dagger$ は，波動関数に作用させることで，それぞれエネルギーが $\hbar\omega$ だけ小さい／大きい状態を作り出す演算子である．

シュレディンガー方程式 (19) の解でエネルギー E が最小値を取るのは，a を作用させてもそれ以下のエネルギー状態を作り出せない状態，すなわち，$a\psi = 0$ を満たす ψ である．(19) 式から直ちにわかるように，このときのエネルギーは

$$E = \frac{1}{2}\hbar\omega$$

となる（零点振動のエネルギー）．これよりエネルギーの大きい状態は，この基底状態に $a^\dagger$ を作用させて作り出すことができる．1 回 $a^\dagger$ を作用させるたびにエネルギーは $\hbar\omega$ ずつ増えていくので，結局，全てのエネルギーは，(17) 式の形で表されることがわかる．

(17) 式は，調和振動子のエネルギーが，$\hbar\omega$ というエネルギーの"まとまり"が何個あるかという形で表されることを意味する．このようなエネルギーのまとまりは，アインシュタインによって 1905 年に「エネルギー量子」と命名されたが，歴史的には，これが現代的な意味で量子という語が使用された最初の例である（もっとも，アインシュタインは，$\hbar\omega$ というまとまりを単に「エネルギー量」と呼んだだけであり，日本語の訳で「〜子」というまとまりを指す接尾語が加えられた）．

バネのような 1 つの調和振動子を扱っている限り，エネルギー量子のアイデアが何らかの役割を果たすわけではない．しかし，長い弦や広い膜のように，ある部分で生じた振動が波として他の部分に伝わっていく媒質を考えると，エネルギー量子があたかも粒子のように運動することが示される．第 2 章の量子場の理論では，このように粒子的な振舞いをするエネルギー量子が主役となる．

---

§6　特殊相対論と場のアイデア

ここまでは，ニュートン力学を拡張して量子ゆらぎを取り入れるように定式化した力学——量子力学を扱ってきた．しかし，量子力学は，理論物理学の基本的な枠組みとされる特殊相対論とうまく調和させられないという大きな欠点を抱えている．

特殊相対論は，もともとは 1904 年から 05 年に掛けてローレンツ，ポアンカレ，アインシュタインによって展開されたアイデアで，物理学理論を不変に保つ座標変換の形式を定めるものだったが，1907 年に，ミンコフスキが時間と空間を 1 つに統合する 4 次元幾何学の考えを提案したことで，この理論が真に意味するところがはっきりしてきた．

　ミンコフスキによる特殊相対論の解釈が正しいとすれば，われわれが生きているのは，時間と空間をあわせた 4 次元の世界だということになる．幾何学的な図形が座標系を回転させても形を変えないのと同じように，4 次元世界の中で座標系をグルリと回して座標軸の向きを変えても物理法則は不変のままだというのが，特殊相対論の基本的な主張である．4 次元世界での回転は，一般に時間と空間をミックスすることになるので，基礎的な物理法則を表す方程式の中で，時間座標と空間座標はシンメトリック（対称的）な現れ方をしなければならない（ただし，時間と空間の単位をあわせるために，時間座標 t に光速 c を乗じて，時間を長さの単位で表しておく必要がある）．特殊相対論に適合する典型的な方程式は，光速で伝播する波についての波動方程式

$$\frac{1}{c^2}\frac{\partial^2 \phi}{\partial t^2} = \triangle \phi \tag{20}$$

である（ϕ は波の変位を表す量）．ところが，量子力学の式は，こうはなっていない．

　ニュートン力学を特殊相対論に適合するように書き換えた相対論的な力学の場合，粒子が描く軌道は 4 次元の曲線として表されており，時間と空間の扱いはシンメトリックである．しかし，力学を量子化するためには，この軌道を量子ゆらぎによって"ぼやけ"させなければならず，その際，(8) 式に示されるように，ある時刻 t における位置 x を積分する必要が生じる．このやり方では，t は運動の枠組みを与える座標系，x は粒子の位置を与える物理量として扱うことになり，時間と空間が一緒になって 4 次元世界を構成しているという特殊相対論の基本的な考え方に合致しない．

　量子力学と特殊相対論の折り合いの悪さは，経路積分の手法以外でも表面化する．例えば，シュレディンガー方程式 (16) は，波動方程式 (20) と比較するとすぐにわかるように，空間座標の微分と時間座標の微分の階数が異なっており，非相対論的である．さらに決定的なのは，2 個以上の粒子を取り扱う場合である．$\psi(x,t)$ という波動関数はあくまで 1 個の粒子に対する式であり，粒子が 2 個のときには，時刻 t のとき粒子 1 が位置 x_1 に，粒子 2 が位置 x_2 にある状態を表すために，$\psi(x_1, x_2, t)$ のように引数の数を増やさなければならない．時間と空間の扱いがシンメトリックでなければならないという特殊相対論とは，いろいろな点で食い違うのである．

　特殊相対論に適合するように量子力学を拡張するにはどうすればよいか？　この問題は，1926 年にハイゼンベルク，ボルン，ヨルダンによって量子力学の基礎的なアイデアが提案された論文で，すでに検討されている．

ここで問題になったのが，粒子という概念である．時刻 t のとき位置 x に存在するという形で記述される粒子の運動を量子化しようとすると，どうしても特殊相対論と適合するようにはできない．粒子の代わりに，電場や磁場のように全ての場所と時刻で定義される場 $\phi(x,y,z,t)$ を使い，この場がいくつもの粒子を生み出すという形式に書き換える必要がある．こうした問題意識の下で練り上げられたのが，次章で取り上げる量子場の理論である．この理論では，粒子という概念がなくなり，場の振動が粒子的な振舞いを生み出すことが示される．

量子力学とは，あくまで過渡的な理論にすぎない．現実的な応用範囲が極端に狭い量子場の理論とは異なり，量子力学は原子核や物性に応用する上で何かと有用なので，理工系大学でもこれだけを教えて量子場には触れないことが多いが，理論として見ると量子力学は不完全なのである．本章では，話をわかりやすくするために自由粒子の力学を取り上げたが，「空間の中で粒子が運動する」という古典物理学的な描像に基づく量子力学の議論はここで終わりとし，これ以降は，原子と場を統合する現代物理学的な世界観に基づいて話を進めていく．

第 2 章

場の量子化とくりこみ

　古典物理学で物理学の根幹と見なされていた基礎方程式は，量子論になると厳密には成り立たず，方程式の解となる軌道の周囲に量子ゆらぎが現れる．粒子の運動を扱う量子力学の場合，この量子ゆらぎは，さまざまな経路に重みをつけて足しあわせるという形で表すことができた．それでは，電磁場のような時間的・空間的に拡がった"場"に量子論を適用する——場を「量子化」する——にはどのような手法が利用でき，その結果として何が起きるのだろうか？　このような場の量子化に関する基礎的な問題を，光と電子を扱う量子電磁気学を例にして見ていきたい．

　量子化された場（短く量子場と呼ぶことにしよう）に見られる最大の特徴は，波動から「粒子的なもの」が生まれる点にある．この粒子的なものは，真空中を自由に飛び回る粒子とは性格が全く異なるが，伝統的に「素粒子」と呼ばれている．光子と電子を例に量子場と素粒子の関係を明らかにすることが，本章前半の主題となる．

　本章後半では，光子と電子の相互作用をもとに遷移振幅を求める方法として摂動論を紹介し，さらに，くりこみ理論について簡単に触れておく．本格的にくりこみ理論を論じる余裕はないが，実は，量子電磁気学と（第 4 章以降で述べる）量子重力理論の最大の違いはくりこみができるかどうかであり，くりこみ不能性の問題こそ量子重力理論がいまだに完成を見ないでいる最大の原因なのである．

§1　マクスウェル電磁気学の基礎方程式

　量子電磁気学を論じる前に，マクスウェル方程式について簡単に復習しておこう．マクスウェル方程式の係数は採用する単位系によって異なるが，ここでは，量子場の式を表記するのに便利なように，真空の誘電率と透磁率が 1 になり，方程式中に円周率 π が現れないヘヴィサイド単位系を採用する（単位系にはこの他にガウス単位系や実用単位系などがあり，方程式の係数が違うので，実際に計算を行う際には注意を要する）．真

§1 マクスウェル電磁気学の基礎方程式

空中に数多くの荷電粒子が存在する場合を想定し，荷電粒子による電荷密度を ρ, 電流密度を j とすると，電場 E と磁場 B に関するマクスウェル方程式は，次の2組になる．

$$(\text{第 1 組}) \quad \nabla \cdot B = 0, \quad \nabla \times E + \frac{1}{c}\frac{\partial B}{\partial t} = 0 \tag{1}$$

$$(\text{第 2 組}) \quad \nabla \cdot E = \rho, \quad \nabla \times B - \frac{1}{c}\frac{\partial E}{\partial t} = j \tag{2}$$

ただし，∇ はベクトル微分演算子ナブラで，

$$\nabla = \left(\frac{\partial}{\partial x}, \frac{\partial}{\partial y}, \frac{\partial}{\partial z}\right)$$

と表される．

∇ は，通常のベクトルと同じように内積と外積を定義できる．これが，上の式に現れる $\nabla \cdot$ や $\nabla \times$ という微分演算子である（∇, $\nabla \cdot$, $\nabla \times$ は，それぞれ，grad, div, rot と書かれることもある）．以下の説明では，計算の過程を改めて記さないが，ベクトル微分演算子に関する次の恒等式を使うと，簡単に計算を遂行することができる（ϕ と A は，それぞれ任意のスカラー関数とベクトル関数とする）．

$$\nabla \times (\nabla \phi) = 0, \quad \nabla \cdot (\nabla \times A) = 0, \quad \nabla \times (\nabla \times A) = \nabla(\nabla \cdot A) - \nabla^2 A$$

よく知られているように，電磁気学では電磁的なポテンシャルを使って式を簡単化することができる．スカラーポテンシャル ϕ とベクトルポテンシャル A を導入し，電場 E と磁場 B を

$$E = -\nabla \phi - \frac{1}{c}\frac{\partial A}{\partial t}, \quad B = \nabla \times A \tag{3}$$

と表せば，マクスウェル方程式の第1組 (1) は自動的に満たされる．

マクスウェル方程式の第2組 (2) を書き直す前に，ポテンシャルが持つ特別な性質を指摘しておこう．電磁気の実験を行う場合，荷電粒子に加わる力をもとにして測定できるのは，ポテンシャルの値そのものではなく電場 E や磁場 B である．ところが，任意の関数 χ を使ってポテンシャルを

$$\phi \to \phi - \frac{1}{c}\frac{\partial \chi}{\partial t}, \quad A \to A + \nabla \chi \tag{4}$$

と置き換えても E と B は変化しないため，置き換えの効果は実験で測定できない．つまり，現実に測定できる物理的な状態は，(4) 式の置き換えに対する不変性を持っていることになる．(4) 式の置き換えは「ゲージ変換」と呼ばれ，ゲージ変換に対する不変性を「ゲージ不変性」という．ゲージとは寸法の基準ないし規格という意味で，ポテンシャルの基準を変えても物理現象は変わらないことを表す．ゲージ不変性があるため

に，物理的な状態が定まってもポテンシャルの値は決定できない．しかし，これでは計算を行う上で不便なので，何らかの条件式（ゲージ条件の式）を使って「ゲージを固定する」のがふつうである．どのようなゲージ条件を用いても，測定できる量についての計算結果は変わらないが，よく使われるのが，

$$\nabla \cdot \boldsymbol{A} = 0 \tag{5}$$

というゲージ条件である．(5) 式のゲージ条件を使うと，マクスウェル方程式の第 2 組 (2) は，

$$-\triangle \phi = \rho, \quad \left(\frac{1}{c^2}\frac{\partial^2}{\partial t^2} - \triangle\right)\boldsymbol{A} + \frac{1}{c}\frac{\partial \nabla \phi}{\partial t} = \boldsymbol{j} \tag{6}$$

となる．ただし，$\triangle$ は第 1 章でも登場したラプラス演算子で，∇ とは，

$$\triangle = \frac{\partial^2}{\partial x^2} + \frac{\partial^2}{\partial y^2} + \frac{\partial^2}{\partial z^2} = \nabla^2$$

という関係で結ばれている．

第 1 章 §6 でも述べたように，特殊相対論とは時間と空間を同等に取り扱う理論だが，(6) 式では時間微分と空間微分の現れ方がシンメトリックではなく，特殊相対論の要請が満たされていないように見える．これは，ゲージ条件 (5) が時間と空間をシンメトリックに扱っていないからである．このゲージ条件は電磁場の量子化に都合がよいので採用したが，実際の計算には，§5 で示すような特殊相対論の要請を満たすゲージ条件が使われる．

ゲージ変換の自由度のせいで不定性があるものの，多くの物理学者は，ポテンシャルの方が電場・磁場よりも基本的な物理量だと見なしている．その理由は，アハラノフ・ボーム効果の実験などを通じて，電場・磁場が同一でもポテンシャルに差があれば異なった現象が生じ得ることが実証されているからである．この考えに基づいて，これからは $\boldsymbol{E}$ と $\boldsymbol{B}$ ではなく ϕ と $\boldsymbol{A}$ を基本量と見なし，(6) 式を電磁気学の基礎方程式と考えることにする．

アハラノフ・ボーム効果が何かを示すために，コイルの近くを飛ぶ電子の運動を考えていただきたい．コイルの周りを一周するようにベクトルポテンシャルを積分した値は（(3) 式から示されるように）コイルを貫く磁束に等しいので，たとえコイルの周囲を電磁的に完全に遮蔽して電子に直接作用するような電場・磁場をなくした場合でも，ベクトルポテンシャルはゼロにならない．アハラノフとボームは，こうした状況で量子論的な効果が現れる実験を行うと，磁場が存在しないにもかかわらず，コイルの周囲を運動する電子がベクトルポテンシャルを"感じ取って"運動状態を変化させると予想した（感じ取られるの

はベクトルポテンシャルの積分値だが，(4) 式の $\nabla\chi$ の項は一周にわたって積分すると消えてしまうので，このことはゲージ不変性とは矛盾しない）．これがアハラノフ・ボーム効果であり，こうした効果が現実に存在することは，すでに実験によって検証されている．

古典物理学のドグマによれば，現実のポテンシャルは (6) 式の厳密解でなければならない．しかし，量子論ではこのドグマが否定され，(6) 式は厳密に満たされなくなる．それでは，厳密解からのずれを意味する量子ゆらぎは何をもたらすのだろうか？

§2 電磁場の量子ゆらぎ

電磁場における量子ゆらぎの性質を調べるために，まず，荷電粒子の存在しない完全な真空でのポテンシャルの振舞いに注目したい．真空なので (6) 式で電荷密度 ρ と電流密度 j をゼロと置かなければならないが，至る所で $\rho = 0$ ならば (6) の 1 番目の式から $\phi = 0$ が導かれるので，2 番目の式で ϕ をゼロと置くことができる．すなわち，

$$\left(\frac{1}{c^2}\frac{\partial^2}{\partial t^2} - \triangle\right) \boldsymbol{A} = 0 \tag{7}$$

が，真空における電磁場の基礎方程式である．

> 量子論では基礎方程式が厳密には満たされないと言いながら，"厳密に" $\phi = 0$ と置いてしまうのはおかしいと思われるかもしれないが，これは，電磁気学における ϕ がダイナミックに変動する物理的な自由度でないことを意味している．荷電粒子が存在すると ϕ はゼロからずれるが，その場合でも，ϕ は量子ゆらぎを示さず，ϕ に関する式は厳密に成り立つ条件式として扱われる．このような面倒な扱いが必要になるのが，ゲージ不変性を持つ理論の特徴である．実は，物理学の基礎方程式は，重力理論を含めて全てゲージ不変性を持っていることが知られている．なぜ自然界がかくもややこしい定式化を必要とする物理法則に従っているのかは，謎だと言わざるを得ない．

古典物理学ならばポテンシャル $\boldsymbol{A}$ は (7) 式を厳密に満たさなければならないが，量子論ではそうではない．解からのずれがどのような効果を生むかを調べるに当たって，第 1 章で導入した経路積分の手法を使うことにしよう．粒子の運動を扱う場合，時刻 t における位置 $x(t)$ が運動方程式の解からずれるので，第 1 章 (9) 式のように，あらゆる時刻における $x(t)$ で積分する操作が必要だった．ところが電磁場では，粒子の位置 x ではなくポテンシャル $\boldsymbol{A}$ が解からずれてさまざまな値を取るので，あらゆる場所 (x, y, z) と時刻 t におけるポテンシャルを積分変数とする積分を行わなければならない．電磁場

の作用を S とすると，経路積分は，形式的に次のように書かれる．

$$\int \prod_{x,y,z,t} d\boldsymbol{A}(x,y,z,t)\,(\text{係数}) \times \exp(iS/\hbar) \tag{8}$$

ここでは簡単に (係数) と記したが，実際には，ゲージ条件を満たすように積分の範囲を限定する必要があり，その制約がこの係数に含まれることになる．こうした拘束条件のあるシステムの量子化を厳密に扱うには，かなり高度な数学が必要となる．

このように，あらゆる場所と時刻における場の変数で積分するというのが，量子場の経路積分である．実際に計算を行うには，空間と時間を小さな領域に分割し，それぞれの領域での $\boldsymbol{A}$ の値を積分変数として変化させながら積分していく．空間が 1 次元の場合について図式的に表すと，図 1 のようになる．

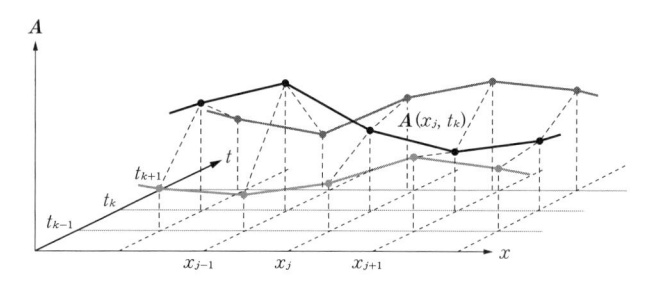

図 1 ベクトルポテンシャルの経路

経路積分を表す (8) 式で特徴的なのは，時間と空間が等しく扱われている点である．第 1 章 §6 で述べたように，粒子の運動を扱う量子論（量子力学）は，どうしても特殊相対論に適合させることができなかった．しかし，電磁場の変動を扱う場合には，経路積分を用いれば，特殊相対論の要請を満たす形で理論を量子化することができる．

運動方程式が (7) 式になるような電磁場の作用は，次式で与えられる．

$$S = \int_0^T dt \int dxdydz \frac{1}{2}\left[\left(\frac{1}{c}\frac{\partial \boldsymbol{A}}{\partial t}\right)^2 - \left(\frac{\partial \boldsymbol{A}}{\partial x}\right)^2 - \left(\frac{\partial \boldsymbol{A}}{\partial y}\right)^2 - \left(\frac{\partial \boldsymbol{A}}{\partial z}\right)^2\right] \tag{9}$$

(9) 式は，第 1 章 (5) 式で与えた電磁場の作用から導くことができる．(5) 式の係数としてヘヴィサイド単位系での係数 1/2 を使い，電場 $\boldsymbol{E}$ と磁場 $\boldsymbol{B}$ をポテンシャル $\phi(=0)$ と $\boldsymbol{A}$ で表した (3) 式を代入すると，次のようになる．

$$S = \int_0^T dt \int dxdydz \frac{1}{2}\left[\left(-\frac{1}{c}\frac{\partial \boldsymbol{A}}{\partial t}\right)^2 - (\nabla \times \boldsymbol{A})^2\right]$$

ここで，ベクトルの微分に関する恒等式

$$(\nabla \times \boldsymbol{A})^2 = \left\{\left(\frac{\partial \boldsymbol{A}}{\partial x}\right)^2 + \left(\frac{\partial \boldsymbol{A}}{\partial y}\right)^2 + \left(\frac{\partial \boldsymbol{A}}{\partial z}\right)^2\right\} - \nabla \cdot (\boldsymbol{A} \cdot \nabla \boldsymbol{A}) + \boldsymbol{A} \cdot \nabla (\nabla \cdot \boldsymbol{A})$$

を使うと，右辺第2項はガウスの定理によって無限遠での表面積分になることで，第3項はゲージ条件 (5) を適用することで，ともに消えてしまうので，(9) 式が得られる．

(9) 式の作用を元に電磁場を量子化したときに何が起きるかを，簡単なモデルに基づいて予想してみよう．そのために，空間は x 座標だけを考え，幅が Δx の小さな領域に分割して j 番目の領域でのポテンシャルを $\boldsymbol{A}_j$ と書くことにすると，(9) 式の作用は次のように書き直される．

$$S = \int_0^T dt \sum_j \left[\frac{1}{2c^2}\left\{\frac{d\boldsymbol{A}_j(t)}{dt}\right\}^2 - \frac{1}{2\Delta x^2}\{\boldsymbol{A}_j(t) - \boldsymbol{A}_{j-1}(t)\}^2\right]$$

第1章で述べたように，粒子の運動の場合，作用積分の被積分関数は，運動エネルギーと位置エネルギーの差になる．それにならって考えると，[ ] 内の第1項が運動エネルギー，第2項の符号を変えたものが位置エネルギーを表すはずである．ところが，この第1項と第2項の形は，無数の微小バネが連結されたシステムで，$\boldsymbol{A}_j$ を j 番目のバネに取り付けられた錘の変位（平衡点からのずれ）としたときの運動エネルギーと位置エネルギーに等しい．

電磁場の作用が連結された無数の微小バネの作用と等しくなることから，量子論的な振舞いという点でも，両者は似ていると予想される．第1章 §5 で述べたように，量子化された振動子では，振動する過程で行き交う波が干渉して，離散的なエネルギーを持つ共鳴パターンだけが生き残る．位置エネルギーが変位の2乗に比例する調和振動子の場合は，第1章 (18) 式に記したように，振動のエネルギーは，$\hbar\omega$（ω は角振動数を表す）というエネルギー量子の集まりになる．1個のバネしかない場合，エネルギー量子の集まりは，このバネの内部に局在するしかない．しかし，無数の微小バネが連結されているならば，振動がバネからバネへと伝わるように，エネルギー量子も連結されたバネの中を伝播していくのではないだろうか？ とすれば，電磁場でも同じようにエネルギー量子の伝播が起きそうに思われる．

このことを確認するために，電磁場を伝わる波の式を具体的に書き，それがエネルギー量子の伝播を表しているかどうか調べてみよう．

話を3次元空間に戻して，ポテンシャル $\boldsymbol{A}$ が波数ベクトル $\boldsymbol{k}$ の正弦波として伝わっていく場合を考える．ただし，波数ベクトルとは，波が伝播する方向を向き，絶対値が波数（$= 2\pi/$(波長)）に等しいベクトルのことである．波数ベクトル $\boldsymbol{k}$ の正弦波は，$\exp(\pm i\boldsymbol{k} \cdot \boldsymbol{x})$ という複素関数で表すと式が簡単になるので，ポテンシャル $\boldsymbol{A}$ を次のよ

うに置いてみる（場所を表すのに，3つの空間座標をまとめた3元ベクトル $\boldsymbol{x}$ を使うことにする）.

$$A(\boldsymbol{x},t) = \frac{1}{\sqrt{V}} \{ \boldsymbol{A}_{\boldsymbol{k}}(t) \exp(+i\boldsymbol{k}\cdot\boldsymbol{x}) + \boldsymbol{A}_{\boldsymbol{k}}^*(t) \exp(-i\boldsymbol{k}\cdot\boldsymbol{x}) \} \tag{10}$$

{ } 内第2項の $\boldsymbol{A}_{\boldsymbol{k}}^*(t)$ は $\boldsymbol{A}_{\boldsymbol{k}}(t)$ の複素共役を表し，ポテンシャル $A(\boldsymbol{x},t)$ が実数であることを保証するために必要となる．V は波が存在する空間領域の体積で，正弦波が無限に連なるとさまざまな物理量が無限大や無限小になって扱いにくくなるので，便宜的に空間の大きさを限定した．第1章§1では，自由粒子の経路として加速度 a の等加速度運動を取り上げたが，ここでは同じような観点から，電磁場の1つの経路として波数ベクトル $\boldsymbol{k}$ の正弦波を選んだわけである．

ここでゲージ条件 (5) を適用しよう（ゲージ条件はゲージを固定するために課した条件式なので，量子化したときでも厳密に成立する）．空間微分が $\exp(\pm i\boldsymbol{k}\cdot\boldsymbol{x})$ に作用することを使えば，波数ベクトルを使ったゲージ条件の式として，直ちに，

$$\boldsymbol{k} \cdot \boldsymbol{A}_{\boldsymbol{k}}(t) = 0$$

を得る．この式は，波の伝わる向き（波数ベクトル $\boldsymbol{k}$ の向き）と同じ方向に振動するポテンシャル成分がゼロになることを意味する．つまり，波として伝わる光に縦波は存在しない．ポテンシャル A は3成分を持つベクトルだが，このゲージ条件によって縦波成分が常にゼロになるため，実際に存在するのは横波の2つの成分だけとなる．これが，実際の光に見られる偏光の2成分である．偏光の向きを表すために，それぞれが波数ベクトル $\boldsymbol{k}$ と直交し，さらに互いも直交するような大きさ1のベクトル $\boldsymbol{e}_1$ と $\boldsymbol{e}_2$ を使うことにすれば，$\boldsymbol{A}_{\boldsymbol{k}}(t)$ を異なる偏光状態を表す2成分の和に分解できる．

$$\boldsymbol{A}_{\boldsymbol{k}}(t) = \boldsymbol{e}_1 Q_{\boldsymbol{k}1}(t) + \boldsymbol{e}_2 Q_{\boldsymbol{k}2}(t)$$

もっとも，それぞれの偏光成分をいちいち書いていたのでは，いたずらに式が煩雑になるだけなので，偏光の一方の成分だけで式を表し，最後に2つの偏光成分があることを考慮すれば充分である．そこで，偏光成分の1つを（添字の波数ベクトルも省略して）単に $Q(t)$ と書き，これだけで話を進めていこう．$Q(t)$ は，波数と偏光状態を特定したときの正弦波の振幅になる．

(9) 式の作用に $Q(t)$ を代入したとき，$\exp(\pm 2i\boldsymbol{k}\cdot\boldsymbol{x})$ のようにゼロを中心として振動する関数は充分に広い領域で積分すると消えてしまう．したがって，(9) 式の空間積分を遂行すると，次の作用の式が得られる．

$$S = \int_0^T dt \left[\frac{1}{2c^2} \left| \frac{dQ}{dt} \right|^2 - \frac{1}{2}\boldsymbol{k}^2 |Q|^2 \right]$$

波を表すのに $\exp(\pm i\bm{k}\cdot\bm{x})$ のような複素数を使ったために Q も複素数になってはいるが，その点を別にすれば，この式は調和振動子の作用と等しい．作用は運動エネルギーと位置エネルギーの差になることを考慮すると，エネルギーの対応は次の表 1 のようになる．

	調和振動子	電磁場
運動エネルギー	$\dfrac{1}{2}m\left(\dfrac{dx}{dt}\right)^2$	$\dfrac{1}{2c^2}\left|\dfrac{dQ}{dt}\right|^2$
位置エネルギー	$\dfrac{1}{2}m\omega^2 x^2$	$\dfrac{1}{2}\bm{k}^2|Q|^2$

表 1 調和振動子と電磁場の対応関係

調和振動子の場合，位置エネルギーと運動エネルギーの係数の比は角振動数 ω の 2 乗になる．これと同じ関係が電磁場でも成り立っているとすると，

$$\omega = |\bm{k}|c \tag{11}$$

となる．これは，マクスウェル方程式に従う古典物理学的な電磁波の波数ベクトル $\bm{k}$ と角振動数 ω の関係そのものである．

調和振動子を量子論で扱うと，第 1 章 (18) 式に示したように，振動のエネルギーは，($n=0$ に対応する零点振動のエネルギー $\hbar\omega/2$ を別にして) $\hbar\omega$ というエネルギー量子の整数倍になる．したがって，波数ベクトル $\bm{k}$ で伝播する電磁波のエネルギーも，$\hbar\omega$ ($=\hbar|\bm{k}|c$) というエネルギー量子の集まりになるはずである．

こうして，次の結論が導かれる：「古典近似で角振動数 ω の電磁波が存在するように見えるとき，量子ゆらぎまで含めたエネルギーは，$\hbar\omega$ というエネルギー量子の整数倍になる」．このエネルギー量子が，アインシュタインが 1905 年に提唱した光量子——後に，電子などと同じく素粒子の一種と見なされ光子（フォトン）と命名される——の正体である．

　　この主張を正当化するためには，(10) 式のように特定の波数ベクトルを持つ正弦波だけを考えるのではなく，任意の $\bm{A}(\bm{x},t)$ を正弦波の重ね合わせで表す必要がある．これは数学でフーリエ変換と呼ばれ，(10) 式の右辺を $\bm{k}$ で積分した式で表される．

　　経路積分は，もともと全ての場所 $\bm{x}$ と時刻 t における $\bm{A}(\bm{x},t)$ を積分変数として積分する操作だが，フーリエ変換して波数ベクトル $\bm{k}$ の成分だけを考える場合は，積分変数を $\bm{A}(\bm{x},t)$ からフーリエ成分 $\bm{A}_{\bm{k}}(t)$ に変数変換しなければならない．この変数変換は，形式

的には次のように書かれる.

$$\int \prod_{\boldsymbol{x},t} d\boldsymbol{A}(\boldsymbol{x},t) \cdots \to \int \prod_{\boldsymbol{k},t} d\boldsymbol{A}_{\boldsymbol{k}}(t) J \cdots$$

ただし，J は積分変数の変換に伴うヤコビアンで，フーリエ変換の場合は単純な係数になる．経路積分自体が数学的に適切に定義されているとは言えないので，こうした変数変換も必ずしも正当化できるわけではないが，仮に，この変数変換を認め，さらにゲージ条件 (5) によって $\boldsymbol{A}_{\boldsymbol{k}}(t)$ を横波成分の振幅 $Q(t)$ で置き換えれば，波数ベクトル $\boldsymbol{k}$ の成分について調和振動子の経路積分と同一の式が得られる．したがって，調和振動子の議論と同様にして，エネルギーが $\hbar\omega$ の整数倍に限られることが示される．

電磁波は，エネルギーが $\hbar\omega$ の整数倍になるという点では粒子の集まりのような振舞いをするが，ここまでの議論から明らかなように，$\hbar\omega$ というエネルギーを持つ自立的な粒子が真空中を飛び回っているわけではない．考えているのはあくまで場の振動であり，量子ゆらぎにおいて特定の共鳴パターンだけが生き残るために，エネルギーが離散的になったのである．この点さえ忘れなければ，電磁波を光子の集まりとしてイメージしてもかまわないだろう．

これまで $\boldsymbol{A}$ をポテンシャルと呼んできたが，$\boldsymbol{A}$ の振動に現れるエネルギー量子が光子と見なされるので，これからは「光子場」と呼ぶことにしよう．

【コラム】──共鳴パターンはどこで生じているのか

電磁場を量子論的に取り扱うと，量子ゆらぎの干渉によって共鳴パターンが形成され，エネルギーが $\hbar\omega$ の整数倍という離散的な値になる．それでは，こうした量子ゆらぎの干渉は，いったいどこで生じているのだろうか？ 調和振動子で波動関数 $\psi(x)$ を定義したのと同じように，電磁場でも波動関数 $\Psi(Q)$ を考えてみよう．調和振動子の場合，波動関数 $\psi(x)$ は錘の位置 x の値が確定されず空間内で拡がっていることを表していた．これに対して，電磁場の $\Psi(Q)$ は，波の振幅 Q がどのように拡がっているかを表す式になっている．つまり，波動関数が拡がっているのは，x, y, z 座標で表される 3 次元空間ではなく，全ての場所と時刻で定義された光子場 $\boldsymbol{A}(\boldsymbol{x},t)$ の強度を表す仮想的な空間なのである．経路積分による定式化で言えば，これは，積分変数が張る空間（32 ページの図 1 で $\boldsymbol{A}$ を座標軸とする空間）である．

マクスウェルやローレンツによる電磁気の理論では，場の強度が方程式の解として一意的に決定された．ところが，これを量子化すると，場の強度は 1 つの値に確

定せずにゆらいでしまう．この量子ゆらぎが干渉して共鳴パターンを作り出し，粒子的な振舞いを生み出しているわけだから，共鳴は，場の強度を表す空間の中で生じていると考えるのが自然だろう．実際，経路積分を用いてさまざまな計算を繰り返していると，積分変数の空間がきわめてリアルなものに思えてくる．

この考え方は，古典物理学における世界観とは全く異質である．古典物理学では，x, y, z 座標で表される 3 次元空間は内部に物質を入れるための空っぽの容器だったが，場の強度を表す空間をリアルなものと認めるならば，空間（および時間）は空っぽどころではなく，各点ごとに場の強度を表す別の次元が存在していることになる．古典物理学で空間の内部に存在するとされた物質は，実は，無数にある別次元の内部で生じる共鳴パターンに由来するものと考えられる．時間と空間の拡がりを記す座標は，この別次元同士の関係性を表す指標にすぎない……

……と想像が膨らんでいくが，現時点では，こうした解釈を正当化するのは難しい．なぜなら，今の物理学では時間と空間は一般相対論の領分であり，一般相対論と量子論の関係を明らかにしない限り，量子ゆらぎが生じる次元について語るのは時期尚早だからだ．時間と空間とは何かという哲学的な問題を考える上でも，量子重力理論の完成が待ち望まれるわけである．

§3　電子の場

20 世紀初頭の物理学者たちは，光と電子の双方に見られる粒子・波動の二重性に頭を悩ませていた．マクスウェル電磁気学によれば，光は電磁場の振動が伝播するという紛れもない波のはずだが，1915 年に精密測定された光電効果（金属に紫外線を照射したとき電子が飛び出す効果）のデータによれば，角振動数 ω の光はエネルギー $\hbar\omega$ を持つ粒子のように振舞うことが示された．一方，電子は，確定した質量と電荷を持つ粒子であることを 19 世紀末に J. J. トムソンが実証したにもかかわらず，原子内部で電子が離散的なエネルギーを持つ理由として 1923 年にド゠ブロイが導入した物質波のアイデアは，それなりの説得力を持っていた．光と電子という物質世界の主要な構成要素が，いずれも波動性と粒子性を示すという事実は，両者が従う物理法則の間に密接な共通性があることを窺わせた．

電子に関しては，ド゠ブロイのアイデアを発展させたシュレディンガーと，それとは別のルートを辿ったハイゼンベルクらが，1925〜26 年に量子力学の体系を作り上げた．この理論によれば，電子は粒子として存在し，状態が遷移する過程で波動的な振舞いが

生じることになる．だが，量子力学は特殊相対論の要請を満たしておらず，光との関係も明確ではなかった．

§2 で述べた光の理論は，1926 年から 28 年に掛けて，ハイゼンベルクと並ぶ量子力学の主導者だったヨルダンとパウリが中心になって作り上げたものである．この理論によって，光の粒子性は，光子場の共鳴パターンによってエネルギーが $\hbar\omega$ の整数倍になった結果であることが示された．とすれば，光と同じように波動性と粒子性と併せ持つ電子についても，同じような理論が作れるのではないか？　こうした観点からパウリとハイゼンベルクが 1929 年から 30 年に掛けて構築したのが，以下に述べる電子の場の理論である．

A というベクトル場で表された光子に比べると，電子の取り扱いは，数学的にずっと複雑になる．結論から言えば，1928 年にディラックが驚異的な直観力によって見いだしたように，電子は 4 つの成分を持つ $\psi(x)$ という場によって表される（ただし，42 ページのコラムに記すように，ディラックの解釈は量子場のアイデアとは大きく異なっていた）．この場を「**電子場**」と呼ぶことにしよう．光子場が存在せず電子が相互作用していないとき，ψ は次の方程式を満たす．

$$i\hbar\frac{\partial\psi}{\partial t} = \left(-i\hbar c\boldsymbol{\alpha}\cdot\nabla + \beta mc^2\right)\psi \tag{12}$$

これが自由電子に対する**ディラック方程式**である．

ψ は ψ_1 から ψ_4 までの 4 成分を縦に並べて書いた 4 行 1 列の行列（正式にはスピノルと呼ばれる）．$\boldsymbol{\alpha}$ と β は次の 4 行 4 列の行列で，方程式全体は 4 行 1 列の行列方程式になっている．

$$\alpha_x = \begin{pmatrix} 0 & 0 & 0 & 1 \\ 0 & 0 & 1 & 0 \\ 0 & 1 & 0 & 0 \\ 1 & 0 & 0 & 0 \end{pmatrix}, \quad \alpha_y = \begin{pmatrix} 0 & 0 & 0 & -i \\ 0 & 0 & i & 0 \\ 0 & -i & 0 & 0 \\ i & 0 & 0 & 0 \end{pmatrix}, \quad \alpha_z = \begin{pmatrix} 0 & 0 & 1 & 0 \\ 0 & 0 & 0 & -1 \\ 1 & 0 & 0 & 0 \\ 0 & -1 & 0 & 0 \end{pmatrix}$$

$$\beta = \begin{pmatrix} 1 & 0 & 0 & 0 \\ 0 & 1 & 0 & 0 \\ 0 & 0 & -1 & 0 \\ 0 & 0 & 0 & -1 \end{pmatrix}$$

ディラック方程式 (12) の解の性質を一般的に論じるのは専門家以外には必要のないことなので，ここでは，ψ が場所に依存せず，どこでも同じ位相で振動する定在波となる場合を考える．このとき，(12) 式の空間微分の項はゼロになり，さらに，β に対角項しかないことから，ψ の各成分がそれぞれ次の独立な方程式を満たす．

$$i\hbar\frac{\partial\psi_1}{\partial t} = mc^2\psi_1, \quad i\hbar\frac{\partial\psi_2}{\partial t} = mc^2\psi_2, \quad i\hbar\frac{\partial\psi_3}{\partial t} = -mc^2\psi_3, \quad i\hbar\frac{\partial\psi_4}{\partial t} = -mc^2\psi_4$$

したがって，次の4つがディラック方程式 (12) の最も基本的な解であり，場所に依存しない一般的な解は，これらの線形結合で表される．

$$\exp\left(-\frac{imc^2t}{\hbar}\right)\begin{pmatrix}1\\0\\0\\0\end{pmatrix}, \quad \exp\left(-\frac{imc^2t}{\hbar}\right)\begin{pmatrix}0\\1\\0\\0\end{pmatrix},$$

$$\exp\left(+\frac{imc^2t}{\hbar}\right)\begin{pmatrix}0\\0\\1\\0\end{pmatrix}, \quad \exp\left(+\frac{imc^2t}{\hbar}\right)\begin{pmatrix}0\\0\\0\\1\end{pmatrix} \tag{13}$$

いずれも振動する解になっていることからわかるように，電子場 ψ は振動するシステムであり，量子化したときに共鳴によるエネルギーの離散化が起きると予想される．

実際に電子場を量子化するにはどうすればよいのだろうか？ 形式的には，(8) 式と同じような経路積分を行えば量子化できるはずである．ただし，経路積分の積分変数としては (8) 式の $\boldsymbol{A}$ の代わりに電子場 ψ の各成分を，S としてはディラック方程式 (12) を導くような作用を用いる必要がある．

ここでは，高度な数学が必要となる電子場の経路積分は行わず，仮に量子化できたとして，どのような状態が実現されるかを考えてみよう．(13) 式からわかるように，電子場が振動するときの角振動数 ω は，

$$\omega = \frac{mc^2}{\hbar}$$

で与えられる．振動するシステムの一般論に従えば，量子化したときの振動のエネルギーは $\hbar\omega$ の整数倍になるはずである．したがって，電子場の振動エネルギーは，mc^2 の整数倍になる．光子場では，$\hbar\omega$ というエネルギー量子は光子という粒子的な状態のエネルギーを表していたので，電子場のエネルギー量子である mc^2 も，電子場の粒子的な状態のエネルギーを表すはずである．ただし，(13) 式は ψ が場所に依存しないものとして求めたものなので，この粒子的な状態は静止した粒子に対応する．この粒子を電子と解釈すれば，mc^2 は静止状態の電子のエネルギーとなる．ところが，特殊相対論によると，質量 m の物体が静止しているときの静止エネルギーがまさに mc^2 である．したがって，ディラック方程式 (12) に含まれる m は，電子の質量を表すことになる．

それでは，ψ が4つの成分を持つことは何を意味しているだろうか？ (13) 式に示されるように，上2つと下2つとでは，振動の位相が逆符号になっており，別々の粒子として振舞うことを示唆している．位相が逆符号になることを巡って 1930 年代にはいろいろな議論が戦わされたが，最終的には，これは粒子と反粒子を表すものとして説明された．反粒子とは，質量などの多くの特徴が粒子と共通しているが，電荷の符号が逆で，

粒子と対になって消滅しエネルギーを放出することができるものである．ψ の 4 成分のうち，上 2 つは質量 m，電荷 $-e$ の電子を，下 2 つは質量 m，電荷 $+e$ の陽電子（反電子というべきだが歴史的に陽電子という用語が使われる）を表している．

厳密に言うと，4 成分の上 2 つが電子，下 2 つが陽電子というように截然と分かれるのは，電子（または陽電子）が静止している座標系の場合であり，運動しているときには，両者の成分はディラック方程式に従って混ざり合っている．

電子（および陽電子）はさらに 2 つずつ成分を持っているが，これはスピンと呼ばれる自由度を表す．電子は磁気モーメントを持っており，磁場に対して微小な磁石のように振舞う．当初，この磁気モーメントは電子の自転によって生じると推測されたために，スピンという名前が与えられた．現在では，電子が自転するというアイデアは捨て去られ，名前だけが残っている．2 つの成分は，それぞれ，この微小な磁石の向きが z 軸のプラスのものとマイナスのものを表している（z 軸以外の方向を向いた状態は，z 軸方向の 2 つの成分を混ぜ合わせることで作られる）．

ψ が場所によって変化するケースを一般的に論じるのは大変だが，波動的な振舞いを確認するだけなら，さして難しくない．まず，(12) 式の両辺をさらに時間で微分してみよう．

$$(i\hbar)^2 \frac{\partial^2 \psi}{\partial t^2} = \left(-i\hbar c\boldsymbol{\alpha} \cdot \nabla + \beta mc^2\right) i\hbar \frac{\partial \psi}{\partial t} = \left(-i\hbar c\boldsymbol{\alpha} \cdot \nabla + \beta mc^2\right)^2 \psi$$

これを変形すれば，

$$\left(\frac{1}{c^2}\frac{\partial^2}{\partial t^2} - \triangle + \frac{m^2 c^2}{\hbar^2}\right)\psi = 0 \tag{14}$$

となる．

この変形を行うには，次のようにすればよい．簡単な計算で確かめられるように，行列 $\boldsymbol{\alpha}$ と β は次の関係式を満たす．

$$\alpha_i \alpha_j + \alpha_j \alpha_i = 2\delta_{ij} \times \mathbf{1}, \quad \alpha_i \beta + \beta \alpha_i = \mathbf{0}, \quad \alpha_i^2 = \beta^2 = 1$$

上の式で $\mathbf{1}$ は対角要素だけが 1 で他は 0 の単位行列，$\mathbf{0}$ は全ての要素が 0 であるゼロ行列を表す（これ以降は，表記を簡略にするためわざわざ太字にしない）．また，添字の i や j は x, y, z のいずれかを表し，δ_{ij} は添字が等しいときに 1，異なるときに 0 となる記号である．$\boldsymbol{\alpha}$ と β の関係式を使えば，

$$\left(-i\hbar c\boldsymbol{\alpha} \cdot \nabla + \beta mc^2\right)^2 = \left(-(\hbar c)^2 \triangle + m^2 c^4\right)$$

が得られるので，これから (14) 式が導ける．

§3 電子の場

(14) 式は，光子場が従う (7) 式と m を含む項だけ異なっているが，時間と空間の 2 階微分を含む波動方程式の形をしているので，電子場 ψ は光子場と同じように波を伝える．そこで，ψ の波形として波数ベクトル $\boldsymbol{k}$ の正弦波 $\exp(\pm i\boldsymbol{k}\cdot\boldsymbol{x})$ を仮定してみよう．すると，ψ に作用する微分演算子 $\triangle$ が $-\boldsymbol{k}^2$ で置き換えられるので，(14) 式が表す振動は，調和振動子と電磁場の対応関係を表す 35 ページの表 1 において，

$$\boldsymbol{k}^2 \to \boldsymbol{k}^2 + \frac{m^2 c^2}{\hbar^2}$$

としたケースに相当する．この振動によるエネルギー量子を $\hbar\omega$ とすると，次の関係式が成り立つことがわかる．

$$(\hbar\omega)^2 = (\hbar\boldsymbol{k})^2 c^2 + m^2 c^4$$

電子場の振動によるエネルギー量子を電子と見なすならば，$\hbar\omega$ は電子が持つエネルギー E に等しい．ところが，特殊相対論によると，質量 m の粒子が運動量 p で運動するときのエネルギー E は，

$$E^2 = \boldsymbol{p}^2 c^2 + m^2 c^4 \tag{15}$$

という関係を満たすことが知られている．

> この関係式を得るには，相対論的な力学の一般的な公式として，質量 m の粒子が速度 $\boldsymbol{v}$ で運動するときのエネルギーと運動量が，
>
> $$E = \frac{mc^2}{\sqrt{1-\frac{v^2}{c^2}}}, \quad \boldsymbol{p} = \frac{m\boldsymbol{v}}{\sqrt{1-\frac{v^2}{c^2}}}$$
>
> になることを利用すればよい．

$\hbar\omega$ と E の式を比べれば明らかなように，電子場 ψ を伝わる波の波数ベクトル $\boldsymbol{k}$ は，この粒子の運動量 $\boldsymbol{p}$ と $\boldsymbol{p} = \hbar\boldsymbol{k}$ という関係で結ばれている．これは，第 1 章 §4 で掲げたド゠ブロイの関係式である．

電子は自立的に存在する粒子ではなく，電子場 ψ の波動である．このことから不確定性関係が存在する理由を説明できる．運動量 $\boldsymbol{p}$ が確定している状態は，電子場 ψ が波数ベクトル $\boldsymbol{k} = \boldsymbol{p}/\hbar$ の正弦波になっていることを意味する．この正弦波は無限に連なっているので，位置が確定できない．波の位置を確定するには，無限に連なった正弦波ではなく，ある領域に孤立するような波束を考えなければならない．ところが，こうした波束は，さまざまな波数ベクトルを持つ波を重ね合わせになっているため，今度は波数ベクトルが 1 つの値には確定しなくなり，その結果として運動量も不確定となる．

電子が波動だという見方は，光の場合よりも抵抗があるかもしれない．放出・吸収によって現れたり消えたりする光子とは異なり，電子はいつまでも 1 個のままであり続け

るので，自立的な粒子のように見えるからである．しかし，電子が1個であり続けるのは，これが独立自存する粒子だからではなく，相互作用が特定の形に制限される結果なのである．続く2つの節で，この性質を調べていこう．

【コラム】——場の量子化と第2量子化

ディラックは誰よりも早く電子についての基礎方程式を見いだしたが，彼の解釈は，現在のものとは全く異なっていた．ディラックは光子や電子が粒子として実在することを前提とし，方程式に含まれる A や ψ は，光子や電子の振舞いを規定する波動関数と見なしたのである．ただし，シュレディンガー方程式に現れる波動関数とは異なり，波動関数それ自体が量子論的な数（演算子法では演算子，経路積分法では経路積分の積分変数）だと解釈した．粒子の量子論（量子力学）では，粒子の位置 x を量子論的な数と見なし，その振舞いを波動関数を使って表したが，さらに波動関数までも量子化するという意味で，この手法は第2量子化と呼ばれる．

第2量子化の考えが正しいとすると，光子や電子は粒子として自立しているはずであり，現れたり消えたりするとは考えにくい．そこでディラックは，真空はエネルギーゼロの光子で満たされており，荷電粒子との相互作用を通じて，真空にあった見えない光子がエネルギーの高い状態へと励起されたり，逆に高いエネルギーの光子が真空の淵に沈んだりすると考えた．波動関数 A は，こうした遷移がどのような頻度で起きるかを規定する．電子の場合も同じような解釈をしようとしたが，質量を持つために光子のように簡単にはいかない．そこで，(13) 式に見られる逆符号の位相を持つ解を負のエネルギー状態と見なし，真空は，負のエネルギー状態が全て電子で占有されたものと考えた．真空には無数の電子が詰まっており，ここにエネルギーを注入すると，真空から電子が失われた"穴"と，真空より高いエネルギー状態にある電子に分かれる．当初ディラックは，この穴を陽子と考えていたが，穴は電子と同じ質量を持つ粒子として振舞うはずだとの指摘を受けて，電子の反粒子という解釈を提案した．電子の詰まった真空は，海になぞらえられた．電子が失われた穴は，海の泡に相当するわけである．

こうしたディラックの解釈は数学的に美しいが，現在では誤りだと考えられている．A や ψ が波動関数と見なされるには，これらが線形方程式に従っていなければならない．量子電磁気学では，確かに両者は線形方程式に従う．しかし，1970年代に発展した標準模型では，光子とよく似た振舞いをする素粒子（グルーオンやウィークボソンなど）に関して，光子の A に相当する量が非線形な方程式に従うこ

とが判明しており，波動関数と見なすことはできない．また，真空に光子や電子が満ちているならば，その影響が何らかの形で表面化するはずだが，そうしたデータは得られていない．

　素粒子論の分野ではディラックの第2量子化の手法は否定されたが，興味深いことに，彼の発想は，物性論の分野に受け継がれることになる．結晶内部に存在する電子は，エネルギーの最も低い状態から順に占有していき，熱運動が無視できる場合には，ある準位までの状態を完全に埋め尽くす．この準位はフェルミ準位と呼ばれる．物性論では，フェルミ準位まで電子が詰まった状態がディラックの海に相当し，熱運動によってフェルミ準位以下にあった電子が高いエネルギー状態に遷移すると，海の中に穴（「正孔」ないし「ホール」と呼ばれる）が生まれ，正電荷を持った粒子のように振舞う．結晶中の（フェルミ準位以上のエネルギーを持つ）電子と正孔を扱うには，第2量子化の手法が役に立つ．

　物性論では，結晶を構成する原子の振動を量子化することも行われている．結晶における原子は，粒子をバネで接続した振動システムと考えることができるので，振動のエネルギーが離散的になって粒子のように振舞う．こうした原子振動におけるエネルギー量子を「フォノン」という．結晶中では，フォノンと電子が相互作用しており，その過程は，量子場の理論とよく似た式で記述される．

　ここでちょっとした誤解が生じやすい．物性論では，フォノンが振動の量子を粒子として表現したものである点を強調して「準粒子」と呼び，真の粒子である電子と峻別している．ところが，フォノンと電子の相互作用が形式的に光子（フォトンという名前もフォノンと紛らわしい）と電子の相互作用に似ていることから，素粒子論は物性論と同じようなものと錯覚しがちである．実際，電子は第2量子化の手法で扱える真の粒子で，光子は電磁場の振動を量子論的に扱った準粒子だと考えている物性論の研究者は，決して少なくない．しかし，これは誤解である．素粒子論では，光子と電子は統一的に扱われており，光子だけを準粒子と見なすことはない（強いて言えば，光子・電子ともに準粒子である）．素粒子論研究者が目指している統一理論では，光子や電子は全て同じ形にまとめられた場の特定の成分として扱われている．

　ディラックの理論はきわめて美しく無下に否定するのは心苦しいが，素粒子論では過去のものになったことを強調しておきたい．

§4　摂動論による相互作用の評価

　ここまでは，光子ないし電子だけが存在するケースを考えてきた．この場合，調和振動子の状態がエネルギー量子 $\hbar\omega$ の個数で表せるのと同様に，光子や電子についても，それぞれ何個かずつ存在するものと考えてかまわない．たとえ両者が混在したとしても，その間に相互作用がなければ，光子と電子は互いの存在を無視してすれ違うだけであり，個数も変化しない．しかし，相互作用がある場合，光子場と電子場は互いに相手に影響を及ぼしながら刻々と変化していくため，エネルギー量子の個数が確定した状態にはならない．このときの状態変化を調べるには，どうすればよいだろうか？　1つの方法が，**摂動論**の応用である．摂動論とは，もともと天体力学の分野で用いられた近似的な計算手法で，まず太陽のように圧倒的に巨大な重力源の影響だけを考慮して惑星の運動を計算し，続いて，他の惑星との相互作用などを段階的に取り入れていくというものである．量子場の摂動論では，これと同じように，まず光子と電子が相互作用しないものとして場の状態変化の一般的な式を与え，続いて，相互作用の影響を小さな補正として段階的に取り入れていくことになる．

　摂動論とはどのようなものかを具体的に説明するため，遠くから接近してきた2個の電子が相互作用を通じて互いに散乱しあう過程を，まず古典物理学の範囲で考えてみよう．このとき，電磁場のポテンシャルは(6)式によって記述されるが，式が複雑になるので ϕ の項を無視してしまおう．

　　　　実際には，ϕ を含む項を無視することは許されない．電子同士のクーロン相互作用は ϕ の効果であり，ϕ の寄与を正しく評価しなければ散乱の計算はできないからである．ゲージ条件(5)を採用した場合，ϕ は伝播関数（伝播関数とは，次ページ(17)式の D_F のように，あるソースから伝わっていく過程を表す関数）に従って伝播するのではなく，瞬間的に伝わる（と言うよりは，電子の周囲にクーロン場として常に存在している）ので，伝播関数を用いた摂動論の計算にはなじまないことから，便宜的に無視しただけである．正確な計算には，次節で示す相対論的なゲージ条件を利用するのが便利である．

　　　　電子の周囲に常にクーロン場が存在するのは，ゲージ不変性の要請である．きちんと書かなかったが，実は，電子場はゲージ変換に対して不変でないため，真空中に電子が単独で存在することはできない．電子とクーロン場が一体となって初めてゲージ不変になり，存在が可能になるのである．

§4 摂動論による相互作用の評価

ϕ を無視すると，ポテンシャル $\boldsymbol{A}$ についての方程式は，次のように書かれる．

$$\Box \boldsymbol{A} = \boldsymbol{j} \qquad \left(\text{ただし},\ \Box \equiv \frac{1}{c^2}\frac{\partial^2}{\partial t^2} - \triangle\right) \tag{16}$$

$\boldsymbol{j}$ は接近してきた電子による電流である．この式に従って2つの電子はポテンシャル $\boldsymbol{A}$ を作り出すが，$\boldsymbol{A}$ から電子に力が加わるために電子の運動が変化し，それに応じて電流 $\boldsymbol{j}$ も刻々と変わっていく．このため，方程式を厳密に解くことは絶望的なまでに難しくなる．しかし，摂動論の考えに従えば，まず電磁場と相互作用せずに運動する電子の電流 $\boldsymbol{j}$ を使って $\boldsymbol{A}$ を計算し，その後に小さな補正として，$\boldsymbol{A}$ による $\boldsymbol{j}$ の変化を段階的に求めていけばよいことになる．つまり，摂動計算の最初のステップでは，(16) 式右辺の $\boldsymbol{j}$ は左辺の $\boldsymbol{A}$ から影響を受けないと仮定してよい．この場合，電流 $\boldsymbol{j}$ が作り出す電磁的なポテンシャル $\boldsymbol{A}$ は，次の式で与えられる．

$$\boldsymbol{A}(\boldsymbol{x}, t) = \int d\boldsymbol{x}' dt' D_F(\boldsymbol{x} - \boldsymbol{x}', t - t')\, \boldsymbol{j}(\boldsymbol{x}', t') \tag{17}$$

D_F は微分演算子 $\Box$（ダランベール演算子）に対する伝播関数と呼ばれる（添字の F は，この関数を量子場に応用した物理学者ファインマンの頭文字を表す）．$(\boldsymbol{x}, t)$ と $(\boldsymbol{x}', t')$ が同一でない場合は，

$$\Box D_F(\boldsymbol{x} - \boldsymbol{x}', t - t') = 0$$

という微分方程式が満たされるため，電流 $\boldsymbol{j}$ が存在しない領域では，(17) 式で与えられる $\boldsymbol{A}$ は，真空中を伝播する電磁波の方程式 (7) を満たす．これは，電流 $\boldsymbol{j}$ によって生み出された電磁波が，真空中を伝わっていくことを表している．

δ 関数の知識のある読者には，次の定義式の方がわかりやすいだろう．

$$\Box D_F(\boldsymbol{x} - \boldsymbol{x}', t - t') = \delta(\boldsymbol{x} - \boldsymbol{x}')\, \delta(t - t')$$

正確に言えば，ファインマンが与えた伝播関数は，$(\boldsymbol{x}, t)$ から $(\boldsymbol{x}', t')$ に伝わる項とその逆方向に伝わる項の和になっており，電流 $\boldsymbol{j}$ から放出される電磁波のポテンシャルを考える場合は，後者だけを使わなければならない．

2個の電子が互いに相手を散乱する場合，一方の電子による電流が生み出した (17) 式の電磁波は，他方の電子の所まで伝播して，そこでエネルギーを与える．これが，摂動論の最初の段階である．最初に電磁波を放出した電子は放出の反作用によって，伝播してきた電磁波に曝された電子はそこから受けた力によって，それぞれ運動状態を変化させる．その後は，摂動論の仮定に従って，相互作用がないものとして運動を続ける．

ここまでは古典物理学の議論だが，以上の過程を量子論で扱うことにしよう．まず，電子場のエネルギー量子である 2 個の電子が遠方から近づいてくる．当初，光子は存在しないが，電子との相互作用を通じて光子場がエネルギーをもらい受け，エネルギー量子である光子が生成される．この光子は，摂動論の仮定に従って電子と相互作用せずに伝播した後，他方の電子にエネルギーを与える．エネルギーを与える過程で光子場のエネルギー量子の数が減少するので，あたかも光子が電子に吸収されたように見える．

摂動論を用いるメリットは，単に近似計算が実行できるというだけでなく，場の状態変化をエネルギー量子の個数が増減する過程として明確にイメージできる点にある．相互作用がないとしている間はエネルギー量子の個数が一定のまま推移し，相互作用による補正を取り入れる段階で個数の変化が起きるのである．

ここで，きわめて重要な性質がある．電子場と光子場の相互作用を通じて光子場のエネルギー量子は増えたり減ったりするが，摂動論に基づいて段階的に相互作用の影響を取り入れる場合，増減の個数は常に 1 個ずつだという点である．つまり，量子電磁気学における摂動論とは，1 個ずつ生成・消滅する光子による影響を，段階的に計算していく手法なのである．

　　　電子場と光子場の相互作用によってエネルギー量子が 1 個ずつしか増減しないことは，演算子法の用語を使うと説明しやすい．演算子法によると，光子場の振幅に相当する Q^* と Q が，第 1 章 §5 (18) 式で定義した 2 つの演算子 $a^\dagger$ および a と同じような働きをするからである．$a^\dagger$ と a は，それぞれ調和振動子のエネルギーを $\hbar\omega$ だけ増やしたり減らしたりするので，エネルギー量子の生成・消滅演算子と呼ばれる．それと同じように，Q^* と Q は，波数ベクトル k のエネルギー量子を増やしたり減らしたりするので，光子の生成・消滅演算子になっている（正式な定義には係数が必要となる）．

　　　次の §5 で示すように，作用積分に現れる相互作用項には光子場 A が 1 つしか含まれていない．具体的な摂動論の計算法は本書の範囲を越えるので詳しくは述べないが，相互作用項による状態変化を求める際に，光子場 A に含まれる 1 個の生成・消滅演算子が状態に働きかけることで，光子が 1 個ずつ増えたり減ったりし，2 個の光子が同時に生成・消滅することはないのである．具体的な計算法は，量子場理論の教科書（例えば，ワインバーグ著『場の量子論』（吉岡書店））の摂動論に関するセクションに書かれている．ただし，大学院専門課程レベルの内容なので，かなり難しい．

　　　経路積分法でエネルギー量子の増減を論じることも可能だが，経路積分を部分的に遂行することが必要になるため，演算子法よりもさらに難しい．

2 個の電子が互いに散乱される過程は，摂動論の最初の段階では，次のように表現される：「一方の電子から放出された 1 個の光子が，伝播関数にしたがって伝播した後

§4 摂動論による相互作用の評価

に，もう一方の電子に吸収される」．これは，図2のように表すとわかりやすい．

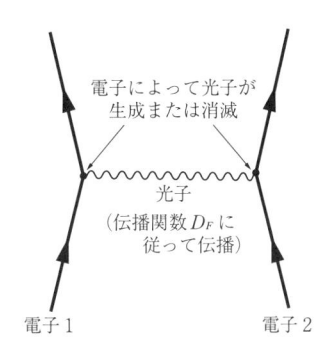

図2 光子の放出・吸収による電子の散乱

伝播関数 $D_F(\boldsymbol{x}-\boldsymbol{x}', t-t')$ は $t > t'$ か $t < t'$ かによって振舞いが異なり，$t > t'$ のときは $\boldsymbol{x}'$ から $\boldsymbol{x}$ への伝播，$t < t'$ のときは $\boldsymbol{x}$ から $\boldsymbol{x}'$ への伝播を表すので，1つの図で，電子1から放出された光子が電子2に吸収されるケースと，電子2から放出された光子が電子1に吸収されるケースを，まとめて表すことができる．

1個の光子が放出・吸収される過程は，摂動論のスタートとなる最初の近似であり，光子と電子が相互作用する点が2ヶ所しか現れない．次節で示すように，光子と電子の相互作用には電荷 e が伴っており，相互作用する点が2ヶ所のときには，摂動計算の結果に e^2 が現れる．摂動論に基づく補正を段階的に進めていくごとに e^2 の次数が増えるので，この次数で摂動近似の段階を表すことにすると，図2で表される最初の段階が摂動論の1次であり，続く2次の近似では，相互作用する点が4ヶ所現れる図で表される（図3．これ以外にもある）．

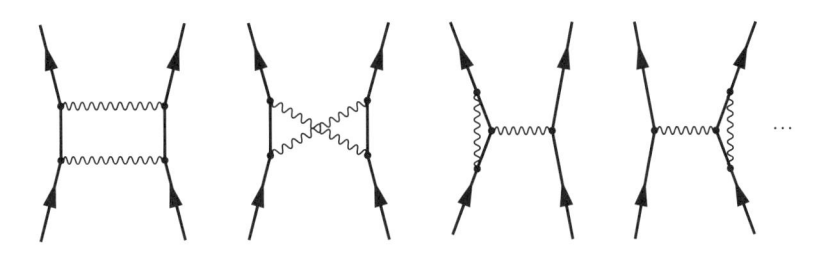

図3 電子散乱に寄与する2次の図形

量子場の摂動論とは，エネルギー量子の個数が変化する過程の寄与を 1 つずつ計算し，これらの寄与を全て加えあわせることで，遷移振幅を近似的に求めようとするものである．

摂動論で計算される過程を図形的に表すと，あたかも光子をやりとりしているかのように見える．しかし，実際に電子の間を何個かの光子が飛び回っているとは考えない方がよい．図に表された光子は，あくまで相互作用がないものとして計算した場合のエネルギー量子の状態を表している．だが，実際には，電子場と光子場が相互作用しながら刻々と変化しているはずであり，相互作用がないとして求めた光子場がそのまま実際の状態を表すわけではない．素粒子論では，相互作用が素粒子の交換で生じると言われることがあるが，それはあくまで摂動論の考えに則ったものであることを忘れてはならない．このことは，第 6 章の超ひも理論で，相互作用で交換されるのが粒子ではなくひもだという主張の内容を解釈するときにも，重要な意味を持ってくる．

§5 量子電磁気学とファインマン則

前節では，相互作用を求めるのに摂動論の考え方が有用であることを示したが，具体的な計算式はほとんど記さなかった．本節では，電子と光子の相互作用に関して，具体的な式の一部を記しておこう．ただし，量子重力理論に至る道のりを俯瞰するという本書の目標を勘案し，導き方に関する細かな議論は省略するので，(20) 式までは単なる公式の羅列と思って流し読みしてかまわない．

物理学者たちが実際に利用する式は，記述の煩雑さを避けるため，特殊相対論に基づく時間と空間の対称性を利用して簡単化されている．特殊相対論では，時間と空間が一緒になった 4 次元の世界を考えるので，表記の上で時間と空間を区別せず，時間軸を第 0 軸，空間軸を第 1 軸から第 3 軸で表す．すなわち，

$$x^0 = ct, \quad x^1 = x, \quad x^2 = y, \quad x^3 = z$$

さらに，微分記号も次のように簡略化する．

$$\partial_0 = \frac{1}{c}\frac{\partial}{\partial t}, \quad \partial_1 = \frac{\partial}{\partial x}, \quad \partial_2 = \frac{\partial}{\partial y}, \quad \partial_3 = \frac{\partial}{\partial z}$$

4 次元世界では，全てのベクトルは第 0 成分から第 3 成分までの 4 成分を持つ 4 元ベクトルとして表される．特に，ポテンシャル ϕ と $\boldsymbol{A}$，電荷密度 ρ と電流 $\boldsymbol{j}$ は，4 元ベクトル A_μ と j_μ にまとめられる（これからは，A_μ を光子場，j_μ を電流と呼ぶことに

§5 量子電磁気学とファインマン則

する）．

$$A_0 = -\phi, \quad A_1 = A_x, \quad A_2 = A_y, \quad A_3 = A_z$$
$$j_0 = -c\rho, \quad j_1 = j_x, \quad j_2 = j_y, \quad j_3 = j_z$$

ここで，計算式を短く表すために，次の規約を導入する．

- 添字の上下の規約：添字を上に付けたベクトルは，下につけたベクトルの第1～3成分の符号を変えたものである（専門的には，添字が下付きのものを共変ベクトル，上付きのものを反変ベクトルという）

$$a^0 = a_0, \quad a^i = -a_i \qquad (i = 1, 2, 3)$$

- 和の規約：同じ添字が上と下に現れたときは，0から3までの和を取る．

$$a^\mu b_\mu = a^0 b_0 + a^1 b_1 + a^2 b_2 + a^3 b_3$$

さらに，ディラック方程式を簡単にするために，$\boldsymbol{\alpha}$ と β の代わりに次の4行4列の行列を導入する．

$$\gamma^0 = \beta, \quad \gamma^i = \beta \alpha^i \qquad (i = 1, 2, 3)$$

光子場 A_μ が存在するとき，電子場 ψ の方程式は次のようになる．

$$(i\hbar \gamma^\mu \partial_\mu - mc)\psi = e\gamma^\mu A_\mu \psi \tag{18}$$

この式で $A_\mu = 0$ と置けば，電磁場がないときのディラック方程式 (12) と等しくなる．また，(18) 式左辺括弧内の演算子に対する伝播関数を S_F と書くことにすると，摂動論に現れる電子は S_F に従って伝播する．

光子場 A_μ の方程式を書き下すにはゲージ条件が必要となるが，ここでは，ゲージ条件として，(5) の代わりに時間と空間を対称的に扱う相対論的な条件式を利用する．

$$\partial_\mu A^\mu = 0$$

このゲージ条件を使うと，伝播する光が横波しかないことがわかりにくくなるが，計算の最終段階で横波しか存在しないことを思い出せさえすれば，計算式が簡単になるというメリットがある．このとき，A_μ の方程式は次のようになる．

$$\partial^\nu \partial_\nu A^\mu (= \Box A^\mu) = e\overline{\psi} \gamma^\mu \psi \qquad \left(\overline{\psi} = \psi^\dagger \gamma^0\right) \tag{19}$$

前節では ϕ の項を無視するという不正確な議論をしたが，実際には，この式から光子の伝播関数を求めることになる．

(19) 式とマクスウェル方程式の第 2 組 (2) と結びつけると，

$$e\overline{\psi}\gamma^\mu\psi = j^\mu$$

になることがわかる．

これらの方程式を導く作用 S は，次の式で与えられる．

$$S = \int dx^\mu (L_A + L_\psi + L_{\text{int}}) \tag{20}$$

$$L_A = -\frac{1}{4}(\partial_\mu A_\nu - \partial_\nu A_\mu)^2, \ L_\psi = \overline{\psi}(i\hbar\gamma^\mu\partial_\mu - mc)\psi, \ L_{\text{int}} = -eA_\mu\overline{\psi}\gamma^\mu\psi$$

すでに述べたように，作用積分 S の被積分関数はラグランジアンと呼ばれる．L_A は電子場が存在しないときの光子場のラグランジアン，L_ψ は光子場が存在しないときの電子場のラグランジアン，L_{int} は電子場と光子場の相互作用のラグランジアンである．

最小作用の原理に基づいて方程式を導くと，L_A から (19) 式の左辺が，L_ψ から (18) 式の左辺が，そして，L_{int} から (18) 式と (19) 式の右辺が，それぞれ与えられる．

摂動論の考えに従えば，光子場と電子場はそれぞれ L_A と L_ψ だけに従って状態変化しており，これに L_{int} による補正が段階的に加わることになる．L_A と L_ψ による状態変化では，光子と電子がそれぞれ個数を保ったまま，伝播関数 D_F と S_F に従って伝播する．個数の変化が起きるのは，L_{int} による補正が加わる場合である．

それでは，相互作用項 L_{int} は光子と電子の個数をどのように変えるのだろうか？ L_{int} に含まれる光子場 A_μ は，すでに述べたように，光子を 1 個だけ生成ないし消滅する．これに対して，電子場 ψ は L_{int} に（複素共役とあわせて）2 つ含まれているので，電子場のエネルギー量子（＝電子または陽電子）の生成・消滅は 2 回起こる．L_{int} の具体的な形を使って調べると，可能なのは次の 4 つのパターンに限られることがわかる．

① 電子が消滅し，電子が生成する．
② 陽電子が消滅し，陽電子が生成する．
③ 電子と陽電子が生成する．
④ 電子と陽電子が消滅する．

これらは光子の生成・消滅と同時に起きる．光子と電子の運動量もあわせて記すと，①のケースは，運動量 $\boldsymbol{p}$ の電子が消滅し運動量 $\boldsymbol{p}-\boldsymbol{k}$ の電子と運動量 $\boldsymbol{k}$ の光子が生成する，あるいは，運動量 $\boldsymbol{p}$ の電子と運動量 $\boldsymbol{k}$ の光子が消滅し運動量 $\boldsymbol{p}+\boldsymbol{k}$ の電子が生成することを意味する（運動量が保存することは証明を必要とするが，ここでは仮定しておく）．もっとも，これでは言葉が繰り返しになってわかりにくいので，単に，「（運動量 $\boldsymbol{p}$ の）電子が（運動量 $\boldsymbol{k}$ の）光子を放出または吸収する」と言うことにしよう．同じように，②のケースは，陽電子が光子を放出または吸収する過程を表す．

③と④では，エネルギーの保存則により，電子・陽電子・光子が3つ一緒に生成あるいは消滅することはないので，光子から電子と陽電子が対生成する，あるいは，電子と陽電子が対消滅して光子になる過程と解釈される．

ここで注意していただきたいのは，どの過程でも，電子と陽電子の個数の差が変化しないという点である．変化しないのは，電子場が4成分を持つスピノルであるため，特殊相対論を満たす相互作用の形が著しく制限されるからである．光子と電子の相互作用が上のケースに限らないとしても，特殊相対論の要請を満たすためには，ラグランジアンの中に ψ が単独で存在することはできず，必ず，

$$\bar{\psi}\psi, \quad \bar{\psi}\gamma^\mu\psi, \quad \cdots$$

といった組でしか現れない．この制限によって，電子と陽電子の差が一定に保たれる．さらに，電子と陽電子の対生成は，核反応のような高エネルギー反応がなければ生じないので，化学反応くらいしか起きない通常の実験施設内では，1個の電子は常に1個のままであり続ける．これが，電子が粒子として認識される大きな理由である．

前節の図形では，電子の伝播関数を表すのに実線を用いたが，電子（陽電子）の個数が変化するのは陽電子（電子）と対になって生成・消滅する場合に限られることから，陽電子も矢印の向きを逆にした実線で表すことにしよう．こうすれば，電子と陽電子が対生成・対消滅する過程は，時間方向に折れ曲がった1本の実線で表されることになる．この方法で①〜④の過程を図形的に表すと，図4のようになる．

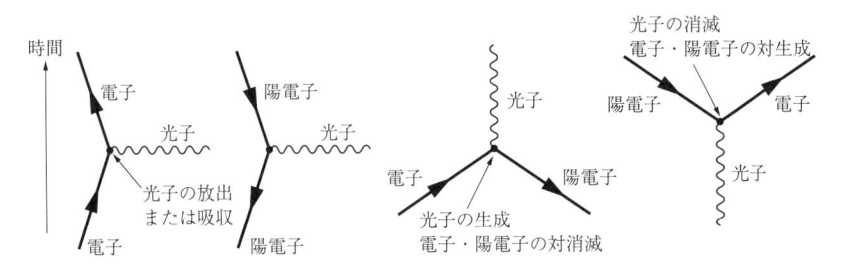

図4 電子・陽電子・光子の相互作用

このように，電子場と光子場の相互作用は，電子（陽電子）を表す実線に光子を表す波線の端が接触している形で表される．電子と光子を含む素粒子反応の遷移振幅は，このような図形を全て書き出し，それぞれの寄与を足しあわせることで求められる．図形を元に遷移振幅を計算するという方法はファインマンによって導入されたので，こうした図形をファインマン図形，計算するときの規則をファインマン則と呼ぶ．

実際に計算を実行する場合は，運動量をベースに表示した方がわかりやすい（運動量表示に移るには，フーリエ変換と呼ばれる数学的操作を行う）．この表示では，ファインマン図形の頂点（電子の実線に光子の波線が結びつく結節点のこと）と伝播関数を表す実線・波線に対して，次の式が割り当てられる（式の煩雑さを避けるため，$c = \hbar = 1$ という自然単位系を用いた）：

$$頂点：-ie\gamma_\mu$$

$$電子の伝播関数：S_F(p) = \frac{\gamma^\mu p_\mu + m}{p^2 - m^2}$$

$$光子の伝播関数：D_F^{\mu\nu}(k) = -\frac{\eta^{\mu\nu}}{k^2}$$

(1) 頂点　　(2) 電子の伝播関数　　(3) 光子の伝播関数

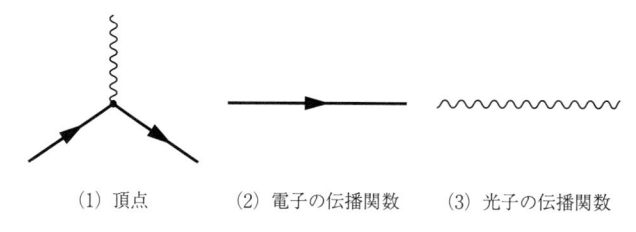

図 5　量子電磁気学のファインマン則

この割り当ては，実線で表されるのが電子か陽電子か，伝播関数がどちら向きの伝播を表しているかによらない．光子の伝播関数につく $\mu\nu$ という添字は偏光状態を表しており，頂点に存在する γ 行列の添字と和を取る．また，頂点と電子の伝播関数は γ 行列を含むことから 4 行 4 列の行列になっている．この他にも，外線（最初と最後に存在する素粒子を表す線）にどのような式を割り当てるか，運動量で積分するときの定係数はどうなるか——などに関するファインマン則があり，これらを用いて，各図形が遷移振幅にどのように寄与するかを計算できる．ファインマン則の詳細に関しては，量子場理論の教科書を参照していただきたい．

　実は，ファインマン則を定義する上で最も重要なポイントの 1 つが，伝播関数の分母がゼロとなる点でどのように積分を実行するかという問題である（単純に主値を求めればよいわけではない）．これに関しては，分母のゼロ点を迂回する適切な方法が判明しているが，高度に数学的になるので，ここでは述べない．

例として，前節で述べた電子同士が互いに散乱しあう過程において，2 次の摂動の最初の図形がどのような寄与になるかを考えてみよう．入射する 2 つの電子の 4 元運動量を（ベクトルの添字を省略して）p_1 と p_2，飛び去る電子の一方の運動量を q とすると，

§5 量子電磁気学とファインマン則

もう1つの電子の運動量は,各頂点で運動量が保存することより,$p_1 + p_2 - q$ となる.

したがって,ファインマン図形に現れるそれぞれの伝播関数は図6のような形になる(光子の伝播関数の添字 $\mu\nu$ は省略した).

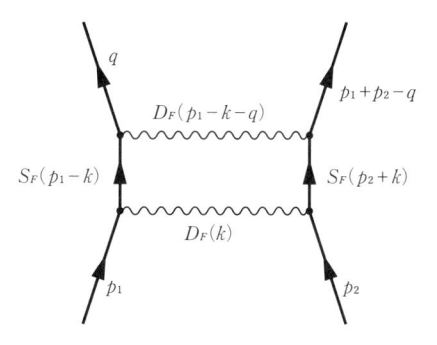

図6 2次のファインマン図形

図に現れる運動量 k は任意の値を取り得るので,遷移振幅を求める際には積分しなければならない.この積分は,次のように表される(偏光や γ 行列の添字は省略した).

$$\int dk^\mu \,(\text{定数}) \times S_F(p_1 - k)\, D_F(k)\, S_F(p_2 + k)\, D_F(p_1 - k - q) \tag{21}$$

具体的な計算は行わないが,この積分が収束するかどうかを検討したい.特に重要なのが,k が大きくなる領域である.簡単なベキの評価で,積分が収束するかどうかを見てみよう.k が大きくなる極限において,伝播関数の具体的な形から,次のような振舞いをすることがわかる(この式で k と記しているのは,4元運動量の各成分を全て大きくするときのスケールだと考えればよいだろう).

$$D_F(k) \sim O(k^{-2}), \quad S_F(k) \sim O(k^{-1}), \quad dk^\mu \sim O(k^3)\, dk$$

したがって,(21)式の積分は,k の大きい極限で次のように振舞う.

$$\int O(k^3)\, dk\, O(k^{-1})\, O(k^{-2})\, O(k^{-1})\, O(k^{-2}) \sim \int^\infty O(k^{-3})\, dk$$

この積分は k を無限大まで伸ばしても収束するので,実際に積分を遂行することにより,上の図形の寄与が正確に計算できる.

ところが,ファインマン図形に基づいて計算を進めていくと,積分が発散してしまうケースがいくつも出てくる.これが,量子場理論最大の困難であり,くりこみのテクニックを用いてはじめて解決できるものであった.

§6　くりこみの処方箋

　量子場理論は，1929 年にパウリとハイゼンベルクが提唱した量子電磁気学に始まる．しかし，この段階で理論形式は充分に整備されていたにもかかわらず，学界ではなかなか受容されなかった．その理由は，この理論を用いてさまざまな物理量——例えば，電子同士の散乱によって，どの方向にどんな運動量を持つ電子が飛び出すかを表す確率——を計算しようとすると，積分が発散して値を求められなくなるからである．こうした問題があることから，量子場理論には本質的な欠陥があると考える人も少なくなかった．

　途中で積分が発散しても観測に掛かる量は有限にできるという理論——いわゆるくりこみ理論——は，1940 年代末に，ファインマンらによって提唱された．当初は，積分で生じる無限大を理論にもともと含まれていた無限大によってうち消すという怪しげな議論を行ったため，計算上のトリックにすぎないとして受け容れようとしない人も多かった．しかし，1960 年代になると，くりこみ理論はその面目を一新する．無限大で無限大をうち消すのではなく，無限大がはじめから存在しないような計算が可能になったのである．

　くりこみの手法を説明するために，電子同士の散乱における 2 次の摂動計算に現れた図形（図 7）を考えよう．

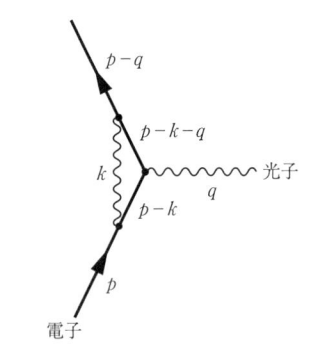

図 7　積分が発散するファインマン図形

　電子が運動量 q の光子を放出ないし吸収する際に，運動量 k の光子が頂点をまたぐような補正が加わっている．この量子論的な補正（量子補正）を計算するには，次のよう

§6 くりこみの処方箋

な積分を行う必要がある．

$$\int dk^\mu \, (\text{定数}) \times S_F(p-k)\, D_F(k)\, S_F(p-k-q) \tag{22}$$

k の大きい領域では，この積分は

$$\int^\infty \frac{dk}{k}$$

となるので対数発散する．したがって，このファインマン図形による寄与は計算できず，散乱の遷移振幅は求められない．

ところが，本来，こうした発散が生じる領域まで積分を行う必要はなかったはずである．摂動論による補正の計算では，頂点に電荷 e を割り当てていた．だが，電荷 e の値とは何か？ 電荷の測定としては，ミリカンの油滴実験が有名なので，これを考えることにしよう．ミリカンの実験では，電子が何個か過剰（あるいは不足）になって負（または正）に帯電している油滴を電場の中に置き，電場からのクーロン力と重力を釣り合わせてほぼ静止させることにより，電子の電荷を測定した．だが，よく考えると，この電荷の測定にも量子補正が寄与しているはずである．電子が静止している状態での測定なので，電子が放出ないし吸収する光子の運動量は 0 と置いてよい．したがって，電荷の測定の際には，図 8 に示すような図形で表される量子補正の過程が含まれるはずである．

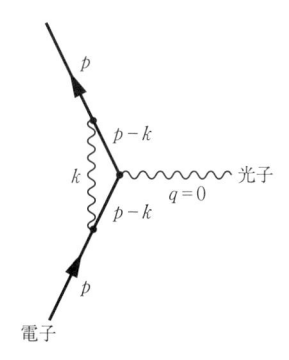

図 8 電荷の測定値に寄与する図形

この補正は，次の積分によって表される．

$$\int dk^\mu \, (\text{定数}) \times S_F(p-k)\, D_F(k)\, S_F(p-k)$$

これは，(22) 式で $q = 0$ と置いたものに他ならない．ところが，(22) 式の積分で k を大きくした極限は，相対的に q を小さくした極限と等しいので，(22) 式で k が大きいときの積分には，電荷の測定値に含まれているのと同じ補正項が入り込んでいることになる．これでは，同じ補正を二重に取り込んだことになってしまう．当然，重複は避けなければならないので，電子の散乱で計算すべき式は，(22) 式ではなく，次の式になる．

$$\int dk^\mu (\text{定数}) \times \{S_F(p-k)D_F(k)S_F(p-k-q) - S_F(p-k)D_F(k)S_F(p-k)\}$$

この被積分関数には (22) 式で積分を発散させていた $1/k$ の項がなく，k が大きい極限で $1/k^2$ のように振舞うので，積分は収束する．つまり，量子補正の計算において，e として測定される電荷の値を用いると，積分の発散は現れないのである．

摂動論による補正をそのまま計算すると発散が生じる図形はこのほかに無数にあるが，電荷 e と質量 m として測定される値を用い，そこに含まれる補正を二重に計算しないようにすると，全ての積分が有限になることが数学的に証明できる．

測定される電荷や質量の中には，単純に計算すれば積分が発散してしまうような補正が——くりこみ理論の建設者の1人である朝永振一郎の印象的な表現を使えば——「くりこまれている」ことになる．測定される電荷や質量はくりこまれた量であり，くりこまれた量を使っている限り，量子補正に無限大は現れない．このような方法で摂動論の補正を計算できる理論は，「くりこみ可能」と呼ばれる．

現在の量子場理論は，光子と電子だけを扱う量子電磁気学に留まらず，重力以外のあらゆる相互作用を含む理論——標準模型と呼ばれるもの——に拡張されている．標準模型はくりこみ可能であり，これに基づく理論的計算の結果は，素粒子実験や宇宙線の観測などで得られるほぼ全てのデータと（正確に一致しているとまでは言えないが）矛盾していない．人間は，物質と力に関するきわめて有効な理論を手に入れたわけである．

しかし，これで話が終わったのではない．標準模型の先に進もうとした物理学者たちは，深刻な障害に突き当たった．標準模型に含まれていなかった重力を量子場のアイデアと結びつけようとすると，どうしてもうまくいかなかったのである．その原因は，電磁気学などと同じような手法で重力の理論を量子化しても，くりこみ可能にならず，摂動論的な補正計算が次々に発散してしまうことにあった．

くりこみ不能性は，重力を量子化する際の最大の困難である．これに触れていない量子重力理論の解説は，全て皮相的だと言ってもよい．なぜ重力はくりこみ不能なのか，くりこみ不能だとどのような問題を起きるのかを明らかにしなければならない．しかし，その前に，重力場に関する一般相対論の解説をしなければならないだろう．そこで，次の第3章では一般相対論について解説し，続く第4章で量子重力理論のくりこみ不能性を取り上げる．

第3章

時空のゆがみとしての重力

　前章で見たように，時間・空間・物質・力という古典物理学の4概念のうち，物質と力は，1929年の量子場理論により，どちらも量子化された場で記述されるという形で概念的な統一が成し遂げられる．一方，時間と空間は，それに先立つ1915年に，アインシュタインの一般相対論によって実質的に統一されていた．

　一般相対論の源泉となったのは，それぞれ数学および物理学の発想に由来する2つのアイデアである．1つは，時間と空間が一体となって4次元時空を構成するというもので，特殊相対論の幾何学的な解釈としてミンコフスキが提唱した．「重力とは時間の遅れである」というもう1つのアイデアは，等価原理に基づく思考実験を通じてアインシュタインが発表した．この2つのアイデアを総合し，4次元時空のゆがみが重力作用を引き起こすという形でまとめたものが，一般相対論である．

　本章では，まず，これらのアイデアを順次紹介し，さらに，数学的な準備としてガウスの曲面論とリーマン幾何学の解説を行った上で，一般相対論の物理的な内容を明らかにしていく．

§1　特殊相対論とミンコフスキ時空

　相対論は，静止と運動を区別する絶対的な基準が存在しないという経験的事実に基づいて構築される．地球上では慣習的に地面に対して静止している座標系が用いられるが，これは物体と地面の間に摩擦が存在するからであって，考えている物体以外に重力源を含めて何も存在しない宇宙空間では，物体が完全に静止しているか，わずかでも動いているかを峻別することは困難である．さらに，電磁誘導や万有引力の法則は，相対的な位置関係のみによって定まり，絶対的な基準系を必要としない．例えば，コイルと磁石の相対運動によって生じる起電力は，どちらを静止させてどちらを動かしたかによらず，相対的な位置関係が同じである限り同じ値になる．こうした知見をもとに，自

然界には，静止と運動は区別されないという「相対性原理」が成立しているという見方が生まれた．

「特殊」相対論とは，等速度運動に限定して相対性原理を主張する理論である（限定しないのが「一般」相対論である）．それによると，互いに等速度で運動する座標系は物理学的に同等であり，どちらで記述してもマクスウェル方程式のような基礎方程式は同じ形になる．ただし，2つの座標の間の関係は，共通の時間座標が使えるニュートン力学の場合ほど単純ではない．一方の座標から他方の座標へと変換する式は，ローレンツ変換と呼ばれるものになる．

座標系 K(x,y,z,t) から K$'(x',y',z',t')$ へのローレンツ変換を与えよう．表記を簡単にするため，2つの座標系は1つの軸（x 軸と x' 軸）を共有しており，K$'$ 系は K 系から見て x 軸正の向きに一定の速度 v で運動しているものとする．また，空間座標の原点が重なる時刻を，それぞれの時間座標の原点とする．このとき，ローレンツ変換は，次の式で与えられる（c は時間と空間の単位を換算する定数で，マクスウェル電磁気学が正しければ光速に等しいため，以下では光速と見なす）．

$$x' = k(x - vt), \quad y' = y, \quad z' = z, \quad t' = k\left(t - \frac{v}{c^2}x\right) \tag{1}$$

k はローレンツ因子と呼ばれる量で，

$$k = \frac{1}{\sqrt{1 - \frac{v^2}{c^2}}} \tag{2}$$

である．ローレンツ因子 k は1より大きい正の数で，座標系同士の相対速度 v が光速 c に近づくにつれて無限大に発散する．また，c が無限大になった極限では，$k=1$, $t'=t$ となり，ローレンツ変換はニュートン力学の座標変換（ガリレイ変換）に帰着する．

ローレンツ変換において，2つの座標系 K と K$'$ は同等であり，一方が静止し他方が運動しているという関係にはない．(1) 式のローレンツ変換は K 系から K$'$ 系へと変換するときのものだが，K$'$ 系から K 系へと変換するときには，(1) 式でダッシュを付け替え，v を $-v$ に変えた式になる．

相対論がそれ以前の古典物理学と異なる最大のポイントは，時間の扱いである．ニュートン力学でもマクスウェル電磁気学でも，時間は全宇宙で同じように経過することが暗黙の前提となっていた．あらゆる出来事は，宇宙のどこで起ころうとも，生起した時刻の先後関係に基づいて順序づけできるとされる．しかし，相対論の世界になると，そうした時間概念は否定される．ローレンツ変換 (1) に示されるように，K 系で同時であった（例えば $t=0$ で起きた）出来事が，K$'$ 系では（$t=0$ でも x の値によって $t'>0$ にも $t'<0$ にもなり得るように）過去と未来に分かれることがある．

§1 特殊相対論とミンコフスキ時空

相対論は，宇宙全体で一様に流れる時間が存在しないことを含意する．特殊相対論のアイデアをともに 1905 年に発表したアインシュタインとポアンカレは，いずれも同時という概念が変革されるべきことを強調している．彼らは，互いに等速度運動する座標系に置かれた時計をどのように同期させるかを考察し，2 つの出来事が同時か否かを決定する絶対的な基準が存在しないことを見いだした．

しかし，真の驚きはその後に訪れる．1907 年，ミンコフスキが，相互に運動する座標系への変換は 4 次元時空における一種の回転であることを明らかにしたのである．ここにいたって，単に同時性が問題になるだけでなく，そもそも時間とは経過ではなく拡がりだという概念上の大転換が行われた．

ミンコフスキの考え方を説明するために，ローレンツ変換 (1) を次のように表すことにしよう（x 座標と t 座標だけを考える）．

$$x' = x \cosh\theta - ct \sinh\theta$$
$$ct' = ct \cosh\theta - x \sinh\theta$$

ただし，$\cosh\theta = k, \quad \sinh\theta = \sqrt{\cosh^2\theta - 1} = \dfrac{kv}{c}$

cosh と sinh は双曲線関数であり，三角関数とは，

$$\cosh\theta = \cos(i\theta), \quad \sinh\theta = -i\sin(i\theta)$$

という関係式で結ばれている．

ここで，形式的に $\tau = ict$ という"虚数時間"を導入しよう．すると，ローレンツ変換は，次のように表される．

$$x' = x\cos(i\theta) + \tau\sin(i\theta)$$
$$\tau' = \tau\cos(i\theta) - x\sin(i\theta)$$

これは，x 軸と τ 軸の直交座標系を虚数角 $i\theta$ だけ回転して新たな x' 軸と τ' 軸にするときの公式である．座標系の回転では，距離が不変に保たれる．2 点間の空間間隔を Δx，虚数時間の間隔を $\Delta\tau$ と書くことにすると，$(\Delta x)^2 + (\Delta\tau)^2$ の値は回転しても変わらない．もちろん，虚数時間が現実に存在するわけではない．虚数時間から本来の時間に戻って考えると，ローレンツ変換は，$(\Delta x)^2 - (c\Delta t)^2$ を不変に保つような一種の回転と見なすことができる．

特殊相対論の時間と空間は，両者が一体となって 4 次元時空を構成している．ローレンツ変換とは，この 4 次元時空内部での一種の回転を表しており，このとき，空間間隔の 2 乗と時間間隔（c を乗じて空間と同じ単位にしたもの）の 2 乗の差が一定に保たれる．このような 4 次元時空は，ミンコフスキ時空と呼ばれる．

4次元時空であることを強調するために，第 2 章 §5 で用いたのと同じ次の記法を採用しよう．

$$x^0 = ct, \quad x^1 = x, \quad x^2 = y, \quad x^3 = z$$

各座標方向の微小な変位を dx^μ のように表すと，ミンコフスキ時空内部でローレンツ変換に対して不変に保たれる長さの要素 ds は，

$$ds^2 = \eta_{\mu\nu} dx^\mu dx^\nu \tag{3}$$

($\eta_{00} = +1, \quad \eta_{11} = \eta_{22} = \eta_{33} = -1, \quad$ それ以外は $\eta_{\mu\nu} = 0$)

と表記される．ただし，第 2 章 §5 の和の規約に従って，上下に同じ添字が現れるときには，0 から 3 まで足しあわせるものとする．

ローレンツ変換は，次のような行列式で表すことができる．

$$\begin{pmatrix} ct' \\ x' \\ y' \\ z' \end{pmatrix} = \begin{pmatrix} k & -kv/c & 0 & 0 \\ -kv/c & k & 0 & 0 \\ 0 & 0 & 1 & 0 \\ 0 & 0 & 0 & 1 \end{pmatrix} \begin{pmatrix} ct \\ x \\ y \\ z \end{pmatrix}$$

係数となる行列の μ 行 ν 列成分を Λ^μ_ν と書いて和の規約を使うと，

$$x'^\mu = \Lambda^\mu_\nu x^\nu \tag{4}$$

という簡単な式でローレンツ変換を表せる．Λ は K 系から K$'$ 系への変換行列である．

相対論的な 4 元ベクトルについてはすでに第 2 章で触れたが，きちんと定義すると，座標と同じく変換行列 Λ で変換される量を反変ベクトル，Λ の逆行列（K$'$ 系から K 系への変換行列に等しい）で変換される量を共変ベクトルという．

$$\text{反変ベクトル} \quad A'^\mu = \Lambda^\mu_\nu A^\nu$$
$$\text{共変ベクトル} \quad B'_\mu = \left(\Lambda^{-1}\right)^\nu_\mu B_\nu$$

反変ベクトルの 1 例が粒子の 4 元速度ベクトルで，次式で与えられる（右辺に係数として c をつけるのは，u^μ に速度の単位を与えるため）．

$$u^\mu = c \frac{dx^\mu}{ds}$$

粒子が静止している場合は $dx = dy = dz = 0$ なので，(3) 式から直ちに，

$$u^0 = c, \quad u^i = 0 \quad (i = 1, 2, 3)$$

となる．粒子が x 軸方向に速度 v で動いているときの速度ベクトルは，速度 $-v$ で運動する座標系へのローレンツ変換を上の u^μ に施せば得られる．よって，

$$u^0 = ck, \quad u^1 = kv, \quad u^2 = u^3 = 0$$

となる（k は (2) 式で与えられるローレンツ因子）．この速度ベクトルに質量 m を乗じたものが 4 元運動量で，その第 0 成分の c 倍がエネルギー E に等しい（c 倍するのは単位をあわせるため）．したがって，

$$E = mcu^0 = kmc^2 = \frac{mc^2}{\sqrt{1 - \frac{v^2}{c^2}}} \approx mc^2 + \frac{1}{2}mv^2 \quad (v \ll c \text{ のとき}) \tag{5}$$

ここから，静止している質量 m の粒子のエネルギーが mc^2 になるという関係式が得られる．

ミンコフスキによる相対論の定式化を信じるならば，われわれの住む世界は（近似的に）ミンコフスキ時空のはずである．古典物理学では，空間は拡がりを，時間は経過を表すとされ，質的に異なるものと見なされていた．しかし，相対論的な時空概念では，時間も空間と同じく拡がりを表す．ニュートン力学で「時間の経過とともにユークリッド空間内部で生じる位置の変化」というダイナミックな形で表現された粒子の運動は，相対論の立場からすると，「ミンコフスキ時空内部に存在する 1 次元的な軌道」という時間方向の拡がりを持つ幾何学的実体と見なされる．

この幾何学的な観点からすると，自然界は静止と運動を区別していないという相対性原理は，「**ミンコフスキ時空内部で座標系を回転しても物理法則は変わらない**」と表現できる．ミンコフスキ時空には，物理法則に関して特別な向きや場所が存在しない．物理現象を見る視点を変えても，物理法則そのものは変わらないということである．ニュートン力学やマクスウェル電磁気学でも，3 次元空間内部での回転や平行移動に対してエネルギー保存則や電磁誘導の法則のような物理法則は変化しないが，現実の世界は時間と空間が一体になっているので，空間だけでなく時間軸を含む広義の回転を行っても，基本的な法則は不変に保たれるのである．

座標変換に対して物理法則が変わらないことは，第 1 章で述べた最小作用の原理を使えば簡単に表現できる．どのような物理現象が生起するかは作用積分によって決まるので，作用積分の値が座標変換に対して不変であれば，物理法則は座標変換しても変わらないことになる．座標変換に対する不変量は一般にスカラー量と呼ばれるので，相対性原理は，「作用積分はスカラー量になる」という簡単な命題にまとめられる．

相対論的な作用積分の簡単な例として，力が作用していない粒子の運動について考えてみよう．(3) 式で与えられる長さの要素 ds は，座標変換に対して不変なので，ミンコフス

キ時空内部の地点 a から別の地点 b まで粒子がたどる任意の経路に沿って ds を積分した

$$\int_a^b ds$$

は，スカラー量となる．第 1 章 §1 で紹介した自由粒子の作用積分と比較するため，この積分を，特定の座標系における時間積分の形に書き換えよう．座標を用いて長さ要素 ds を書き換えると，

$$ds = \sqrt{c^2 dt^2 - dx^2 - dy^2 - dz^2}$$

になる．一方，この座標系で見た粒子の速度を v とすると，

$$dx^2 + dy^2 + dz^2 = v^2 dt^2$$

なので，

$$ds = cdt\sqrt{1 - \frac{v^2}{c^2}}$$

とまとめられる．そこで，係数 $-mc$ を付けて，相対論的な自由粒子の作用積分を次のように書いてみよう．

$$S = -mc^2 \int_{t_a}^{t_b} dt \sqrt{1 - \frac{v^2}{c^2}} \tag{6}$$

$v \ll c$ ならば，

$$\sqrt{1 - \frac{v^2}{c^2}} \approx 1 - \frac{v^2}{2c^2}$$

と近似できるので，定数項を別にすると，上の作用積分はニュートン力学における運動エネルギーの時間積分となり，第 1 章 §1 で与えたものと一致する．この作用 S はもともと ds の積分として表されたスカラー量なので，自由粒子の運動に関する物理法則は座標系に依存しない．

特殊相対論に関する教科書はたくさんあるが，最小作用の原理の持つ意味を明確に記述したものとしては，ランダウ‐リフシッツ著『場の古典論』（東京図書）が優れている．

§2　等価原理から時空の幾何学へ

ミンコフスキの幾何学的なアイデアによって相対論はずいぶんと見通しの良いものになったはずだが，アインシュタイン自身は，時間を拡がりと見なす 4 次元幾何学の考え方に魅力を感じなかったようだ．彼は，「静止と運動を区別する絶対的な基準は存在しない」という物理学的な相対性原理を加速度運動に拡張する方向へと研究を進めていく．

ここでアインシュタインが導きの糸としたのが，いわゆる等価原理である．ニュートン力学の考え方によれば，加速度運動する座標系には慣性力と呼ばれる見かけの力が作用するため，慣性力の有無によって加速度運動しているかどうかが判定できる．これに対して，アインシュタインは，慣性力と重力は厳密に区別することができないため，この判定ができなくなると考えた．等価原理のオリジナルな主張は，慣性力と重力が等価だというものである．

ニュートン力学で，慣性力の働いていない基準系に対して加速度 $\boldsymbol{a}$ で運動する座標系（加速度系）を考えよう．この加速度系に対して相対加速度 $\boldsymbol{a}'$ で運動する質量 m の物体の運動方程式は，力を $\boldsymbol{f}$ とすると $\boldsymbol{f} = m(\boldsymbol{a} + \boldsymbol{a}')$ となる．したがって，加速度系での見かけの運動方程式は $\boldsymbol{f} - m\boldsymbol{a} = m\boldsymbol{a}'$ となり，見かけの力 $-m\boldsymbol{a}$ が作用しているように見える．この $-m\boldsymbol{a}$ が慣性力である．慣性力の例となるのが，回転運動する座標系に見られる遠心力である．例えば，軌道上のスペースシャトル内部で無重力状態が実現されるのは，軌道上の重力加速度 g と軌道を周回することによる加速度 a が等しく，重力 mg と遠心力 $-ma$ が釣り合うためである．ニュートン力学では，シャトル内部でも地球からの重力は存在しているが，その効果が見かけ上相殺されたと解釈される．これに対して，等価原理によれば，重力と慣性力が実際に打ち消しあって重力が存在しなくなったと見なされる．

上の議論では重力と慣性力の定義に現れる質量 m が同じものとして扱われているが，これは等価原理によって要請される主張であり，決して自明ではない．重力にかかわる m は，他の物体が作り出した重力場によってどのような力が生じるかを定めるものであり，重力質量と呼ばれる．一方，慣性力にかかわる m は，力が与えられたときの加速度の大きさを与えるもので，慣性質量と呼ばれる．例えば，粒子と反粒子（第 2 章に登場した電子と陽電子など）は，等しい慣性質量を持つことが量子場理論から導かれ，実験によっても確認されているが，重力質量も等しいかどうかは，実験・観測に基づく検証が進められている段階である．いくつかの素粒子（例えば K 中間子）に関しては，粒子と反粒子の重力質量が高い精度で一致するというデータが得られている．

等価原理は重力質量と慣性質量が等しくなることを要請するが，それだけにとどまらない．等価原理を完全に受け容れるならば，加速度運動して慣性力が作用している座標系と，これと等しい重力が作用している座標系とで，あらゆる物理現象が同じになることが要請される．物理現象の同等性まで含んだものを，重力質量と慣性質量の同等性のみ主張する「弱い等価原理」と区別して「強い等価原理」と呼ぶこともある．

等価原理の意味をイメージするために，外を見ることができないエレベータを思い描いていただきたい．等価原理が正しいとすると，エレベータが重力加速度 g の重力場内で静止している場合と，無重力空間内部を加速度 g で上昇している場合とでは，エレ

ベータ内部で全く同じ物理現象が生起するはずである．重力質量と慣性質量が等しければ，ニュートン力学でも物体の運動は同じになる．しかし，「強い等価原理」によれば，それ以外の物理現象も同等になり，静止しているか運動しているかは原理的に区別できない．

このエレベータの床に一定の振動数 f の光源を取り付け，高さ h の天井に設置された観測器で光を受信する実験を行う．エレベータが一定の加速度 g で上昇する場合，床から発射された振動数 f の光は，移動時間 h/c を経て天井で受信される．ところが，その間に天井は加速され，光を発射したときの光源に対して $v = gh/c$ という相対速度を持っている．光速 c で伝播する光の振動数を v で遠ざかる観測器で受信することになるので，観測される振動数は，ドップラー効果によって次式の f' に変化する．

$$f' = \left(1 - \frac{v}{c}\right)f = \left(1 - \frac{gh}{c^2}\right)f$$

等価原理を信じるならば，エレベータを加速せず，重力加速度が g であるような重力源の近くに静止させたときにも，同じ振動数の変化が測定されなければならない．このとき，光源と観測器は相対的に運動していないので，ドップラー効果によって振動数の変化が生じたとは言えない．それでは，なぜ振動数が変わったのか？ すでに特殊相対論の研究を通じて，時間が宇宙で一様に流れる絶対的なものではないことを知っていたアインシュタインは，この現象を，重力場によって時間間隔が変化した結果だと考えた．すなわち，エレベータの床では，天井よりも時間がゆっくり経過するため，天井に到達したときの振動数が，本来の光源の振動数 f よりも小さくなったというわけだ．天井に置かれた時計が微小な時間間隔 dt だけ進む間に，床に置かれた時計が次式で与えられる $d\tau$ しか進まないならば，振動数の変化をうまく説明できる．

$$d\tau = \left(1 - \frac{gh}{c^2}\right) dt \tag{7}$$

ここで，重力ポテンシャル Φ を使って議論を一般化しよう．重力ポテンシャルとは，重力加速度をその傾き $-\nabla\Phi$ として与える物理量である．重力加速度が一定値 g の場合，Φ は基準点からの高さ z を使って，

$$\Phi = gz$$

と表される．天井を基準としたときには，床での重力ポテンシャルは $\Phi = -gh$ になるので，(7)式は，

$$d\tau = \left(1 + \frac{\Phi}{c^2}\right) dt \approx \sqrt{1 + \frac{2\Phi}{c^2}} dt \tag{8}$$

と書かれる．最後の変形は，$1/c$ の高次項を無視する近似で行っており，後で使われる一般相対論の公式とあわせるためのものである．

この式が一般的だとすると，天体の近傍における時間の遅れを求めることが可能になる．質量 M の天体の中心から距離 r だけ離れた地点で重力ポテンシャルは，

$$\Phi(r) = -\frac{GM}{r}$$

で与えられる（G は万有引力定数）．天体表面から放出される光の振動数は，原子の線スペクトルとして物理定数で表される．しかし，天体表面では重力の効果で時間がゆっくりと経過するために，充分に離れた地点で観測した線スペクトルの振動数は，本来の値からずれてしまう．このずれの割合は（振動数が減少する，すなわち，波長が長い方にずれることから）重力赤方偏移と呼ばれる．太陽表面から放出される光の場合，重力赤方偏移は，

$$\left|\frac{\Phi}{c^2}\right| = \frac{GM}{Rc^2} = 2 \times 10^{-6}$$

万有引力定数 $G = 6.7 \times 10^{-11}$ m^{3}kg^{-1}s^{-2}，　光速 $c = 3 \times 10^8$ ms^{-1}
太陽質量 $M = 2 \times 10^{30}$ kg，　太陽半径 $R = 7 \times 10^8$ m

となる．この値は，太陽表面での原子の運動や太陽大気の対流の影響で振動数がずれる効果と同程度になるので測定が難しいが，実測値からこれらのノイズを差し引いた値は，上の予測値と数%の誤差で一致する．重力赤方偏移は，中性子星のような太陽以外の恒星でも観測されている．

重力源の近くで時間がゆっくり進むという効果は，光の屈折としても現れる．遠方から見ると，巨大な天体の近くを通る光は，時間がゆっくりと進む分だけ光速が遅くなっているように観測される．一般の媒質では，媒質中の光速が $1/n$ になるときの媒質の屈折率を n と定義するが，これと同様に考えると，天体の周囲の空間は，中心に近いほど屈折率が大きい透明媒質のように振舞うため，天体の周囲で光は屈折することになる．

ここで，天体の表面ぎりぎりの所を通過する光線が，どの程度曲げられるかを計算してみよう．図1のように x 軸と y 軸を取ろう．光の波面は，ホイヘンスの原理に従って，それぞれの要素波の包絡線で与えられる．間隔 dy だけ隔たった地点で光速が dc だけ異なるならば，図からわかるように，単位時間あたりの屈折角は dc/dy [rad] で与えられる．したがって，これを時間で積分したものが，天体による光線の屈折角 θ となる．屈折角はごくわずかで，光はほとんど x 軸に沿って進むと考えられるので，時間積分を x 座標の積分で置き換えると，θ は次式で与えられる．

$$\theta = \int_{-\infty}^{+\infty} dt \left(\frac{dc}{dy}\right) = \int_{-\infty}^{+\infty} dx \frac{d(1/n)}{dy}$$

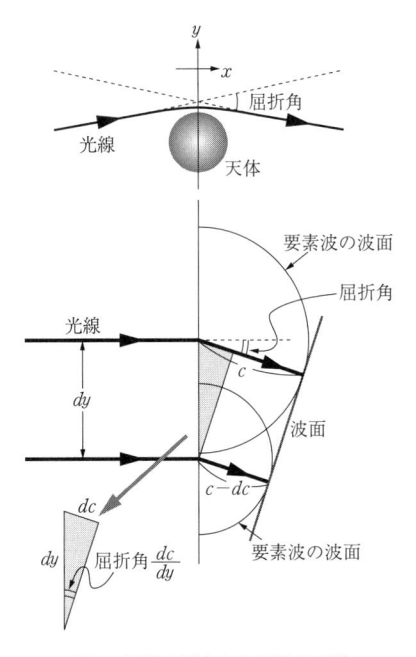

図1 天体の重力による光の屈折

ただし，n は重力に起因する空間の屈折率で，(8) 式に従って時間がゆっくり進むと仮定して計算すると，天体中心から距離 r の地点では次のようになる（後で示すように，実はこの式は誤っていた）．

$$\frac{1}{n} = 1 - \frac{GM}{c^2 r}$$

したがって，半径 R の天体の縁をかすめる光線の屈折角は，次の積分で与えられる．

$$\theta = \int_{-\infty}^{+\infty} dx \left. \frac{d\left(1 - \frac{GM}{c^2 \sqrt{x^2+y^2}}\right)}{dy} \right|_{y=R} = \int_{-\infty}^{+\infty} dx \frac{GMR}{c^2 (x^2 + R^2)^{3/2}}$$

この定積分を実行すると，

$$\theta = \frac{2GM}{c^2 R}$$

が得られる．

1911 年，アインシュタインは，重力とは時間の遅れであるとの仮説に基づいて，太陽の縁ぎりぎりを通過する光線の屈折角が 0.83 秒（より正確な計算では 0.87 秒）にな

ると発表した．しかし，この値は間違いだった．彼は，重力の作用を時間の遅れによってもたらされる効果だと考えていたが，§1で示したように，相対論的な世界は時間と空間が一つになった4次元時空であり，時間の遅れだけを考えるのは片手落ちなのである．当時のアインシュタインはミンコフスキ流の4次元幾何学の発想をあまり重視しておらず，時間と空間が一つに統合されるという認識を持っていなかったようだ．このため，時間だけを問題として誤った結果を導いたわけである．正しい解答を得るには，時間だけではなく，空間の変化をも考慮しなければならない．後に求められた正しい屈折角は，時間の遅れだけをもとに計算した値のちょうど2倍だった．

1912年になって，アインシュタインは空間についても伸び縮みを考えなければならないと気がついた．時間に加えて空間が重力源の近くで伸縮すると，時空は必然的に平坦ではなくなる．時間と空間がゆがんだ世界を記述するのに，それまで物理学で使われていた数学は力不足である．自分一人の手に負えなくなったアインシュタインが友人の数学者グロスマンに相談したところ，必要とする数学理論は19世紀にリーマンが作り上げていたことを教えられる．これがリーマン幾何学である．

一般相対論の理解に不可欠であるリーマン幾何学を論じるのに先立って，次節では，まず直観的に理解しやすいガウスの曲面論から見ていくことにしよう．

§3　ガウスの曲面論

ガウスの曲面論とは，2次元曲面の曲率に関する理論で，曲面の内部で定義される量（内在量）だけを使って曲率が定義できることを導くものである．素朴に考えると，曲率を定義するには，曲面の外に出なければならないはずである．例えば，ある点で曲面に接する接線を考え，曲面上の点を動かしたときに接線の向きがどのように変わるかによって曲率を定義することができる．この方法では，接線という曲面の外側にあるものを利用して曲率を定義している．2次元の曲面がどのように曲がっているかは，3次元空間の中に曲面を埋め込んで調べなければわからない——そう考えるのが常識的な発想である．ところが，ガウスは，曲面の曲率が曲面に内在する量だけで定義できることを見いだしたのである．曲面がどのように曲がっているかを判定するのに，曲面の外に出て眺める必要はない．そのことに驚いたガウスは，曲面の内在量だけで曲率が定義できることを「Theorema Egregium（驚くべき定理）」と呼んだ．

ガウスの曲面論を理解するには，伸縮自在のゴムでできた方眼紙のイメージを使うとわかりやすい．3次元ユークリッド空間の中に置かれた2次元の曲面に，この方眼紙を貼り付けることを考えよう．皺が寄らないように貼り付けるには，ゴム製方眼紙のあち

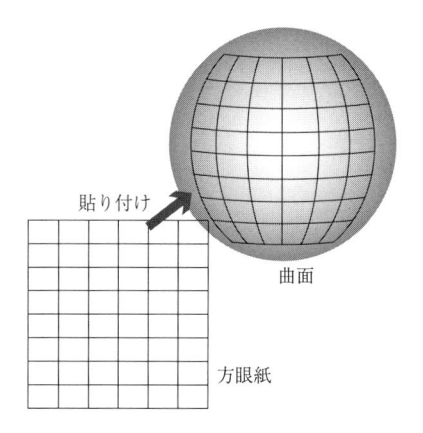

図 2 曲面に貼り付けられた伸縮自在の方眼紙

こちを伸ばしたり縮めたりしなければならない．また，貼り付け方は 1 通りではなくさまざまなやり方があるが，何らかの方法でピッタリと貼り付けられたものとしよう．

曲面上の位置座標は，方眼紙に密に描かれた縦軸と横軸の何番目であるかを読み込むことによって決定できる．この座標を (u,v) としよう．各座標の微小間隔を du と dv を使って，曲面上での距離 ds を表すことにする．座標軸は直交しておらず，場所によって伸び縮みがあるので，ds は簡単な式にはならないが，u と v の関数 E, F, G を使って一般的に次のような形に表される．

$$ds^2 = Edu^2 + 2Fdudv + Gdv^2$$

この E, F, G は曲面の内部で定義できるもので，第 1 基本量と呼ばれる．仮に，2 次元曲面内部に束縛されて生きる 2 次元人が存在するならば，彼らは曲面の外側のことは何もわからないが，曲面上で方眼紙の軸の間隔や軸が交わる角度を測量することによって，各地点での第 1 基本量 E, F, G の値を求められる．

ガウスは，いったん曲面の外に出て法曲率と呼ばれる曲率を定義し，その上で，この法曲率の最大値と最小値をもとに，曲面の全曲率（ガウス曲率）を定義した．ところが，この全曲率を計算しているうちに，ガウスは驚くべき結果に到達した．曲面を外から眺めることで曲率を定義したにもかかわらず，全曲率は，曲面内部で定義された第 1 基本量 E, F, G だけで定義できたのである．

ガウスがどのように考えを進めたかを大まかに言うと，次のようになる．まず，曲面を含む 3 次元ユークリッド空間の中で曲面の法線ベクトルの式を求め，そこから第 2 基本量

と呼ばれる量を定義した．この量は，曲面の外に出なければ決められないので，外在量と呼ばれる．さらに，第 1 基本量と第 2 基本量を組み合わせて，特定の接線方向の曲率を表す法曲率を定義した．その後，法曲率に基づいて全曲率を定義したのだが，その計算を進めていったところ，法曲率の定義に含まれていた第 2 基本量が全て打ち消されて，内在量である第 1 基本量だけで全曲率が表されたのである．少し長くなるが，どれほど面倒な計算かをわかってもらうために，ガウスが求めた全曲率 K の式を書いておこう．

$$\begin{aligned}
4\left(EG-F^{2}\right)^{2} K = & E\left\{\frac{\partial E}{\partial v}\frac{\partial G}{\partial v} - 2\frac{\partial F}{\partial u}\frac{\partial G}{\partial v} + \left(\frac{\partial G}{\partial u}\right)^{2}\right\} \\
& + F\left\{\frac{\partial E}{\partial u}\frac{\partial G}{\partial v} - \frac{\partial E}{\partial v}\frac{\partial G}{\partial u} - 2\frac{\partial E}{\partial v}\frac{\partial F}{\partial v} - 2\frac{\partial F}{\partial u}\frac{\partial G}{\partial u} + 4\frac{\partial F}{\partial u}\frac{\partial F}{\partial v}\right\} \\
& + G\left\{\frac{\partial E}{\partial u}\frac{\partial G}{\partial u} - 2\frac{\partial E}{\partial u}\frac{\partial F}{\partial v} + \left(\frac{\partial E}{\partial v}\right)^{2}\right\} \\
& - 2\left(EG-F^{2}\right)\left\{\frac{\partial^{2} E}{\partial v^{2}} - 2\frac{\partial^{2} F}{\partial u \partial v} + \frac{\partial^{2} G}{\partial u^{2}}\right\}
\end{aligned}$$

例として，2 次元球面のケースを考えてみよう．伸縮自在の方眼紙を，横軸が緯線と，縦軸が経線と一致するように地球儀に貼り付けることをイメージしていただきたい．このとき，ラジアン単位の経度を u，緯度を v で表すと，半径 r の曲面上の微小な長さ ds は，

$$ds^{2} = (r\cos v)^{2} du^{2} + r^{2} dv^{2} \tag{9}$$

で与えられる．ガウスが行った計算をもとに全曲率 K を求めると

$$K = \frac{1}{r^{2}}$$

となり，(9) 式の係数だけで表されている．K が第 1 基本量だけで表されるという定理には，座標系の選び方に関する制限がないので，u, v が経度・緯度とは異なるように座標系を選んだ（方眼紙を貼り付けた）場合でも，第 1 基本量だけを使って K が表され，同じ値が得られることに変わりはない．

人類は，場所によって天体の見える方向が異なったり，船が水平線の彼方に隠れたりすることを観測して，地球が球面であることを見いだした．こうした観測は，地球表面の外側を見ることであり，地球表面に完全に束縛されていたのでは，大地が球面であることを理解し得ないように思われる．しかし，たとえ地球表面に閉じ込められ外部を見ることができないとしても，精密な測量を繰り返し，微小な長さが (9) 式で与えられることがわかれば，そこから大地が球形だと判明するのである．

ガウスが見いだしたのは，曲面の全曲率は内在量だけで定義できるということだが，そこに含意されるのは，単に曲面の外部に出なくても曲率が定義できるという消極的な

内容だけではない．曲面の幾何学を論じる際に，そもそも"外"を考える必要がないことを意味する．

ガウスの議論は，あくまで3次元ユークリッド空間内部に埋め込まれた曲面に関して曲率を求めるというものだったが，彼の学生だったリーマンは，よりドラスティックな方向に議論を進めた．曲率が曲面に内在する量だけで定義されるならば，何も外側の空間を想定する必要はない．外側の存在しない曲がった空間だけの幾何学を作ることができるはずだ——そうしたアイデアに基づいて作り上げられたのが，リーマン幾何学である．

§4　リーマン幾何学における形式不変性

リーマン幾何学では，ガウスの曲面論で使われた第1基本形式が，座標微分 dx^μ に関する2次の斉次多項式（2次の項だけがある多項式）に拡張される．

$$ds^2 = g_{\mu\nu}dx^\mu dx^\nu \qquad (g_{\mu\nu} = g_{\nu\mu}) \tag{10}$$

ここでは，第2章 §5 で使った和の規約を再び用い，上下に同じ添字が現れたときには，考えている次元にわたって（2次元空間の場合は1から2まで，4次元時空の場合は0から3まで）足しあわせるものとする．$g_{\mu\nu} = g_{\nu\mu}$ なので，4次元時空では $g_{\mu\nu}$ は全部で10個の独立な成分を持っている．ミンコフスキ時空の場合には，$g_{\mu\nu}$ は (3) 式の $\eta_{\mu\nu}$ と等しくなる．また，ガウスの曲面論における第1基本形式の諸量とは，次のように対応する．

$$u = x^1, \quad v = x^2, \quad E = g_{11}, \quad F = g_{12} = g_{21}, \quad G = g_{22}$$

リーマン幾何学の座標系は，ガウスの曲面論で紹介した方眼紙の貼り付けを一般化したもので，座標系の選び方には任意性がある．座標系を変更すると，それに応じて $g_{\mu\nu}$ の値も変化する．一方，ds は長さの基準となる量で，座標の選び方に依存しないスカラー量である．物理の世界では，ds は一定の格子間隔を持つ結晶でできた物差しなどを使って，座標の選び方によらずに測定できる．

ここで，次のように，ダッシュのない座標系からダッシュを付けた座標系へと変換することを考えよう．

$$x^\mu \to x'^\mu = x'^\mu(x)$$

変換後の座標は，元の座標の関数として表されるので，微小要素の変換規則は，次のよ

§4 リーマン幾何学における形式不変性

うに与えられる.
$$dx'^\mu = \left(\frac{\partial x'^\mu}{\partial x^\alpha}\right) dx^\alpha$$

右辺の係数は変換行列である. ローレンツ変換の場合, 変換行列が (4) 式の Λ になることは, (1) 式を代入すればすぐに確かめられる (ローレンツ変換は変換行列が定数になるので, 座標変換の式に微小要素 dx^μ ではなく座標 x^μ そのものを使うことができる).

ローレンツ変換のときと同様に, 座標の微小要素 x^μ と同じ変換規則に従う量は反変ベクトルと呼ばれる. 任意の反変ベクトル A^μ に対して, 次の式が成り立つ.
$$A^\mu \to A'^\mu = \left(\frac{\partial x'^\mu}{\partial x^\alpha}\right) A^\alpha$$

一方, 反変ベクトルとは"逆"の変換をするベクトルが共変ベクトルで, 添字は右下に付ける.
$$B_\nu \to B'_\nu = \left(\frac{\partial x^\beta}{\partial x'^\nu}\right) B_\beta \tag{11}$$

ここで共変ベクトルの変換規則が"逆"と言ったのは, 変換行列が反変ベクトルの場合の逆行列になっているからである (これも, ローレンツ変換の場合と同じである).
$$\left(\frac{\partial x'^\mu}{\partial x^\alpha}\right)\left(\frac{\partial x^\alpha}{\partial x'^\nu}\right) = \left(\frac{\partial x^\mu}{\partial x'^\alpha}\right)\left(\frac{\partial x'^\alpha}{\partial x^\nu}\right) = \delta^\mu_\nu$$
(ここで, δ^μ_ν は $\mu = \nu$ のとき $\delta^\mu_\nu = 1$, それ以外のときは $\delta^\mu_\nu = 0$ を表す)

共変ベクトルは反変ベクトルと逆の形で変換されるため, 両者の積を取って添字について足しあわせた量は, 座標変換しても不変に保たれる.
$$A^\mu B_\mu \to A'^\mu B'_\mu = \left(\frac{\partial x'^\mu}{\partial x^\alpha}\right)\left(\frac{\partial x^\beta}{\partial x'^\mu}\right) A^\alpha B_\beta = \delta^\beta_\alpha A^\alpha B_\beta = A^\alpha B_\alpha$$

このため, この形の積はスカラー積と呼ばれる.

(10) 式の ds が座標変換に対して不変になることより, $g_{\mu\nu}$ はそれぞれの添字について共変ベクトルと同じ変換規則に従って変換されることがわかる. このように, いくつかの添字を持ち, それぞれの添字に関して共変または反変ベクトルと同じ変換規則に従って変換される量は「テンソル」と呼ばれる. $g_{\mu\nu}$ は長さの要素 ds を定める「計量テンソル」である. 添字の個数がテンソルの階数であり, $g_{\mu\nu}$ は 2 階のテンソルとなる.

任意のベクトルやテンソルは, 計量テンソルとのスカラー積を取ることによって, 共変・反変の性質を入れ替えられる. 一般相対論の計算では, いちいち断らずに添字を上げ下げする場合があるが, これは, 計量テンソルとのスカラー積を取ったことを表している.
$$A_\mu = g_{\mu\nu} A^\nu, \quad B^\mu = g^{\mu\nu} B_\nu$$

ただし，$g^{\mu\nu}$ は $g_{\mu\nu}$ の逆行列となる反変テンソルで

$$g^{\mu\lambda}g_{\lambda\nu} = \delta^{\mu}_{\nu}$$

ベクトルやテンソルは，座標の選び方を変えるだけで値が変化するので，値そのものは必ずしも本質的ではない．しかし，ある座標系でテンソルの関係式（1階のテンソルであるベクトルの関係式を含む）

$$A^{\mu\nu\cdots}_{\lambda\rho\cdots} = B^{\mu\nu\cdots}_{\lambda\rho\cdots}$$

が成立しているならば，座標変換したときに両辺とも同じ変換規則に従って変換されるので，どの座標系でも同じ関係式が成り立つ．したがって，値そのものが不変でなくても，式の形は不変に保たれる．この「形式の不変性」——形式を保ったまま座標とともに変換されるという意味で「共変性」とも言われる——が，座標によらない実体的な関係を表すために必要となる．

　一般相対論とは，曲率という幾何学的な実体と，エネルギーや運動量のような物理学的な実体との関係を，形式が不変な式で表す理論である．

§5　曲率テンソルと共変微分

　ガウスの曲面論では，曲面の全曲率が内在量だけで表せることが示されたが，リーマン幾何学では，空間の曲がり方をより詳しく表す量が見いだされた．それが曲率テンソルと呼ばれるものであり，全曲率がスカラー量であるのに対して，どの方向にどれだけ曲がっているかという詳細な情報を含んでいる．方向や位置を座標を使って指示しなければならないので，スカラーではなく座標系に依存するテンソルの形になっているが，形式不変な関係式を介して幾何学的な実体を表すことが可能である．

　曲率テンソルの式が与えられれば，すぐにも一般相対論の議論と結びつけられるのだが，その前に，共変微分という初学者を悩ませる話をしなければならない．ここから本節の終わりまでは数式が少し複雑になるが，一般相対論の式を書き表すにはどうしても必要なので，お許しいただきたい．

　手始めに，スカラー場 $\phi(x)$ の微分が座標変換によってどのように変わるかを見てみよう．スカラー場は座標変換によって値が変わらないので，

$$\phi(x) = \phi'(x')$$

§5 曲率テンソルと共変微分

となる．したがって，スカラー場の微分は，

$$\frac{\partial \phi(x)}{\partial x^\nu} \to \frac{\partial \phi'(x')}{\partial x'^\nu} = \left(\frac{\partial x^\beta}{\partial x'^\nu}\right) \frac{\partial \phi(x)}{\partial x^\beta}$$

という形で変換される．これを (10) 式と比較すれば，共変ベクトルであることが直ちにわかる．

それでは，ベクトル場の微分はどうなるのだろうか？ スカラー場の微分が共変ベクトルになるのだから，ベクトル場の微分は，階数が 1 つ上がって 2 階のテンソルになるように思われるかもしれないが，そうではない．微分を求める際には，ある地点 x と，そこから微小間隔 dx だけずれた地点 $x + dx$ との間でのベクトルの差を考えることになるが，それぞれの地点では，座標変換に対するベクトルの応答が異なるため，テンソルの変換規則に従わなくなるからだ．

式を使ってこのことを示そう．反変ベクトル場の微分が座標変換でどのように変化するかを求めると，

$$\frac{\partial A_\mu(x)}{\partial x^\nu} \to \frac{\partial A'_\mu(x')}{\partial x'^\nu} = \left(\frac{\partial x^\beta}{\partial x'^\nu}\right) \frac{\partial \left\{\left(\frac{\partial x^\alpha}{\partial x'^\mu}\right) A_\alpha(x)\right\}}{\partial x^\beta}$$
$$= \left(\frac{\partial x^\beta}{\partial x'^\nu}\right)\left(\frac{\partial x^\alpha}{\partial x'^\mu}\right) \frac{\partial A_\alpha(x)}{\partial x^\beta} + \left(\frac{\partial x^\beta}{\partial x'^\nu}\right)\left(\frac{\partial^2 x^\alpha}{\partial x^\beta \partial x'^\mu}\right) A_\alpha(x)$$

となる．最終式の第 2 項がなければ，ベクトル場の微分はテンソルの変換規則に従う．第 2 項は変換行列の微分を含む項であり，場所によって変換行列が異なるときにはこの項がゼロでないので，ベクトル場の微分はテンソルにならない．

そこで，ベクトル場の微分に元のベクトル場に比例する適当な補正項を加えることで，テンソルの変換規則に従う量を作ってみよう．

$$\frac{\partial A_\mu}{\partial x^\nu} - \Gamma^\lambda_{\mu\nu} A_\lambda \tag{12}$$

第 2 項の係数は，テンソルになるという条件だけからは決まらないが，通常は，次の定義が採用される．

$$\Gamma^\lambda_{\nu\mu} \equiv \frac{g^{\lambda\kappa}}{2}\left(\frac{\partial g_{\mu\kappa}}{\partial x^\nu} + \frac{\partial g_{\nu\kappa}}{\partial x^\mu} - \frac{\partial g_{\mu\nu}}{\partial x^\kappa}\right) \tag{13}$$

この定義の Γ はクリストッフェル記号と呼ばれる．ベクトル場の微分もクリストッフェル記号もテンソルではないが，(12) 式の形に組み合わせたものは，テンソルの変換規則に従う．微分演算にこの補正項を加えて共変にしたものを，共変微分という．

ベクトル場の共変微分がテンソルになることは，微分幾何学や一般相対論の教科書に解説されているので，それらを参照していただきたい．日本語で読める比較的易しい一般相

対論の教科書としては，ハートル著『重力——アインシュタインの一般相対性理論入門』（ピアソン・エデュケーション）などがある．

証明の要点を簡単に説明すると，次のようになる．

$$dA_\mu = A_\mu(x+dx) - A_\mu(x)$$

と置いたとき，座標変換に対する変換行列が右辺第1項と第2項で異なるため，dA_μ はベクトルにならない．そこで，同一の変換行列で変換されるように，第1項の dA_μ を $x+dx$ から x まで向きを変えずに平行移動することを考える．座標軸が直線の場合には，ベクトルを平行移動しても成分は変化しないが，座標軸が曲がっていると，平行移動するだけで成分が変わってしまう．クリストッフェル記号は，この変化を打ち消すように定義された量である．

共変微分の表記はいろいろあるが，ここでは，これまでベクトル演算子として用いてきた ∇ に添字をつけて表す．また，通常の微分は，第2章§5と同じように ∂ を用いることにする．

$$\nabla_\nu A_\mu \equiv \partial_\nu A_\mu - \Gamma^\lambda_{\mu\nu} A_\lambda$$

この記法は，山内恭彦・内山竜雄・中野董夫著『一般相対性および重力の理論』（裳華房）で採用されたもので，多くの教科書では，単なる微分は添字の前にカンマを，共変微分はセミコロンをつけて表記している．また，微分は縦線1本，共変微分は縦線2本をつけて表すこともある．

  微分 $\partial_\nu A^\mu, \ A^\mu_{,\nu}, \ A^\mu_{|\nu}, \ \cdots$
  共変微分 $\nabla_\nu A^\mu, \ A^\mu_{;\nu}, \ A^\mu_{||\nu}, \ \cdots$

2階以上のテンソルに関しても，共変微分を定義することができる．ここでは，2階共変テンソルの共変微分の式だけを書いておく．

$$\nabla_\lambda T_{\mu\nu} = \partial_\lambda T_{\mu\nu} - \Gamma^\kappa_{\mu\lambda} T_{\kappa\nu} - \Gamma^\kappa_{\nu\lambda} T_{\mu\kappa}$$

共変微分が与えられると，これを使って曲率テンソルを定義することができる．あるベクトル A^μ に共変微分を2回作用させるとき，その順番を入れ替えるとどうなるかを考えてみよう．空間が曲がっていなければ，共変微分はふつうの微分と等しくなるため，この差はゼロになるが，曲がっているときには，A^μ に線形に依存するテンソルになる．

$$\nabla_\mu \nabla_\nu A_\lambda - \nabla_\nu \nabla_\mu A_\lambda = R^\rho_{\lambda\mu\nu} A_\rho$$

右辺の係数となる 4 階のテンソルが曲率テンソルである．さらに，曲率テンソルから 2 階のテンソルやスカラーを作ることができる．

$$R_{\mu\nu} = R^{\rho}_{\mu\rho\nu} \quad （リッチテンソル）$$
$$R = g^{\mu\nu} R_{\mu\nu} \quad （スカラー曲率）$$

2 次元曲面の場合，スカラー曲率 R とガウスの全曲率 K は，

$$R = -2K$$

という関係式で結ばれている．

　曲率テンソルを表す式を求める計算は，長く煩雑だがストレートである（親切な教科書には導く過程の式が記されているが，読者に任せてしまう場合も少なくない）．まず，共変テンソルにおける共変微分の定義式を代入する．

$$\nabla_\mu \nabla_\nu A_\lambda = \partial_\mu (\nabla_\nu A_\lambda) - \Gamma^{\kappa}_{\nu\mu} (\nabla_\kappa A_\lambda) - \Gamma^{\kappa}_{\lambda\mu} (\nabla_\nu A_\kappa)$$
$$= \partial_\mu (\partial_\nu A_\lambda - \Gamma^{\kappa}_{\lambda\nu} A_\kappa) - \Gamma^{\kappa}_{\nu\mu} (\partial_\kappa A_\lambda - \Gamma^{\rho}_{\lambda\kappa} A_\rho) - \Gamma^{\kappa}_{\lambda\mu} (\partial_\nu A_\kappa - \Gamma^{\rho}_{\kappa\nu} A_\rho)$$

共変微分の順番を入れ替えたものをここから引くと，大部分の項は打ち消しあって，次のものだけが残る．

$$\nabla_\mu \nabla_\nu A_\lambda - \nabla_\nu \nabla_\mu A_\lambda = \left(-\partial_\mu \Gamma^{\rho}_{\lambda\nu} + \partial_\nu \Gamma^{\rho}_{\lambda\mu} - \Gamma^{\kappa}_{\lambda\nu} \Gamma^{\rho}_{\kappa\mu} + \Gamma^{\kappa}_{\lambda\mu} \Gamma^{\rho}_{\kappa\nu} \right) A_\rho$$

これを使えば，曲率テンソルは，クリストッフェル記号を用いて表せる．

$$R^{\rho}_{\lambda\mu\nu} = -\partial_\mu \Gamma^{\rho}_{\lambda\nu} + \partial_\nu \Gamma^{\rho}_{\lambda\mu} - \Gamma^{\kappa}_{\lambda\nu} \Gamma^{\rho}_{\kappa\mu} + \Gamma^{\kappa}_{\lambda\mu} \Gamma^{\rho}_{\kappa\nu}$$

(12) 式に記したように，クリストッフェル記号は，計量テンソル $g_{\mu\nu}$ とその 1 階微分（共変微分ではなくふつうの微分）を使って表すことができる．したがって，曲率テンソルは，計量テンソルの 1 階微分と 2 階微分を含んでおり，2 階微分は 1 次式の形になっている．

　証明は省略するが，曲率テンソルは，計量テンソルとその 1 階および 2 階微分から作られ，かつ，2 階微分については 1 次式となる唯一のテンソルであることが示される．

---

§6　重力場の方程式

　一般相対論とは，座標の選択によらない形式不変性を，曲率テンソルのような幾何学的な量だけではなく，物理学的な量の関係式にも要請する理論である．幾何学の場合

は，曲率が座標系の選択によらないことは，伸縮自在の方眼紙をどう貼り付けようと曲面の曲がり方が変わらないというイメージを使えば納得できるだろう．一方，全ての物理法則が座標系の選択から独立していることは，必ずしも自明ではないが，アインシュタインはこの形式不変性を物理学の原理として要請した．この要請は，**物理学の基礎方程式がテンソルの関係式になる**ことを意味する．

§2 で述べたように，等価原理を仮定すると，重力の影響による時間の遅れが (8) 式によって与えられる．(8) 式左辺の τ は，重力ポテンシャル Φ の地点に置かれた原子時計で測定される時間であり，物理世界における実際の間隔を表している．したがって，$cd\tau = ds$（係数の c は時間の単位を空間の単位に換算するため）となる．

一方，(8) 式の右辺に現れる t は，重力源から充分に離れ近似的にミンコフスキ時空になった領域での時間である．この時間座標を重力源近くまで外挿して使うことを考えれば，(8) 式は，長さ要素と座標間隔の関係式と見なされる．

$$ds^2 = g_{00}\left(dx^0\right)^2 \approx \left(1 + \frac{2\Phi}{c^2}\right)\left(dx^0\right)^2 \tag{14}$$

この関係式は，計量テンソルがすなわち重力場であることを表している．これまで重力は重力ポテンシャル Φ という1つの量で表してきたが，一般相対論では，$g_{\mu\nu}$ の10個の成分が全て重力とかかわってくる．

ニュートンの重力理論によれば，重力ポテンシャル Φ は質量によって生み出される．ある地点 $\boldsymbol{x}$（$\boldsymbol{x}$ は3次元の空間座標を表す）での質量密度を $\rho(\boldsymbol{x})$ と表すと，ニュートンの重力理論では，

$$\triangle \Phi(\boldsymbol{x}) = 4\pi G \rho(\boldsymbol{x}) \tag{15}$$

となる（$\triangle$ はこれまでにも何度か登場した3次元ラプラス演算子，G は万有引力定数）．この微分方程式を解くと，距離の逆数に比例するという重力ポテンシャルのよく知られた公式になる．

$$\Phi(\boldsymbol{x}) = -\int d\boldsymbol{x}' \frac{G\rho(\boldsymbol{x}')}{|\boldsymbol{x} - \boldsymbol{x}'|}$$

δ 関数についての知識のある読者は，公式

$$\triangle\left(\frac{1}{|\boldsymbol{x}|}\right) = -4\pi\delta(\boldsymbol{x})$$

を使うと，上の積分が微分方程式 (15) の解であることが直ちに確認できるだろう．

§1 でも述べたように，質量を m とすると mc^2 は質量によるエネルギーを表す．したがって，質量密度がの ρ とき，ρc^2 は質量によるエネルギー密度となる．そこで，

§6 重力場の方程式

$\mu = \nu = 0$ の値（00 成分と略記する）がエネルギー密度になるようなテンソル $T_{\mu\nu}$ を考える．

$$T_{00} \approx \rho c^2 \tag{16}$$

このようなテンソルは，エネルギー運動量テンソルとして知られているもので，物質や電磁場などの寄与をあわせた全エネルギー E や全運動量 $\boldsymbol{P}$ と次の式で結ばれている．

$$E = \int d\boldsymbol{x} T_{00}, \quad P_i = \int d\boldsymbol{x} T_{0i}/c$$

圧力 p，質量密度 ρ の完全流体（粘性の存在しない流体）の場合，エネルギー運動量テンソルは，次の式で与えられる（u_μ は 4 元速度ベクトル）．

$$T_{\mu\nu} = \left(\rho + \frac{p}{c^2}\right) u_\mu u_\nu - g_{\mu\nu} p$$

圧力がなく物質が静止している場合は，

$$p = 0, \quad u_0 = c, \quad u_i = 0 \quad (i = 1, 2, 3)$$

となるので，(16) 式が得られる．

(14) 式と (16) 式を使うと，(15) 式は近似的に次のように表される．

$$\triangle g_{00} \approx \frac{8\pi G}{c^4} T_{00} \tag{17}$$

一般相対論の基礎方程式は共変であるべしという要請に従えば，(17) 式はテンソル方程式のある成分のはずである．右辺は（定数を別にして）エネルギー運動量テンソルの 00 成分なので，左辺も何らかのテンソルの 00 成分でなければならない．(17) 式の形から，左辺のテンソルは，計量テンソルの 2 階微分を含むテンソルだと推測される．

古典物理学の基礎方程式はいずれも，座標に関してたかだか 2 階微分までしか含んでおらず，2 階微分の項は 1 次式の形で現れる．重力の基礎方程式も同様だと推測するのが自然だろう（もちろん，そうでない可能性もあり，すでに多くの物理学者によって検討されている）．ところが，§5 の最後に述べたように，計量テンソルとその 1 階および 2 階微分から作られ，かつ 2 階微分が 1 次式となるテンソルは，曲率テンソルしかない．したがって，(17) 式の左辺に現れるべきテンソルは，曲率テンソルの 1 次式のはずである（他に計量テンソルが含まれてもよい）．曲率テンソルの 1 次式で，かつ 00 成分が近似的に (17) 式の左辺で表されるようなテンソルは何か？ これは，かなり面倒なテンソル計算を必要とする問題である．実際，アインシュタインは，このテンソルを求めるだけで 3 年を費やした．ここでは，アインシュタインが得た最終的な解答を記してお

く（他の文献と見比べやすくするために，全体に負号を付けた）．これが，「**アインシュタイン方程式**」として知られるものである．

$$R_{\mu\nu} - \frac{1}{2}g_{\mu\nu}R = -\frac{8\pi G}{c^4}T_{\mu\nu} \tag{18}$$

後にアインシュタイン自身が，このアインシュタイン方程式を次のように修正することを提案した．

$$R_{\mu\nu} - \frac{1}{2}g_{\mu\nu}R + \Lambda g_{\mu\nu} = -\frac{8\pi G}{c^4}T_{\mu\nu}$$

付け加えられた項は宇宙項，係数の Λ は宇宙定数と呼ばれる．アインシュタインは後にこの修正を撤回するが，現在では，膨張宇宙論の理論と観測から，宇宙項は実際に存在すると推測されている．ただし，その効果は，宇宙論的な規模になってやっと現れるもので，それ以外のケースでは，宇宙項は無視してもかまわない．

アインシュタイン方程式は重力場に関する基礎方程式で，右辺のエネルギー運動量テンソルが源となって重力場を生み出していると解釈できる．

一方，重力場の中の物体や他の場に関する方程式は，一般相対論の要請より，座標変換に対して共変でなければならない．したがって，電磁気学などに現れる微分は，一般相対論に適合させるために，全て共変微分で置き換える必要がある．

例として，一般相対論におけるマクスウェル方程式を取り上げる．電磁場の4元ポテンシャル（第2章の表現では光子場）を A^μ と書く．ゲージ条件

$$\partial_\nu A^\nu = 0$$

と，マクスウェル方程式の第2組

$$\partial^\nu \partial_\nu A^\mu = j^\mu$$

を共変微分で書き換えると，

$$\nabla_\nu A^\nu = 0$$
$$\nabla^\nu \nabla_\nu A^\mu = j^\mu \quad \left(\nabla^\nu = g^{\nu\lambda}\nabla_\lambda\right)$$

になりそうである．しかし，この式は正しくない．実は，マクスウェル方程式にゲージ条件を適用するに当たって，暗黙のうちに微分演算の交換可能性

$$(\partial^\mu \partial_\nu - \partial_\nu \partial^\mu) A^\nu = 0$$

を仮定していたのだが，§5 で示したように，共変微分の演算は交換可能ではなく，次の関係式を満たす．

$$(\nabla^\mu \nabla_\nu - \nabla_\nu \nabla^\mu) A^\nu = R^\mu_\nu A^\nu$$

したがって，一般相対論における電磁場の方程式は，次のようになる．

$$\nabla^\nu \nabla_\nu A^\mu + R^\mu_\nu A^\nu = j^\mu$$

座標変換に対する形式不変性（共変性）が要請される結果として，一般相対論の方程式には，計量テンソル $g_{\mu\nu}$ の微分を含む共変微分や曲率テンソルが至る所に現れる．微分が多く現れることは，重力の量子化の際に大きな障害となる．第2章で述べたように，場の量子化とは，基礎方程式の解からずれた量子ゆらぎの効果を加えあわせていくことに相当する．ところが，狭い領域で大きく変動する量子ゆらぎは，微分すると大きな寄与を与えることになる．この結果，一般相対論では，量子ゆらぎの効果が大きくなりすぎてくりこみの手法でも扱えなくなってしまい，量子化が難しくなる．

§7　重力波と重力子

量子重力理論を考察する上で重要になるのは，アインシュタイン方程式が波動解を持つ点である．

何も存在しない真空を伝わっていく重力波を考える場合，エネルギー運動量テンソルはゼロと置いてかまわない．さらに，物質が何も存在しないとき，波動の存在しない定常状態ではミンコフスキ時空になることが多い（ならない場合もある）ので，ミンコフスキ時空の値からわずかにずれた計量テンソルを考えることにする．

$$g_{\mu\nu} = \eta_{\mu\nu} + h_{\mu\nu} \quad (\eta_{\mu\nu}：ミンコフスキ計量) \tag{19}$$

振幅の小さな重力波を考えるときには，$h_{\mu\nu}$ の各成分は1より充分小さいと仮定してかまわない．そこで，(19)式を曲率テンソルの式に代入して整理し，アインシュタイン方程式の左辺で $h_{\mu\nu}$ の1次の項だけを集めることにしよう．煩雑だがストレートな計算を行うと，$h_{\mu\nu}$ に関する近似的な方程式が求められるが，その式の表現は必ずしも絶対的なものではない．なぜなら，計量テンソルは座標の選び方によって変わるからである．

方程式の表現が1つに決まらないという事情は，第2章で述べた電磁気学の場合とよく似ている．電磁気学でも，電磁ポテンシャル（光子場）にゲージ変換の自由度があるために，A_μ の方程式は絶対的ではない．ゲージ条件を付けてはじめて方程式の形が確定する．

重力の場合も，これと同じである．座標を

$$x^\mu \to x'^\mu = x^\mu + \epsilon^\mu$$

のように変換すると，計量テンソルも，

$$h_{\mu\nu} \to h'_{\mu\nu} = h_{\mu\nu} - \eta_{\mu\lambda}\partial_\nu\epsilon^\lambda - \eta_{\nu\lambda}\partial_\mu\epsilon^\lambda$$

のように変わる（ϵ の 1 次の項まで考えた場合）．これは，電磁気学におけるゲージ変換に相当する．そこで，ゲージ条件をうまく選べば，$h_{\mu\nu}$ の方程式は次の単純な形になる．

$$\partial^\lambda\partial_\lambda h_{\mu\nu} = 0 \qquad (\partial^\lambda = \eta^{\lambda\kappa}\partial_\kappa) \tag{20}$$

時間座標を t で書き直すと，これは，

$$\left(\frac{1}{c^2}\frac{\partial^2}{\partial t^2} - \triangle\right)h_{\mu\nu} = 0$$

となり，真空中の電磁場と全く同じ方程式であることがわかる．したがって，重力場も光と同じようにして伝播することがわかる．ただし，光の場合，係数に偏光を表すベクトルが現れるのに対して，重力波ではテンソルが現れる．

重力波の解を求める過程をきちんと書き記すと，次のようになる．まず，真空中のアインシュタイン方程式を h の 1 次までで表すと，

$$\partial^\lambda\partial_\lambda h_{\mu\nu} + \partial_\mu\partial_\nu h^\lambda_\lambda - \partial_\lambda\partial_\nu h^\lambda_\mu - \partial_\mu\partial_\lambda h^\lambda_\nu = 0 \qquad \left(h^\lambda_\mu = \eta^{\lambda\kappa}h_{\mu\kappa}\right)$$

となる．そこで，ゲージ条件として，

$$2\partial_\mu h^\mu_\nu = \partial_\nu h^\mu_\mu$$

を課すことにすれば，(20) 式を得る．

第 1 章，第 2 章で繰り返し述べたように，振動するシステムを量子化すると，特定の共鳴パターンだけが生き残ってエネルギーが離散的になる．特に，波動解が存在する場を量子化すると，粒子的な状態が伝播することになる．重力が波動解を持つことは，重力場を量子化したときに粒子的な状態が生まれることを意味する．この仮想的な粒子が，いわゆる「**重力子**」である．

光子と電子を扱う量子電磁気学は，くりこみの手法を用いることで，確固たる理論として完成の域に達している．だが，重力子の場合はうまくいかない．微分が多すぎてくりこみの手法が破綻するからである．この点について，次章で解説しよう．

第4章

重力の量子化

　20世紀物理学では，量子場と重力場という2つの場に関する理論が作られたことで，物理現象についての理解が大幅に深化した．原子と場という対立的な概念で記述されていた物質と力は量子場によって，空っぽの空間と流れる時間という異質の枠組みだったものは4次元幾何学に基づく重力場によって，それぞれ統一的に把握された．となれば，その次の段階として，量子場と重力場を統合しようとする動きが現れるのは当然のことである．この2つを統合することの重要性は，量子場の形式を最初に提唱した1929年のパウリとハイゼンベルクの論文の中で，すでに指摘されている．

　量子場も重力場も場の理論なので，それぞれで用いられている方法を同時に適用することにより，統合された場の理論が作れそうに思える．だが，両者の統合は困難をきわめた．一般相対論で要請される形式不変性（共変性）を量子場に課すことは決して不可能ではないが，量子化によって現れる量子ゆらぎの効果を重力場に取り込むのが難しいからである．

　こんにち，物理現象の根底を究めようとする物理学者が重力場の量子化を最重要課題と見なしているのは，「電磁気力や核力の量子場理論ができたので次は重力だ」といった単純な動機からではない．重力場の量子化こそが，時間・空間・物質・力という物理学の基礎概念を統一的に理解するための鍵だからである．重力場を量子化することができれば，世界についての理解は一段と深いものになるに相違ない．実際，超ひも理論のような量子重力理論の候補を研究している物理学者の中には，従来の見方を一新するような宇宙観——例えば，この宇宙は実は4次元時空ではなく，より高い次元を持つ時空に埋め込まれた膜状の領域にすぎないといった見解——を提示する人もいる．ただし，こうした主張は，現時点では信頼できる根拠を持つものではない．重力場の量子化と，それをきっかけに実現されるべき量子場と重力場の統合は，80年を超える物理学者たちの努力にもかかわらず，いまだ完成の域には達していない．

　重力場の量子化を阻む最大の障害は，第2章で示したくりこみの手法が使えないということである．なぜ，くりこみの手法が使えないことがそれほど重大なのか——本章で

は，この点を明らかにしていきたい．

§1 量子場の共変性

　量子場も重力場も，すべての地点（時間と空間の座標で表される点）で場の量が定義されるという理論形式になっており，相性が良いようにも思えるが，実際はそうではない．それぞれの理論における基本的な要請が大きく異なっているからである．

　一般相対論では，時空は単なる容器ではなく物理現象の背後に存在する幾何学的な実体として想定されている．現象を記述するための座標は，この幾何学的実体に対して人間が適当に貼り付けたものでしかない．したがって，全ての物理現象は，座標変換に対して不変な形式で表されなければならない．座標変換に対する形式不変性（共変性）が，一般相対論の基本的な要請である．

　この要請を量子場理論に課すことは，数学的にはやっかいだが，原理的な困難はない．なぜなら，作用積分を座標変換に対して不変な量として定義するだけで，この要請が（少なくとも形式的には）満たされるからである．

　まず，量子ゆらぎがない場合を考えよう．このとき，基礎方程式の解として実現されるのは，作用積分が最小になるような場の配位（コンフィギュレーション：各地点で場が特定の値を取ることによる全体的な構成）である．基礎方程式自体は座標を使って表さなければならないので座標変換に対して不変ではないが，作用積分が座標変換の不変量ならば，座標の選び方によらず，幾何学的実体としての時空における特定の配位が作用積分を最小にするはずである．したがって，基礎方程式は，座標変換しても形式が変わらないテンソル方程式になると予想される（これはきちんと証明しなければならないことだが，ここでは省略する）．

　作用積分は，第 2 章 (20) 式のように，ラグランジアンの積分の形で与えられるので，積分の体積要素とラグランジアンがそれぞれ座標変換に対して不変であれば，作用積分も不変になる．各座標の微小要素（$dx^0 \sim dx^3$）の積として表される体積要素 d^4x は座標系の取り方に依存するが，

$$d^4x \to d^4x\sqrt{-g}$$

（g は計量テンソル $g_{\mu\nu}$ を行列と見なしたときの行列式）という置き換えをすれば，座標変換に対する不変な体積要素となることが知られている．したがって，重力場のラグランジアンを L_G，それ以外の場のラグランジアンを L_M と書くことにし，作用積分 S を

$$S = \int d^4x \sqrt{-g}(L_G + L_M)$$

のように定義するとき，L_G と L_M がスカラー量であれば，作用積分も座標変換に対して不変になり，一般相対論の要請である形式不変性（共変性）が満たされる．

$\sqrt{-g}$ を付けた体積要素が座標変換に対して不変になる理由は，$1/\sqrt{-g}$ が座標変換のヤコビアンと密接に関係しているからである．x で表される座標系から x' の座標系に変換するときのヤコビアン J は，

$$J = \det\left(\frac{\partial x'^{\mu}}{\partial x^{\nu}}\right) \quad (\text{ただし，} \det(\cdots) \text{ は ( ) 内を行列と見なしたときの行列式})$$

として与えられ，

$$\int dx' \cdots = \int dx\, J \cdots$$

という関係式が成立する．重力が作用している地点でも，自由落下する座標系に移れば，局所的に重力が存在しないミンコフスキ時空になるので，x としてミンコフスキ時空を表す座標系を考えよう．このとき，座標変換の関係式

$$\eta_{\mu\nu} = g'_{\lambda\kappa}\left(\frac{\partial x'^{\lambda}}{\partial x^{\mu}}\right)\left(\frac{\partial x'^{\kappa}}{\partial x^{\nu}}\right)$$

において両辺の行列式を作り，ミンコフスキ時空の計量テンソルに関して，

$$\det(\eta_{\mu\nu}) = \begin{vmatrix} +1 & 0 & 0 & 0 \\ 0 & -1 & 0 & 0 \\ 0 & 0 & -1 & 0 \\ 0 & 0 & 0 & -1 \end{vmatrix} = -1$$

となることを使えば，$-1 = g' J^2$ が得られる．したがって，局所的なミンコフスキ時空の体積要素 d^4x と一般の座標系での体積要素 d^4x' の間に

$$d^4x = d^4x' \sqrt{-g'}$$

という関係式が成り立つ．この式は，x' としてどんな座標系を選んでも成立するので，$\sqrt{-g}$ を付けた体積要素は座標変換に対して不変に保たれることがわかる．

証明は省略するが，アインシュタイン方程式を導くためには，重力場のラグランジアンとして，次の L_G を採用すればよいことが知られている．

$$L_G = -\frac{1}{2\kappa}R \quad (\kappa = 8\pi G/c^4 : \text{アインシュタインの重力定数}) \tag{1}$$

このラグランジアンはスカラー曲率 R に定数を乗じたものなのでスカラー量であり，その結果として，アインシュタイン方程式の重力の項は，座標変換に対して形式が不変なテンソルの式で表される．

上のラグランジアンにはマイナスの符号を付けたが，教科書によっては付けない式が記されていることもある．これは，計量テンソルやクリストッフェル記号などの符号の取り方にいくつかの流儀があるせいで，本質的な意味がないにもかかわらず，学習する者をとまどわせる．本書では，ミンコフスキ時空における計量テンソルの 00 成分を +1 とする流儀を採用しているが，これは量子場の研究者が多く用いるもので，相対論の研究者は，逆に 00 成分を -1 とすることが多い．

重力以外の場に関しても，スカラー量のラグランジアンを与えることは，原理的にはそれほど難しくない．第 2 章 (20) 式のラグランジアンは，ローレンツ変換に対しては不変になっているものの，座標軸を自由に曲げるような一般の座標変換に対しては不変ではない．しかし，ラグランジアンの式に現れる微分を共変微分で置き換えるなどの操作を施せば，一般座標変換に対しても不変なラグランジアンを作ることができる．

スカラー量のラグランジアンを利用すれば，経路積分の方法を応用することによって，形式不変性を保ったまま量子場の理論を作ることができると期待される．もちろん，ラグランジアンが与えられたからといって，一般相対論の枠組みで量子場理論を展開することは決して容易ではなく，数学的にかなり面倒で具体的な成果はあまり多くないが，少なくとも原理的には，座標変換に対して形式不変（共変）にすることは不可能ではない．このようにすれば，ゆがんだ時空の内部における量子場の振舞いを理論的に記述することが可能になる．

しかし，量子場と重力場を統合するために必要なもう 1 つの作業——すなわち，一般相対論に量子場理論の要請を課すことに対しては，乗り越えがたい障害が存在した．重力場では量子ゆらぎが大きくなりすぎて，くりこみの手法が使えないという障害である．

---

§2　重力場と量子ゆらぎ

アインシュタインによる重力理論で，計量テンソルはアインシュタイン方程式を厳密に満たすとされている．しかし，量子場理論において古典解の周りに量子ゆらぎが存在する以上，計量テンソルや，その背後にある時空のゆがみも量子論的にゆらいでいると考えるのが自然である．実際，第 3 章 (18) 式で与えたアインシュタイン方程式において，右辺のエネルギー運動量テンソルは電磁場や物質場などの量子場によって与えられるために，基礎方程式の解として確定された値ではない．したがって，曲率テンソルを含む左辺もまた，値が確定していないはずである．とすれば，重力場を表す計量テンソルにも，量子ゆらぎが存在することになる．

§2 重力場と量子ゆらぎ

重力場に量子ゆらぎを取り入れることは，他の場の理論と同じような方法で遂行できそうにも思える．電磁場の経路積分を表す第2章(8)式と同じように，重力場の作用Sを使って，

$$\int \prod_{x,y,z,t} dg_{\mu\nu}(x,y,z,t)\,(\text{係数}) \times \exp(iS/\hbar) \tag{2}$$

という経路積分を考えれば，量子電磁気学と同様に量子重力理論が作れると期待される．しかし，実際には，この方法はうまくいかない．

重力が電磁気のように簡単に量子化できない理由の1つは，計量テンソルが座標系の選び方によって値を変えることにある．電磁気においても，ゲージ変換によって電磁ポテンシャルの値を変えても物理的な状態は変わらないという冗長性があるために，経路積分する際にゲージ条件を課してポテンシャルに制約を付けなければならなかった．これと同じように，重力の量子化でも，計量テンソルの積分範囲に制約を付ける必要があるが，これは数学的にかなりやっかいな作業であり，量子重力理論の論文が数式まみれになる原因にもなっている．

ただし，この問題はあくまで数学的なものであり，難しいとは言っても必ずしも原理的な困難とは考えにくい．本書では，できるだけ数式を簡単に表したいので，この問題に関する議論は，第5章と第6章でごく簡単に触れるにとどめて，あまり深入りしないことにする．

量子重力理論の完成を阻む原理的な困難となるのが，くりこみの手法が使えないという点である．

一般相対論では，座標系の選び方は任意であり，どの座標系でも物理法則の形式は同一でなければならない．つまり，座標をグニャグニャに曲げる変換に対しても方程式の形が不変に保たれるわけだが，そうした性質が実現されるためには，座標のわずかな変形に対して計量テンソルが適切に変換されなければならない．このため，一般相対論の理論形式は，必然的に多くの微分を含むことになる．実際，曲率テンソルや共変微分の定義に現れるクリストッフェル記号は，第3章(13)式に示されるように計量テンソルの微分をいくつも含んでいる．

量子重力理論で経路積分を行うには，時空のゆがみが量子論的にゆらいでいることを表すような計量テンソルの配位を足しあげていくが，その中には，狭い範囲で大きくゆらいでいるような配位も含まれる．ところが，狭い範囲で場が大きくゆらいでいると，微分の値もそれだけ大きくなるため，ラグランジアンに微分が多く含まれる場合は，その寄与がどんどんと膨らんでくる．この結果，経路積分に現れる狭い範囲からの寄与を，量子電磁気学のときのようにうまく処理することができなくなる．これが，「くりこみ不能」という事態であり，一般相対論に従う場の理論を量子化しようとすると，ど

うしても避けられない障害である．

　くりこみの手法が使えないために，量子重力理論では量子補正を計算によってきちんと求められなくなるが，単に計算ができないというだけの問題ではない．(2) 式の経路積分を使ってアインシュタインの重力理論を量子化すると，量子ゆらぎの効果がミクロな領域に閉じ込められず，マクロ世界における重力の法則に予測できない影響を与えてしまう．このことは，マクロのスケールではアインシュタインの重力理論が高い精度で成り立っているという観測事実と矛盾する．

　くりこみ不能な理論では，なぜ量子ゆらぎがマクロ世界に影響を及ぼすのか？　この点を明らかにするために，まず，くりこみ可能な理論における「くりこみ変換」について解説しよう．

§3　有効場のくりこみ変換

　第2章で解説したように，くりこみとは，量子補正に現れる積分の発散を処理する手法で，電荷や質量として観測される値を使えば有限の結果が得られるというものである．

　くりこみ可能な理論と不能な理論で何がどう違うかを理解する上で役に立つのが，「**有効場**」という考え方である．有効場理論とは，あらゆる領域で完全に成り立つ究極的な場の理論ではなく，ある範囲でのみ成り立つような近似的な理論を意味する．こんにち物理学界で支持されている素粒子の「**標準模型**」によると，量子電磁気学は究極の理論ではなく，10^{-17} メートルよりも充分に大きな長距離領域でだけ成り立つ有効場理論にすぎない．この範囲では，電磁気現象以外の標準模型の効果は充分に小さくなる．また，標準模型自体も，10^{-30} メートル以上の範囲でのみ有効な理論だと推測されている．

　くりこみ可能な有効場理論の場合，有効場が使えない短距離極限で生じる過程の影響は，すべて有効場の結合定数（場の理論に含まれるパラメータで，電荷や質量も含まれる）の中にくりこまれてしまう．このとき，長距離での現象を扱う限り，有効場理論は自己完結した破綻のない理論と見なしてかまわない．

　量子補正の計算で発散が現れるのは，運動量を使って伝播関数を表したとき，積分する運動量が大きくなる極限である．この積分は，ファインマン図形のループ部分で現れる．ここで，運動量ではなく位置（空間および時間の座標）を用いて伝播関数を表すと，ループ内の相互作用が短距離の極限で生じるときに量子補正が発散することがわかる．例えば，第2章 (22) 式で表される量子補正の場合，途中で電子から光子が放出されて再び電子に吸収される過程で量子補正を発散させるのは，光子が放出された直後に再び吸収されるケースである．

§3 有効場のくりこみ変換　　**87**

この過程での発散が短距離極限で起きることは，次のようにして示される．

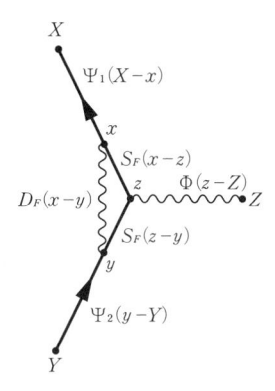

図 1　短距離極限で発散が生じる過程

第 2 章では詳しい説明を抜きにして伝播関数を運動量で表示したが，きちんと説明すると，位置（空間および時間座標）で表示した伝播関数をフーリエ変換することで運動量表示の式が得られる．電子と光子の相互作用が起きる位置を図 1 のように x, y, z とし，伝播関数は運動量表示でも座標表示でも（$D_F(p)$ と $D_F(x)$ のように）同じ記号で表すことにすると，ループに現れる光子の伝播関数は $D_F(x-y)$，電子の伝播関数はそれぞれ $S_F(x-z), S_F(z-y)$ となる．ループの外側でどのような過程が生じるかは，このファインマン図形だけではわからないので，2 つの電子および光子に関する未知関数 $\Psi_1(X-x), \Psi_2(y-Y), \Phi(Z-z)$ としておく．このとき，ファインマン規則に基づく計算は，次の式で与えられる（γ 行列を含む電子の成分や光子の偏光はあらわに記していない）．

$$\int dx dy dz\, \Psi_1(X-x)\, S_F(x-z)\, \Phi(Z-z)\, S_F(z-y)\, \Psi_2(y-Y)\, D_F(x-y)$$

ここで，次のフーリエ変換を考える（係数の付け方にはいくつかの流儀があるが，以下の議論には影響しない）．

$$D_F(x) = \int_{-\infty}^{+\infty} \frac{dp}{(2\pi\hbar)^4} \exp(-ipx/\hbar)\, D_F(p) \tag{3}$$
$$S_F(x) = \int_{-\infty}^{+\infty} \frac{dp}{(2\pi\hbar)^4} \exp(-ipx/\hbar)\, S_F(p)$$

ここで，p は 4 元運動量であり，px のような運動量と位置の積は 4 元ベクトルの内積を表す．伝播関数をフーリエ変換した式で書き直し，位置座標についての積分を実行すると，

次のようになる．

$$(定数) \times \int dp dq \exp(-i(p-q)X/\hbar) \exp(+ipY/\hbar) \exp(-iqZ/\hbar)$$
$$\times \int dk \Psi_1(p-q) S_F(p-k-q) \Phi(q) S_F(p-k) \Psi_2(p) D_F(k)$$

この式の k の積分に関する部分が，第 2 章 (22) 式に相当する．

さて，改めてフーリエ変換の式 (3) を見てみると，p が大きくなる領域では，x が小さくない限り指数関数が激しく振動して積分への寄与が小さくなる．したがって，運動量表示で p の大きな領域は，位置表示で x が小さい領域に対応すると考えてよい．量子補正の積分が発散する運動量の大きな領域は，位置表示で見ると狭い範囲での積分に対応する．

運動量と位置の値がどのような関係にあるかを見積もってみよう．素粒子論の分野では，運動量も光速 c を乗じてエネルギーの単位で表す．また，エネルギーの単位としては，電子を 1 ボルトの電圧で加速したときに得られる運動エネルギー 1 電子ボルトの 10^9 倍である 1 GeV（ギガ電子ボルト；「ジェヴ」と発音される）を使うことが多い．エネルギーと長さを比較する際には，プランク定数 h と光速 c の積が目安となる（見積もりなので，2π などの係数は付けないことにする）．

$$hc = 1.24 \times 10^{-15} \, [\mathrm{m \cdot GeV}]$$

したがって，およそ 10^{-15} メートルが 1 GeV に相当する．10^{-15} メートルという大きさは陽子や中性子の差し渡しにほぼ等しい．2010 年に稼動した素粒子実験施設 LHC（大型ハドロン衝突型加速器）では陽子を 1 万 GeV 程度まで加速して衝突させるので，単純な換算では，陽子の 1 万分の 1 程度の領域まで見えることになる．

短距離極限で量子補正が発散することは，量子ゆらぎの効果が短距離の領域だけに収まらず，より広い範囲へと影響を及ぼすことを意味する．しかし，くりこみ可能な理論では，こうした影響を全て結合定数の中にくりこんでしまえるので，結合定数の値が実験でわかりさえすれば，短距離極限で何が起きているかを知らなくても理論的な予測を行うことができる．この予測に用いるのが有効場の理論である．

わかりやすいイメージを得るためには，物理現象を映し出すモニターを思い描くのがよいだろう．解像度の低いモニターには，瞬間的に光子を放出して再吸収するような短距離の過程は映し出されない．しかし，モニターに映し出される長距離領域での現象は，量子電磁気学のような首尾一貫した有効場理論で記述できる．ちょうど，物質の原子構造が見えないような低解像度のモニターに映し出される力学的な現象が，ニュートン力学で記述できるのと同じである．有効場理論を使えば，たとえ短距離で何が起きているか見えなくても，長距離での振舞いに寄与する量子補正は計算できる．

§3 有効場のくりこみ変換

有限の解像度を持つモニターというイメージではあまりに素朴すぎるので,「くりこみ変換」——専門家は, 代数的な変換を表す「群」という用語を使って「くりこみ群」と呼ぶことが多い——という物理学的な概念を導入しよう. とは言っても, 数学的に厳密な話は大学院レベルの教科書に譲ることにして, ここでは, 直観的にわかりやすい話に限りたい.

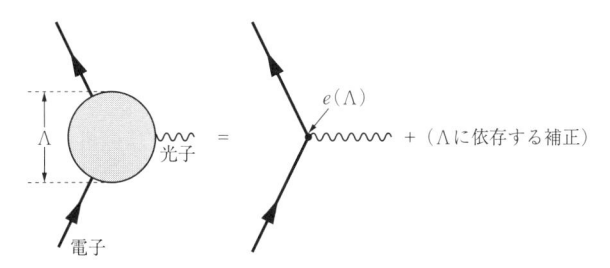

図 2 有限な領域のくりこみ

時間・空間座標での表示を用いて, ある長さ Λ 以下の範囲で生じる量子補正を電荷と質量にくりこむことにしよう. この Λ が「**くりこみのスケール**」となる. 例えば, 量子電磁気学の電荷の場合, 図 2 の灰色で示した範囲の量子補正が電荷の定義に含まれ, くりこまれた電荷は, くりこみのスケール Λ の関数 $e(\Lambda)$ になる. 質量の場合も同じように, $m(\Lambda)$ という関数となる. 電荷が $e(\Lambda)$, 質量が $m(\Lambda)$ で与えられる有効場によって計算する場合, Λ 以下の範囲で生じる量子補正はあらかじめ電荷と質量の定義の中に含まれているので, 積分の範囲は Λ より大きな領域に限らなければならない. もちろん, Λ は, どこまでを量子補正の積分範囲として残し, どこからを電荷と質量にくりこんでしまうかという境界として勝手に決めたものなので, 最終的な計算結果(例えば, ある方向に散乱が起きる頻度)に残ってはならない. Λ の値を変化させることがくりこみ変換であり, 先の比喩で用いた物理現象を映し出すモニターの解像度の変更に相当する.

上の説明では, 直観的に理解しやすいように, くりこみのスケールとして時間・空間の範囲を考えているが, 時空の範囲を限定するとローレンツ変換やゲージ変換に対する不変性が見かけの上で破れてしまい, 首尾一貫した理論を構築するのが難しくなって実用的ではない. 実際にくりこみ変換を応用する場合には, ローレンツ変換に対する不変性が保たれるように, 電子と相互作用する光子の 4 元運動量を q として,

$$q^2 = (E/c)^2 - \boldsymbol{p}^2 \equiv \hbar^2/\Lambda^2$$

のときの量子補正を電荷にくりこむのが一般的である(具体的なくりこみ方法に関しては,

量子電磁気学の教科書を参照されたい）．このときの Λ がくりこみのスケールで，相互作用の時間的・空間的拡がりのような直観的にわかりやすい解釈はできないが，運動量と位置がフーリエ変換 (3) で結びついていることを使えば，時間的・空間的拡がりと関係を持つ量であることがわかるだろう．

Λ をどこまでも小さくしてモニターの解像度を上げていくと，電荷や質量はしだいに"裸"の値に近づき，短距離極限の状況が見えてくる．量子電磁気学の場合，Λ が小さくなる極限では，電荷は Λ の対数で無限大に発散することが知られている．

$$\lim_{\Lambda \to 0} e(\Lambda) \sim \lim_{\Lambda \to 0} |\log \Lambda| \to \infty$$

このとき，$e(\Lambda)$ を使って計算される量子補正も同時に発散する．これが，量子電磁気学が提唱された当初，紫外発散の困難として問題になったものだが，散乱確率のような最終的な結果は，Λ に依存する項が相殺しあって有限になる．

最終的な結果は有限になるものの，くりこみのスケールをどこまでも小さくしていったときに電荷や量子補正が無限大になる以上，やはり，短距離極限では理論が破綻すると言わざるを得ない．この点からしても，量子電磁気学は究極の理論ではなく，あくまで長距離の領域でのみ成り立つ有効場理論にすぎないのである．実際，すでに述べたように，量子電磁気学は 10^{-17} メートル程度の領域では成り立たなくなる．これより狭い範囲になると，量子電磁気学は，原子核のベータ崩壊にかかわる力と統一された量子場理論——いわゆる「電弱統一理論」——に形を変え，標準模型の一部に組み込まれる．

長距離の現象を見ている限り，量子電磁気学は，高い精度で成立する自己完結した理論である．これは，量子電磁気学がくりこみ可能で，短距離極限での過程が電荷や質量の中に隠されてしまうからである．量子電磁気学から逸脱する電弱統一理論の効果は，長さ L メートル以上のスケールを持つ物理現象（例えば，物質波の波長が L 以上になるような素粒子の散乱）においては $(10^{-17}/L)^2$ という因子で抑えられ，ごく小さな寄与しか与えない．短距離での過程が隠されることは標準模型でも見られる性質で，あるスケールでの物理現象は，（小さな頻度で起きる稀な例外を除くと）そのスケールで有効な理論によって完全に記述されることになる．こうした性質は，スケールによって有効な理論が異なるという意味で，物理法則の階層性の現れと言える．有効場理論が量子電磁気学や標準模型（電弱統一理論を含む）以外に存在するのか，あるいは，有効場理論が交代するスケールはどのようにして決まるかは，今なお推測の域を出ない．

量子電磁気学は，さらに，マクスウェル電磁気学にスムーズに結びつくという性質も持っている．くりこみのスケール Λ を充分に大きく取った場合，長距離極限での量子補正は，ほぼすべて電荷や質量にくりこまれてしまう．例えば，ミリカンの油滴実験に基

づいて静止した電子の電荷を決定する場合，くりこみのスケール Λ を無限大にすれば，量子補正は必要ない（これは，第2章§6の手法でくりこんだ場合に相当する）．荷電粒子同士のクーロン散乱に関しても，入射粒子の速度が遅く交換される光子の運動量が充分に小さいならば，量子補正はほとんど必要ない．つまり，マクスウェル電磁気学がそのまま成り立つのである．物理現象を映し出すモニターの比喩を使うならば，Λ が無限大という低解像度の極限では，量子補正が見えずにマクスウェル電磁気学が成立している．ここで解像度を上げる（＝ Λ を小さくする）と，電荷や質量の値が変化し，それとともに少しずつ量子補正が映し出されるようになる．さらに解像度を上げると，量子電磁気学の範囲では電荷の値がどこまでも増大するために理論の破綻が示唆されるが，その前に，別の有効場理論である電弱統一理論へと変貌する．

　ここで，本書の主題である量子重力の話に戻ろう．電磁気学の場合，マクスウェルの理論と量子論は長距離の極限で結びついている．言うなれば，マクスウェル電磁気学をベースにして量子ゆらぎの"スイッチ"を入れると，そのまま量子電磁気学に移行する．ところが，重力はそうではない．アインシュタインの理論に量子ゆらぎを加えると，長距離での振舞いがアインシュタインの理論とは全く異なったものになってしまう．くりこみ可能な量子電磁気学では，くりこみのスケールを変えると電荷や質量のような結合定数の値だけが変化して相互作用の形は同一のままだったが，量子重力理論はくりこみ不能な理論であり，こうした連続的な変化を示す有効場を定義することができない．ここに，量子重力理論を作る上での困難が存在する．

【コラム】──標準模型のくりこみ変換

　現在，ほぼ全ての素粒子実験のデータと矛盾しない基礎理論となっているのが，素粒子の標準模型である．標準模型は，原子核のベータ崩壊などに関与する電弱統一理論と，陽子・中性子の構成要素として知られるクォークの相互作用を与える量子色力学（"色"とはクォークの自由度を比喩的に表した表現である）とをあわせたもので，いずれも，くりこみ可能な量子場理論の一種であるヤン‐ミルズ理論で記述される．標準模型には力の強さを表す3つの結合定数があり，くりこみのスケールによって値を変化させる．電弱統一理論の結合定数は α_1 と α_2，量子色力学の結合定数は α_3 と表される．

　ここで興味深いのは，量子電磁気学の場合と異なって，α_2 と α_3 はくりこみのスケールを小さくするほど値が小さくなるという点である．この性質は「漸近自由性」と呼ばれる．クーロン力のような電磁気的な力が距離が近づくにつれて強くなるの

と逆に，漸近自由性を持つ力は距離が近いほど弱くなる．3つの結合定数の概略的な振舞いは，図3に示したグラフのようになる．

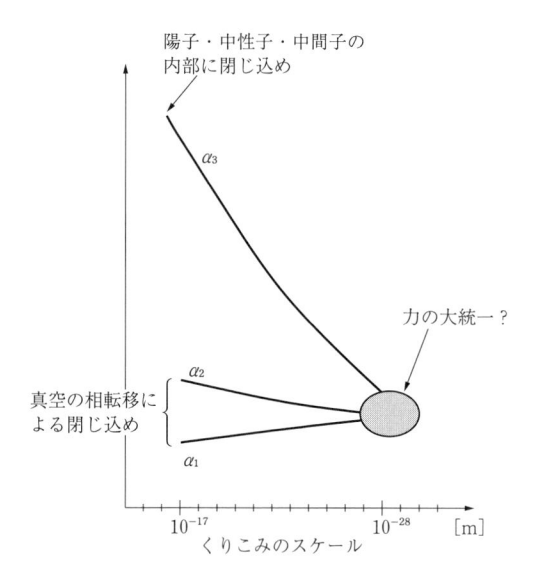

図3 標準模型の結合定数

実験データによると，3つの結合定数のグラフは，$10^{-28} \sim 10^{-30}$ メートル付近で交わる．このため，多くの理論物理学者は，このスケールで3つの相互作用が1つに統一されるのではないかと推測している．いわゆる「大統一理論」だが，1980年代に提唱された単純な大統一理論は陽子崩壊のような現象が観測されないことから否定されており，新たな理論が模索されている．こうした"大統一"が行われるスケールより長距離の領域で有効場理論の交代はなく，十数桁の範囲で標準模型が成り立っていると考える物理学者も少なくない．また，大統一が起きると推測されるスケールは，重力の量子化で現れるプランク長と呼ばれる長さ（約 10^{-35} メートル）と数桁しか離れていない（十数桁に比べると数桁は充分に小さい）．したがって，"大統一"には重力の量子化が絡んでいるとの見方もある．

漸近自由性のある理論は，短距離極限で結合定数が小さくなるが，逆に長距離になるほど結合定数が大きくなって，理論が破綻しそうだが，標準模型は，この破綻をうまい具合に回避している．

まず，量子色力学では，長距離になると力の担い手であるグルーオン同士の相互作用が強くなった結果として，クォークやグルーオンが結合状態の内部へ閉じ込

られてしまう．電磁気の場合，同じ大きさの正電荷と負電荷が結合状態を作ると，正負の打ち消しによって長距離での電場が急速にゼロに近づくが，それと同じように，量子色力学で互いの"色価"（量子色力学で電荷に相当する量）を打ち消すような3種類のクォークが結合状態を作ると，グルーオンの場は遠方に拡がることができない．グルーオン同士が引き合って繭玉のような状態を作り出し，その中に閉じ込められたクォークは外に出られなくなる．この3個のクォークが閉じ込められた繭玉状態が，陽子や中性子に相当する（これ以外に，クォークと反クォークが結合した中間子も存在する）．

　一方，電弱統一理論でも，長距離領域にまで力が及ぶのを妨げるようなメカニズムが存在する．この理論では，量子色力学とは異なって，力の担い手となる場と相互作用している場——「ヒッグス場」と呼ばれるもの——が空間全域に凝集する．力の場は，空間に遍在している凝集場と相互作用するために自由に伝わることができず，10^{-17} メートル程度の作用域しか持たない（ここまでの説明はかなり簡略化しており，もう少し正確な内容を知りたい人は，標準模型に関する解説書，例えば，W. N. コッティンガム／D. A. グリーンウッド著『素粒子標準模型入門』（シュプリンガー・フェアラーク東京）などを参照していただきたい）．

　このように，自然界は結合定数が無限大になるという困った事態を見事に回避している．

　ここで興味深いのは，10^{-17} メートル以下の範囲に閉じ込められているはずの電弱統一理論が，ごく微弱な効果として長距離に染み出してきたとき，くりこみ不能な理論として顕現することである．例えば，ミュー粒子が電子・ニュートリノ・反ニュートリノという3つの素粒子に崩壊する現象がある．現在では，この現象はくりこみ可能な電弱統一理論を用いて記述されるが，かつては，4つの粒子がコンタクトするという形式で表されていた．このような相互作用はくりこみ不能であり，量子補正を計算することができない．重力もくりこみ不能で量子補正が計算できない力だが，量子重力理論に基づく本来の相互作用は狭い範囲に閉じ込められており，外部に染み出してきた微弱な効果が一般相対論に従う重力として観測される——と推測する物理学者もいる．

§4　重力のくりこみ不能性

　こんにち素粒子論の分野で実際に応用されている量子場理論は，量子電磁気学や標準

模型のように，いずれもくりこみ可能な有効場理論である．これらを短距離極限にまで外挿すると理論は破綻するが，短距離過程の効果は電荷や質量の値にくりこまれてしまい，それ以外の局面には姿を現さないので，応用上は問題をもたらさない．もちろん，電荷や質量がなぜ特定の値になるかは，有効場理論の範囲では答えられない．例えば，標準模型では，クォークや電子の電荷が一定の整数比になっており，そのおかげでさまざまな困難が回避されているが，整数比になる理由は全く説明できていない．だが，長距離で見られる現象に関する限り，電荷・質量があらかじめ与えられた上での破綻のない理論になっている．

しかし，重力はそうではない．重力はくりこみ不能な理論であり，短距離極限での過程が，長距離の現象にあらわに影響してしまう．

重力場を量子電磁気学と同じような手法で形式的に量子化してみよう．まず，第3章 (19) 式のように，背景となるミンコフスキ時空の周りの計量テンソル $h_{\mu\nu}$ を考えることにする．適当な座標変換を行うと，$h_{\mu\nu}$ は第3章 (20) 式のような波動方程式に近似的に従う．振動するシステムを量子化すると共鳴によって粒子的な状態が現れるが，重力の場合，この粒子的な状態が重力子である．重力子は，波動方程式から求められる伝播関数に従って伝播するはずなので，量子電磁気学で光子や電子の伝播関数を使って量子補正を計算したのと同じようにすれば，重力の量子補正も計算できそうである．

しかし，この計算はうまくいかない．くりこみの手法では扱いきれない発散があちこちで生じるからである．

このくりこみ不能性は，一般相対論の基本的な要請である座標変換に対する形式不変性に深く根ざしている．座標変換に対して不変性を保つためには，共変微分をはじめとしてあちらこちらに計量テンソルの微分を入れなければならない．運動量をベースとして計算する場合，座標による微分は運動量の積に置き換わる．

$$\partial_\mu f(x) = \partial_\mu \int \frac{dk}{(2\pi\hbar)^4} \exp\left(-ikx/\hbar\right) f(k)$$
$$= \int \frac{dk}{(2\pi\hbar)^4} \left(-ik_\mu/\hbar\right) \exp\left(-ikx/\hbar\right) f(k)$$

ただし，$f(x)$ は任意の関数，$f(k)$ はそのフーリエ変換である．これから明らかなように，運動量 k で積分を行う場合，座標による微分が多く含まれているほど k の次数が高くなって，発散が起きやすくなる．別の言い方をすると，狭い領域で大きく変動するようなゆらぎの効果が微分によって強調されたわけである．この結果，電荷や質量にくりこめないような発散が積分計算に現れてくる．

発散が生じるのは短距離極限の過程なので，ほとんど1点で起きていると見なすことができる．量子電磁気学ならば，図4のように，発散が起きる部分を点で置き換えたと

§4 重力のくりこみ不能性

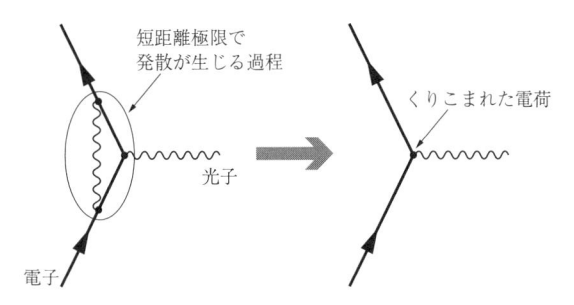

図4 くりこみ可能な過程

き，電荷を表す頂点になるので，この部分の量子補正を電荷の中にくりこむことができる．

しかし，相互作用に微分が含まれていて，あちこちから発散が生じる場合は，こうしたくりこみができなくなる．仮に量子電磁気学で微分項が存在し，図5のファインマン図形が発散するものとしよう．

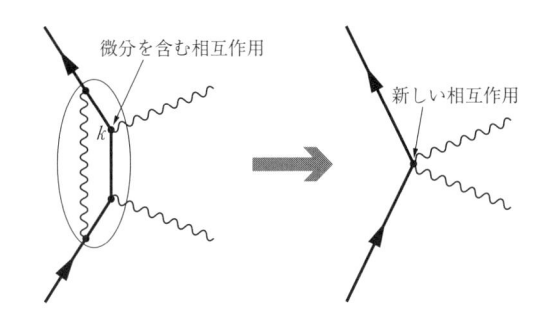

図5 くりこみ不能な過程

ここで，発散をもたらす短距離極限の過程を点で置き換えると，あたかも電子から2個の光子が同時に吸収・放出されるような相互作用を表す図形になる．しかし，こうした相互作用は，マクスウェル電磁気学に量子ゆらぎを加えて作った量子電磁気学にはもともと存在しない．つまり，短距離極限の過程が，長距離での振舞いを変えてしまったのである．

量子電磁気学にはやっかいな微分項がないため，短距離極限の過程が長距離における相互作用の形式を変えることはなく，マクスウェル電磁気学と同じ形式の相互作用だけを考えていればよかった．ところが，アインシュタインの重力理論を量子電磁気学と同

じ手法で形式的に量子化すると，発散する部分を点に置き換えたときに元の重力理論には存在しなかったような相互作用が生じてしまう．重力では，短距離極限の過程が長距離での相互作用の形式そのものを左右するのである．

　量子電磁気学の場合，長距離極限の現象は，くりこみのスケールを無限大に取ることによって，量子ゆらぎを全てくりこんでマクスウェル電磁気学に一致させることができる．量子ゆらぎのないマクスウェル電磁気学を出発点として，くりこみ変換の手法で解像度を上げていくと，量子ゆらぎの効果が少しずつ現れてくる．ところが，重力では，このようなイメージが成り立たない．まず量子ゆらぎのないアインシュタインの重力理論を想定し，そこに量子ゆらぎの効果を取り入れようとすると，とたんに長距離の振舞いが変わってしまって，もはやアインシュタインの理論とは別物になってしまう．長距離で何が起きるかは短距離極限の過程に依存するので，量子ゆらぎを加えたときに長距離でどのような重力理論になるかは，短距離での過程を全て解明した究極的な理論を作らない限り予想できない．

　当初，物理学者たちは，簡単な手直しで対処できないか考えた．アインシュタインの重力理論は (1) 式のラグランジアンから導かれる．これに量子ゆらぎの効果を取り入れると元の理論と別物になってしまうというのだから，アインシュタインの理論とは少し異なる重力理論から出発し，量子ゆらぎを加えた結果としてアインシュタインの理論が現れるようにできないかというのである．

　そこで考察されたのが，次のようなラグランジアンである．これも，座標変換に対して形式不変（共変）になるという一般相対論の要請を満たしている．

$$L = c_0 + c_1 R + c_2 R^2 + c_3 R_{\mu\nu} R^{\mu\nu} + c_4 R_{\mu\nu\lambda\kappa} R^{\mu\nu\lambda\kappa} + \cdots \tag{4}$$

このラグランジアンによる重力理論を量子化したとき，量子ゆらぎの効果は全て係数にくりこまれ，R に比例する項以外は充分に小さくなってアインシュタインの重力理論だけが生き残る——そうした予想もなされた．この方針に基づき，特定のタイプのファインマン図形を全て加えあわせるといった手法を用いて膨大な計算が繰り返された．だが，結果は芳しくなかった．いろいろと工夫を凝らしてみたものの，量子補正に現れる発散をうまく制御することができなかったのである．結局のところ，(4) 式に現れるどの係数も理論的に決定できず，無限個の未知係数が残った理論しか作れなかった．これでは，実験・観測のデータと何の比較もできず，物理学の理論としては無価値である．

　しかも，(4) 式のように曲率テンソルの高次項を加えていくと，重力相互作用が不安定になり，重力だけの作用で時空がつぶれてしまう可能性も出てくる．このようなケースでは，量子論的な確率の計算をしようとしても，確率が正の値でなくなってしまう．重力のラグランジアンを (4) 式に変えることで事態を打開しようという試みは，どうし

てもうまくいかなかった．

物質との相互作用を考えると，事態はいっそう悪化する．アインシュタイン方程式（第3章 (18) 式）からわかるように，物質のエネルギー運動量テンソルが時空のゆがみをもたらす．ところが，物質の量子場が狭い範囲で大きくゆらいでいると，エネルギーや運動量が大きくなり，結果的に大きな時空のゆがみを引き起こす．このため，物質と重力を相互作用させると制御できない発散がさらに数多く現れてしまう．

> 実は，物質との相互作用の形式を特殊なものに制限すると，さまざまな発散が相殺して有限の理論が作られる可能性がある．現在検討されているのが，$N=8$ 超重力理論と呼ばれるものである．この理論については，第6章でごく簡単に触れるにとどめる．

通常の量子場理論は，解像度を変更すると相互作用の形式が保たれたまま結合定数が変化するが，重力理論はそうならない．その原因の一端を窺わせるのが，理論の中に長さの次元を持つ定数が含まれることである．

プランク定数 $\hbar$ と光速 c を使うと，重力理論に現れる重力定数 G を長さの単位を持つ量に換算できる．

$$\sqrt{\frac{\hbar G}{c^3}} = 1.6 \times 10^{-35}\,[\mathrm{m}] \tag{5}$$

これがプランク長と呼ばれる長さである．量子重力は，この長さを境に大きく振舞いを変えると予想されている．この予想に基づけば，プランク長が量子重力にとって短距離極限のスケールであり，プランク長のスケールで生じる過程が長距離の相互作用を左右していることになる．

短距離極限の過程が相互作用の形式そのものを支配している以上，短距離極限の過程をどこかにくりこんでしまって有効場だけを考えるという方法はうまくいかない．量子重力理論を作るためには，短距離極限をも記述する究極的な理論を考案しなければならないのである．量子電磁気学は，マクスウェル電磁気学に量子ゆらぎの効果を取り入れることで構築できたが，量子重力は，アインシュタインの重力理論とは異なるものを作り上げなければならない．物理学者が苦労を強いられるわけである．

---

§5　量子重力理論の候補

量子重力理論は1960年代から70年代に掛けて，アインシュタインの重力理論を量子電磁気学と同じ形式で量子化するという方法論のもとに精力的に研究されたが，満足のいく理論は作れなかった．理論を作るための手がかりがあまりに少ないからである．

量子重力理論で確実に言えることはただ1つ，長距離でアインシュタインの重力理論に漸近しなければならないという点だけである．これ以外には，理論の形式を特定するのに必要なデータは何もない．素粒子実験では巨大な加速器を用いてミクロの現象を調べているが，それでも，プランク長で表されるスケールとは十数桁の開きがある．量子重力の効果を直接的に検出する実験は，人類の技術では不可能だろう．量子論を生み出すきっかけになったのは光や電子が粒子・波動の二重性を示すことであり，光の粒子性は1915年の光電効果の実験で，電子の波動性は1927年の電子線回折の実験で明らかになったが，重力に関しては，粒子性はもちろんのこと，アインシュタインの理論から予想される波動性すら観測されていない（恒星の合体などによって生じる重力波の検出に向けて巨大な干渉計が稼働しているが，確実なデータは得られていない）．

もっとも，量子重力に関する具体的なデータが何もないからといって，手をこまねいているのは物理学者の性に合わない．彼らは，取りあえずできることをやってみようとする習慣がある．重力が量子論的な振舞いを示すという証拠はないが，他の全ての物理現象が量子論に従っているので，重力も基礎方程式に厳密に従っているのではなく，基礎方程式からのずれを重ね合わせた状態になっていると考えるのがよさそうである．

ここで，立場が分かれてくる．重力の量子ゆらぎを扱う際に，一般相対論の発想に忠実に幾何学的実体である時空のゆらぎを考えるのか，それとも，時空はバックグラウンドと見なしてその上での計量テンソルのゆらぎを考えるのか——という2つの立場である．いずれを採用するにしても，量子ゆらぎの効果を理論的に取り扱えるように，狭い範囲での量子ゆらぎを抑制するためのテクニックが必要となる．

短距離での量子ゆらぎを抑制する方法としては，それぞれの立場に応じて，次の2つの種類がある．

① 時空はどんなに拡大して見ても同じというわけではなく，ある段階で，それ以上に拡大することが原理的に不可能になる．つまり，時空には最小の拡がりというものがあり，それより狭い範囲でゆらぐことはできないという考え方である．このアイデアに基づく量子重力理論には，ループ量子重力理論，単体分割理論などがある．これらの理論は，アインシュタインによる一般相対論の発想に比較的忠実で，幾何学的実体としての時空そのもののゆらぎを定義しようとする．

② 重力を含む相互作用が特定の形に制限されており，その結果として，狭い範囲からのゆらぎの寄与が抑えられている．この場合，時空はどこまでも拡大可能だが，短距離の極限では相互作用が起こりにくくなるという考え方で，通常は，ミンコフスキ時空をバックグラウンドとして理論を構築する．このアイデアに基づく量子重力理論には，超ひも理論，超重力理論などがある．これらの理論では，

重力の幾何学的な側面はあまり重視されず，量子電磁気学のような有効場理論でうまくいった手法を援用し，計量テンソルを単なるテンソル場として量子化することが多い．

これ以外にも量子重力に関する議論はあるが，計算方法などが整備されたものは上の2種類に限られる．特に，ループ量子重力理論と超ひも理論が研究の中心になっている．

どの量子重力理論も完成したものとは言い難いが，理論を構築する方針としては，発散による破綻を回避して短距離極限まで厳密な定式化を行うことを目指している．各理論固有のメカニズムに基づいて，短距離での量子ゆらぎの効果が抑制されており，長距離極限ではアインシュタインの重力理論だけが生き残ると期待される．

さて，これらの理論のどれかが，現実世界の物理現象を正しく記述しているのだろうか？ 物質の究極を"ひも"と見なす超ひも理論が理論物理学の世界でもてはやされているという話を聞いた人は多いだろう．物理学者が何らかの方法で物質がひもからできていることを発見したと思われるかもしれないが，実は，ひもだと仮定すると短距離極限での振舞いが穏やかになることから提唱された理論なのであって，ひもの存在を窺わせるような実験的事実は何もない．また，ループ量子重力理論に関して，物理現象の根底にループを考えるという話は（超ひも理論ほどではないにせよ）かなり知られているが，なぜループなのかを知る人は少ないだろう．こちらは，時空の量子ゆらぎとは何かという原理的な発想に基づいて構築されたもので，やはり長距離での実験・観測データと結びつけられる議論はほとんどない．こうした実証的データの欠如が量子重力理論に潜む危うさである．

§6　量子重力理論はどこまで信頼できるか？

科学は，きわめて信頼性の高い学問だと見なされているが，その理由は，逆説的に言えば，科学が間違いを犯し得るからである．

科学理論は，天才的な能力を持った科学者が一人で作り上げるものではない．従来の理論では説明の付かない現象が見つかったとき，まず，何人かの創造的な科学者が可能な仮説を次々に提案していく．こうした仮説は，できるだけ多岐にわたる方が望ましい．提案された仮説を大勢の科学者で検討し，それぞれの仮説からさまざまな帰結を演繹してみる．その際，検討している当人が仮説を信じていなくてもかまわない．むしろ，信じている人にしか何らかの帰結が導けないような仮説では，科学的に意味がない．

「自分はこの仮説を信じていないが，仮に正しいとすると次のような帰結が導かれるはずだ」という議論が，科学の発展に裨益するのである．こうして演繹された帰結を実験や観測のデータと比較しながら，データと適合しない帰結をもたらす仮説を棄却し，最も確からしい仮説を選び出していく．これが「仮説演繹法」と呼ばれる科学研究のスタンダードである．

多くの仮説の中から確からしいものをふるい分けていくという方法論を採用する以上，大半の仮説は間違ったものとして棄却されることになる．ただし，後になって棄却される仮説を提案したとしても，科学者としてのキャリアにはマイナスに作用しない．ある考え方が正しくないことを実証するのも，科学者にとって重要な仕事だからである．研究体制が健全ならば，指導的立場にある人の意見が無批判で受け容れられることはない．無名の学生の仮説であろうとデータと適合すれば採用され，学界の重鎮が唱えた仮説であってもデータと一致しなければ棄却される．この民主的なシステムが機能していればこそ，科学は信頼できる学問なのである．一般の人には，通常，仮説の検討を経て生き残ったものだけが紹介されるので，こうした取捨選択の作業はあまり知られていないだろうが，教科書に掲載されるような定説が生み出されるまでが，科学者にとっては最も重要な段階なのである．

ところが，量子重力に関しては，この科学的な方法論がうまく機能していない．理由は2つある．まず，理論がとてつもなく難しいこと．もう1つは，実験・観測のデータがほとんど得られないことである．

量子重力の研究はひどく難しい．量子場理論と一般相対論を理解するだけで大学院レベルのコースをマスターする必要があるが，そこからさらに研鑽を積まなければ，量子重力の入り口に到達しない．世界的に見てトップクラスの頭脳の持ち主であっても，量子重力の新たな仮説を構築するためには，何年も研究を続けなければならない．簡単な思いつきですら論文にまとめるには相当な努力が必要であり，やっとの思いで発表しても，ほとんどの場合，すぐに難点が指摘され業績といえるほどの成果を上げる前に仮説を捨てざるを得なくなる．ある量子重力研究者の言葉を借りれば，「これまでにさまざまなスキームが情熱的に提唱され，徹底的に探求され，静かに捨て去られた」ということだ．

これは，短期的な業績を要求される研究者にとって，ひどくリスキーな状況である．アメリカの大学では，教授であっても数年ごとに業績が査定され引き続き在職できるかどうかが決められるが，そうした中で，新しい量子重力仮説の構築に手を染めるのは危険すぎる．立場が不安定な若い研究者は，どうしても既存の仮説を研究することになりがちである．このため，量子重力に関しては，検討に値する仮説の数がひどく少ない．

ループ量子重力理論や超ひも理論のような既存の理論も，きわめて高度な数学的能力

が要求され，簡単に論文が書ける代物ではない．その理論を信じていない人が仮説の妥当性を検討するためだけに勉強するには，荷が重すぎる．この結果，それぞれの理論を研究するのは，その正当性を強く期待する人ばかりとなる．同じ信念の下に集まった研究者——と言うより信者——が，グループ外の人には理解しがたい秘教めいた議論を続けていると言ったら言い過ぎだろうか．

さらに，実験・観測のデータと容易に比較できないという問題がある．重力に関しては，原子レベルで一般相対論の検証が進められている段階であり，プランク長のスケールで現れるような重力の量子論的な現象を観測できる状況ではない．重力場の粒子的な振舞いを示す重力子の存在はもとより，重力波すらいまだ観測されていない．粒子・波動二重性の確認すら行われていない段階で，量子重力理論を構築しなければならないのだ．これでは，あまりにデータが少ない．

重力に関するデータが少ないのは，他の相互作用に比べてひどく弱いからである．例えば，2個の電子の間に働く重力は，クーロン力に比べて43桁も小さい．通常の素粒子実験では，重力の効果は全く現れない．実験・観測のデータがほとんどないため，仮説の妥当性を検討することができない．何年も掛けて研究したところで，それが正しいか間違っているかがわからないまま終わってしまう可能性が高い．そのせいもあって，多くの物理学者は，この分野に参入することに二の足を踏んでいる．

これまでに提唱された量子重力理論は，いずれも，信頼に足る科学理論となるためのデータに基づくふるい分けテストを受けていない．したがって，超ひも理論やループ量子重力理論のような名を知られた理論であっても，決して信憑性は高くないというのが現状である．本書第II部では，量子重力理論の各論に入るが，この点をきちんと認識した上で読み進めてほしい．

第 II 部
量子重力理論の具体例

量子重力理論のアイデアは，これまでいろいろと提案されてきたが，理論としての結構を整えることができたものは少数であり，行き詰まったり見捨てられたりせず現在なお精力的に研究が続けられているのは片手で数えられるほどしかない．第2部では，そうした理論の具体例として，第5章でループ量子重力理論を，第6章で超ひも理論を取り上げる．前者は時空の幾何学的な構造を追求するものであり，後者はバックグラウンド計量の周りのゆらぎを素粒子論的な手法で解析するものである．第7章ではブラックホールのエントロピーについて紹介し，これら2つの理論がこのエントロピーをどのようにして導出するかを述べる．第8章では，宇宙論の分野にどのように応用されているかを見る．

　ループ量子重力理論と超ひも理論以外の量子重力理論に関しては，所々でごく簡単に触れるにとどめる．単体分割理論は第5章の末尾で，超重力理論は第6章の冒頭近くで紹介する．宇宙全体の波動関数をも視野に納めるドゥイットの理論と，虚数時間で経路積分を行うホーキング・ハートルの理論は，宇宙論を扱う第8章に登場する．

　量子重力理論の候補としては，これ以外にもツイスター理論などがあるが，本書では触れない．

第5章

時空構造の極限を求めて——ループ量子重力理論

　量子重力理論を構築する上で最大の障害となるのは，時空の量子ゆらぎが限りなく狭い領域でどこまでも大きくなり得る点である．そこで，誰もが真っ先に思いつくのが，時空そのものに最小の要素があるという解決法である．このアイデアに従うと，ちょうど水や空気のように滑らかな連続体に見える物質が実は原子から構成されているのと同じように，時空も無限に細分化できる連続体ではなく，"時空の原子"に相当する何かが存在することになる．

　素朴に考えるとうまくいきそうに見えるアイデアだが，いざ理論化しようとすると，さまざまな困難が現れてくる．時空構造に勝手な制約を与えると，一般相対論の基礎に抵触してしまうからである．

　一般相対論は，物理現象が（ガウスの曲面論における曲面のような）幾何学的実体と結びついており，人間が勝手に貼り付けた座標系には依存しないという前提の上に成立している．このことから，物理法則を記述する方程式が座標変換に対して形式不変（共変）でなければならないという強い要請が導かれる．しかも，一般相対論の定式化が微分を数多く含むことからもわかるように，この座標変換としては，座標系を微分可能な形で滑らかに変形させる変換（微分同相変換）が想定されている．つまり，一般相対論では，座標が滑らかに変換でき，そうした変換を行っても物理法則が変わらないことが議論の出発点なのである．

　こうした連続的な座標変換に対する不変性は，時空に最小の要素が存在するという仮定と両立させるのが難しい．仮に時空がブロックのようなものから組み立てられているとすると，微小な領域で座標を取り替えるには，あるブロックから別のブロックへと飛び移る離散的な変換を行わざるを得ない．

　現在までのところ，座標変換に対する形式不変性という一般相対論の基本的な前提を遵守しながら，さらに時空に最小要素を与えることに成功した量子重力理論は，ただ1つしかない．それが，ループ量子重力理論である．本章では，一見不可能とも見えるこの課題にどのようにして答えたかという点を中心に，数学的な厳密さにこだわらずに解

説していきたい．

§1 格子上の場の理論

時空の最小単位を仮定する最も単純な理論として量子電磁気学の成立直後に提案されたのが，時空は金属などの結晶格子に似た構造をしていると仮定する格子理論である．第 2 章 §2 では，時空が連続的でなくとびとびの値を取るものとし微分を差分に置き換えていくことで経路積分を説明した．このような計算の便法としての格子化では，最後の段階で格子間隔を無限小にする極限を取って連続的な時空へと移行するが，もし連続極限を取らなければ，時空そのものが離散的だという理論を表すことになる．

実際に格子上で量子論を定式化しようとするときには，時間の扱いに注意しなければならない．時間と空間を対等に扱う方が連続理論との対応がはっきりするが，経路積分が $\exp(iS/\hbar)$ という振動する関数の積分になってしまう．格子理論では，一般にコンピュータ・シミュレーションが想定されているので，振動関数の積分が現れるのは好ましくない．そこで，実数時間 t を虚数時間 $i\tau$ に置き換えることで，

$$\exp(iS/\hbar) = \exp\left(i\int dxdydzdt L(x,y,z,t)\right) \to \exp\left(-\int dxdydzd\tau H(x,y,z,\tau)\right)$$

という振動しない関数の積分に変換して計算しやすくするケースが多い．また，時間と空間を峻別し，格子上では 3 次元空間での相互作用だけを論じることもある．本章では，量子重力の話に移るまではこうした点に触れずに，時間と空間をあわせた 4 次元での形式的な議論を展開する．

結晶学の分野では，全ての結晶軸が直交し格子間隔が等しい結晶格子を立方晶と呼ぶ．特に，単位格子となる立方体の頂点に原子が存在する結晶が，単純立方晶である．ここでは，4 次元時空そのものが単純立方晶のような構造になる場合を考えよう．格子理論における場の変数 ϕ は，通常は格子点（結晶において原子が存在する地点）に配置される．金属結晶では空っぽの空間の中に結晶格子が置かれているが，時空の格子を扱うときには外側にスペースを想定する必要はなく，格子によって与えられる場の変数のネットワークだけが存在すると考えるべきである．

4 次元単純立方晶で格子点を指定する整数の組を $\boldsymbol{j} = (j_0, j_1, j_2, j_3)$ とすると，場の変数は $\phi(\boldsymbol{j})$ と書かれる．ここで，n 番目が 1 でそれ以外は 0 であるような 4 整数の組を $\boldsymbol{e}^{(n)}$ と記すことにしよう．$\boldsymbol{e}^{(n)}$ は，連続理論における座標軸方向の単位ベクトルに相当する．このとき，$\phi(\boldsymbol{j})$ と $\phi\left(\boldsymbol{j} - \boldsymbol{e}^{(n)}\right)$ が，n 番目の軸方向で隣り合う場の変数を表し，

連続理論における微分は，

$$\frac{1}{d}\left\{\phi(\boldsymbol{j}) - \phi\left(\boldsymbol{j} - \boldsymbol{e}^{(n)}\right)\right\}$$

という差分に置き換えられる．ただし，d は格子間隔（隣り合う格子点の距離）である．こうすれば，d をゼロにする極限で連続理論に帰着するような場の理論を格子上で構成できる．さらに，場の変数に関する経路積分を行えば，量子化も可能である．

格子理論の特長は，連続理論で量子ゆらぎの発散をもたらす「限りなく狭い領域」がそもそも存在しない点である．このため，量子化しても，短距離極限に由来する発散の困難は生じない．

その一方で，この理論には本質的な弱点がある．連続的な回転や並進に対する不変性が失われる結果，長距離領域においても連続理論とは一致しない性質が現れてしまうことである．例えば，場の振動が伝播する過程を考えると，格子軸の方向と斜めの方向では伝播速度が違ってしまう．こうした時空の異方性は精密測定においても全く見いだされていないので，通常の格子理論のままでは，究極の理論の候補にはなり得ない．たとえ量子補正が有限になるとは言っても，格子理論は現実的なものではなく，あくまで計算の手段（特に，コンピュータ・シミュレーションを可能にする便法）と見なされるのがふつうである．格子間隔 d は，計算を行って物理的な性質を明らかにした後でゼロにするパラメータにすぎない．

もし，短距離極限が存在しないという特長を残したまま，格子のような人工的な構造を捨象することができれば，量子重力理論への道が切り拓かれるのではないだろうか？この方向へ議論を進めるに当たって参考になるのが，格子理論の応用である格子ゲージ理論である．そこで，次節ではこの理論について解説し，ゲージ不変性を持つループの議論を経て，ループ量子重力理論へと話をつなげていきたい．

§2　格子ゲージ理論

格子ゲージ理論は，非可換ゲージ理論と呼ばれるタイプのゲージ理論を扱う目的で，1970 年代にウィルソンらによって作られた．ただし，ここでは非可換ゲージ理論の特性は使わないので，可換ゲージ理論である量子電磁気学に置き換えて説明する．

非可換ゲージ理論とは，ゲージ変換を表すゲージ関数（110 ページの (2) 式の χ を一般化した関数）が非可換群の表現となるような理論で，ヤン-ミルズ理論がその代表的なものである．現在，ほぼ全ての実験データを説明するとされる素粒子の標準模型は，ヤン-ミルズ理論で記述することができる．ヤン-ミルズ理論では，ゲージ変換の形が量子電磁

気学ほど単純ではなく，その結果として，後に現れる (7) 式の P の定義がかなり難しくなる．

通常の格子理論では，場の変数は格子点上に配置される．しかし，量子電磁気学では光子場と電子場が互いに相互作用しあう形式になっているので，2つとも同じ格子点に置くよりは，それぞれが相手と結びつくように，電子場 ψ は格子点上に，光子場 A_μ はリンク（格子点と格子点をつなぐ線）上に配するのが適当である（図1参照；ただし，作図の都合上，3次元の格子として描いている）．

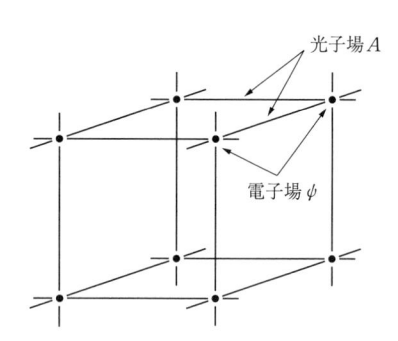

図 1 格子に対する場の割り当て

より一般的な格子ゲージ理論でも，電子・クォークなどの物質の場は格子点に，光子場のような力を媒介する場（ゲージ場）はリンクに配置する．

このように配置すると，電子と光子の場がそれぞれ相手と結びつきながら相互作用のネットワークを形成していることがはっきりする．ネットワークのリンクを受け持つというゲージ場の役割は，重力理論では，重力場が担うことになる．

格子ゲージ理論の相互作用が具体的にどうなるかを見ていこう．量子電磁気学の相互作用は，第2章 (20) 式に記している．このうち，電子場だけに関する項は，格子上での相互作用に簡単に書き直すことができる．電子の質量に関する項は，同一格子点での自己相互作用として表される．

$$-mc\overline{\psi}(\boldsymbol{x})\psi(\boldsymbol{x}) \Rightarrow -mc\overline{\psi}(\boldsymbol{j})\psi(\boldsymbol{j})$$

同じように，電子場の微分を含む項は，次のように書き直される．

$$i\hbar\overline{\psi}(\boldsymbol{x})\gamma^\mu\partial_\mu\psi(\boldsymbol{x}) \Rightarrow i\hbar\sum_{n=0}^{3}\overline{\psi}(\boldsymbol{j})\gamma^n\frac{1}{2d}\left\{\psi\left(\boldsymbol{j}+\boldsymbol{e}^{(n)}\right)-\psi\left(\boldsymbol{j}-\boldsymbol{e}^{(n)}\right)\right\}$$

§2 格子ゲージ理論

ここでは，リンクの向きを逆にしても式の形が変わらないように，微分は 1 つ置いた隣との差を取ることにした．微分を含む項は電子場の変動がどのように伝わっていくかを決定するが，格子ゲージ理論では，この式のように，隣り合う格子点上の場を結びつける相互作用として表される．

> 電子場の相互作用を正確に書くのは，実はこれほど簡単ではない．まず，時間の扱いをどのようにするかを決めなければならない．時間を空間と同等に扱うか，時間だけは別扱いにするかで，式の形が変わってくる．また，電子場は，通常は電子成分と陽電子成分に分けて配置するのが一般的である．こうした変更に応じて，γ 行列の定義も変える必要がある．

一方，光子場は，格子点ではなく 2 つの格子点を結ぶリンク上で定義される．ここでは，格子点 j から隣接するどの格子点に向かうリンクかを表せるように，$\left(j \to j + e^{(n)}\right)$ という向きをつけた形で表記する．さらに，このリンク上に置かれた光子場は，矢印と同じ向きの成分だけを使うことにする．これは，格子間隔 d を無限小にする連続極限で

$$A_\mu dx^\mu$$

という接線方向の微小な要素を考えることに相当する．リンクの向きを逆にすると，光子場の符号も反転する．

$$A_n\left(j - e^{(n)} \to j\right) = -A_n\left(j \to j - e^{(n)}\right)$$

これらを使って，リンクの向きを逆転しても式が不変に保たれるように電子場と光子場の相互作用を書き直すと，次のようになる．

$$\begin{aligned}
&-e\overline{\psi}(\boldsymbol{x})\gamma^\mu A_\mu(\boldsymbol{x})\psi(\boldsymbol{x}) \\
&\Rightarrow -\frac{e}{2}\sum_{n=0}^{3}\Big\{\overline{\psi}(\boldsymbol{j})\gamma^n A_n\left(\boldsymbol{j} \to \boldsymbol{j} + \boldsymbol{e}^{(n)}\right)\psi\left(\boldsymbol{j} + \boldsymbol{e}^{(n)}\right) \\
&\qquad\qquad\qquad -\overline{\psi}(\boldsymbol{j})\gamma^n A_n\left(\boldsymbol{j} \to \boldsymbol{j} - \boldsymbol{e}^{(n)}\right)\psi\left(\boldsymbol{j} - \boldsymbol{e}^{(n)}\right)\Big\}
\end{aligned}$$

電子場の微分を含む項と同じように，この相互作用項も，隣り合う電子場を結びつける形になっている．そこで，$\left(\boldsymbol{j} \to \boldsymbol{j} + \boldsymbol{e}^{(n)}\right)$ のリンクに関する部分をまとめて書いてみよう．

$$\frac{i\hbar}{2d}\sum_{n=0}^{3}\overline{\psi}(\boldsymbol{j})\gamma^n\left[1 + \frac{ie}{\hbar}A_n\left(\boldsymbol{j} \to \boldsymbol{j} + \boldsymbol{e}^{(n)}\right)d\right]\psi\left(\boldsymbol{j} + \boldsymbol{e}^{(n)}\right) \qquad (1)$$

この式は，連続時空の量子電磁気学を忠実に格子上に移したもののように見えるが，実は，このままではゲージ変換に対する不変性が破れてしまう．量子電磁気学は，第 2

章 (4) 式で定義されるゲージ変換に対して不変な理論である．4 次元での記法を用いると，ゲージ変換は次の形に表される．

$$A_\mu \to A_\mu + \partial_\mu \chi \tag{2}$$

格子における光子場のゲージ変換は，微分を差分に置き換えて，

$$A_n\left(\boldsymbol{j} \to \boldsymbol{j} + \boldsymbol{e}^{(n)}\right) \to A_n\left(\boldsymbol{j} \to \boldsymbol{j} + \boldsymbol{e}^{(n)}\right) + \frac{1}{d}\left\{\chi\left(\boldsymbol{j} + \boldsymbol{e}^{(n)}\right) - \chi(\boldsymbol{j})\right\} \tag{3}$$

となる．相互作用の形が (1) 式のままでは，(2) 式のゲージ変換を行ったとき，リンクの両端の格子点にゲージ変換を表す関数（ゲージ関数）χ が現れ，理論の形が変わってしまう．

しかし，簡単な方法でゲージ不変性を回復させることができる．(1) 式 [ ] 内の第 2 項が 1 に比べて充分に小さいとすると，[ ] は

$$\exp\left\{\frac{ie}{\hbar}A_n\left(\boldsymbol{j} \to \boldsymbol{j} + \boldsymbol{e}^{(n)}\right)d\right\} \tag{4}$$

という指数関数で近似できる．(4) 式に対して (3) 式のゲージ変換を行うと，リンクの端にある格子点 $\boldsymbol{j}$ には，

$$\exp\left\{-\frac{ie}{\hbar}\chi(\boldsymbol{j})\right\}$$

という位相因子が現れる．一方，$\boldsymbol{j} - \boldsymbol{e}^{(n)} \to \boldsymbol{j}$ で表される隣のリンクからは，同じ格子点 $\boldsymbol{j}$ に位相の符号がプラスの因子が現れるので，ゲージ変換の効果は相殺されて理論は不変になる．

ゲージ不変性を本質的な要請と考えるならば，リンク上に配されるのは光子場そのものではなく，(4) 式で与えられる量と見なすべきだろう．この量は，リンク変数と呼ばれ，格子ゲージ理論において基本的な役割を果たすことになる．

これまできちんと述べてこなかったが，量子電磁気学では，電子場もゲージ変換に対して次のように変換しなければならない．

$$\psi(\boldsymbol{x}) \to \exp\left(-\frac{ie}{\hbar}\chi(\boldsymbol{x})\right)\psi(\boldsymbol{x}) \tag{5}$$

このため，

$$\overline{\psi}(\boldsymbol{j})\exp\left\{\frac{ie}{\hbar}A_n\left(\boldsymbol{j} \to \boldsymbol{j} + \boldsymbol{e}^{(n)}\right)d\right\}\psi\left(\boldsymbol{j} + \boldsymbol{e}^{(n)}\right)$$

という組み合わせごとにゲージ不変性が確保される．

電子場と光子場の相互作用を表す式がゲージ変換に対して不変になることは，連続理論でも示される．連続理論における電子・光子の相互作用項は，次のようにまとめられる．

$$i\hbar\overline{\psi}\gamma^\mu\left(\partial_\mu + \frac{ieA_\mu}{\hbar}\right)\psi \tag{6}$$

この項のゲージ不変性は，(2) と (5) を代入すれば直ちに確かめられる．

(6) 式は，電子場に作用する微分に対して次の置き換えを行ったものと解釈される．
$$\partial_\mu \rightarrow D_\mu = \partial_\mu + \frac{ieA_\mu}{\hbar}$$

D_μ は，ゲージ理論における共変微分を表す．電子場 ψ には (5) 式で表されるゲージ変換の自由度があり，ゲージ関数 χ が場所によって異なるため，
$$i\hbar\overline{\psi}\gamma^\mu\partial_\mu\psi$$

という項だけではゲージ変換に対して不変にならない．χ が場所によって異なる効果を吸収するために，微分を共変微分で置き換えてゲージ不変性を保つ必要が生じるのである．

　ゲージ理論の共変微分は，多くの点で一般相対論における共変微分と類似している．ゲージ理論の共変微分で付け加えられた光子場（より一般的にはゲージ場）の項は，「変換の大きさが場所によって異なるせいで生じる寄与を吸収する」ためのものだが，これは，第 3 章 (13) 式で定義された一般相対論のクリストッフェル記号と同じ役割を果たしている．実は，抽象的な幾何学理論として定式化すると，一般相対論とゲージ理論の共変微分は「接続」という概念によって統一され，ゲージ場やクリストッフェル記号はいずれも接続係数として扱うことができる．クリストッフェル記号は重力場（計量テンソル）の微分として与えられるので，結局，これまで知られている力の場（ゲージ場と重力場）は全て，接続の概念によってまとめることができる．

　もっとも，幾何学の概念でまとめられたからと言って，物理学的な統一が実現できるわけではない．ゲージ理論と重力理論（一般相対論）が接続の概念を介してつながりを持っていることは確かなようだが，それをもとに統一的な物理学理論が作られるには，まだ時間が掛かりそうだ．

リンク変数は，隣接する格子点を結ぶリンク上で定義されているので，そのままでは，連続理論とどのような関係にあるのかがはっきりしない．そこで，無数のリンクをつなげた上で，格子間隔 d をゼロにする連続極限を考えてみよう．このとき，無数のリンク変数の積は，次のようにまとめて表すことができる．

$$\lim_{d\to 0}\left[\cdots\exp\left\{\frac{ie}{\hbar}A_m\left(\boldsymbol{j}-\boldsymbol{e}^{(m)}\to\boldsymbol{j}\right)d\right\}\exp\left\{\frac{ie}{\hbar}A_n\left(\boldsymbol{j}\to\boldsymbol{j}+\boldsymbol{e}^{(n)}\right)d\right\}\cdots\right]$$
$$= \mathrm{P}\exp\left(\frac{ie}{\hbar}\int_\mathrm{C} A_\mu dx^\mu\right) \quad (7)$$

ここで積分記号の下に C と書いたのは，その上でリンク変数が与えられるリンクの連なりを曲線で置き換えたもので，(7) 式は，この曲線に沿って積分をしていくことを意味する．

(7) 式右辺の P は，指数関数を級数展開したときに，各項の積の順序を曲線 C に沿った順序に並べ直す操作を表す．量子論では，場の量は単なる数ではなく，演算子や行列を意味することが多いが，こうしたケースでは，積の順序を入れ替えると答えが変わってしまう．連続極限で与えられる積分と，もともとの定義であるリンク変数の積とを一致させるためには，積の並べ替えが必要になるが，(7) 式では，この並べ替えの操作を P という記号によって表している．後で登場するループ量子重力理論のループ変数でも，同じような積の並べ替えが必要となるため，式の先頭に P を加えている．

リンク変数や，その積として定義される (7) 式は，光子場 A_μ そのものよりも物理現象の実態を的確に表しているように見えるが，それ自体はまだゲージ変換に対して不変でない．不変な量を作るためには，さらに一歩進めて，ループを考える必要がある．

§3　格子上のループ

リンク変数を用いると，ゲージ変換を行ったときに，ゲージ関数 χ で表される位相因子がリンク両端の格子点に現れる．隣り合うリンクからの寄与は格子点ごとに相殺されるので，(7) 式のように無数のリンク変数の積を作った場合，ゲージ変換によって生じる位相因子が残るのは，全てのリンクをあわせた曲線 C の両端だけである．したがって，端のないループを考えると，ゲージ変換に対して不変な量（ゲージ不変量）が得られるはずである．

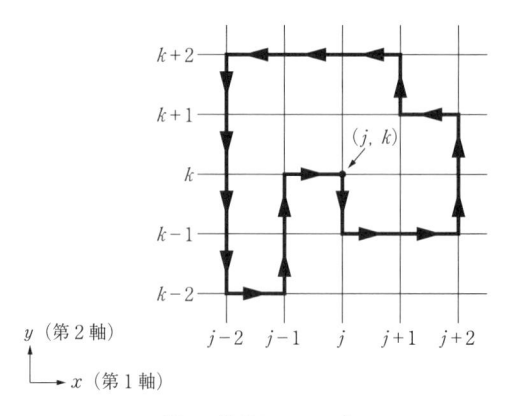

図 2　格子上のループ

ここで，図 2 のように，リンクを辿っていって最終的に元に戻るようなループについ

§3 格子上のループ

て，リンク変数 (4) の積を考える（図と式で表しやすいように 2 次元のケースを記すが，容易に多次元へ拡張できる）．

図のループの場合，リンク変数の積は次のように表される（式では，(j,k) から始めて矢印の向きにリンクをたどっており，リンクの成分のうち変化する項だけを → を付けて表している）．

$$\exp\left\{\frac{ie}{\hbar}A_2\left(j, k \to k-1\right)d\right\} \exp\left\{\frac{ie}{\hbar}A_1\left(j \to j+1, k-1\right)d\right\}$$
$$\cdots \exp\left\{\frac{ie}{\hbar}A_1\left(j-1 \to j, k\right)d\right\}$$

ゲージ変換をしたときに現れる位相因子は，上式の最初と最後の項に由来する $\chi(j,k)$ の寄与を含めて，全て格子点ごと打ち消しあってしまうことが確かめられる．この式を格子間隔 d をゼロにする連続極限で書き直すと，

$$T_\alpha = \text{P}\exp\left\{\frac{ie}{\hbar}\oint_\alpha A_\mu dx^\mu\right\} \tag{8}$$

という積分になる．ただし，α は無限小のリンクの無限個の連なりから作られるループを表す．ゲージ理論の場合，(8) 式で表されるループは，ウィルソン・ループと呼ばれる．これ以降は，(8) 式と同じ形式で表される変数 T_α を，ループ α に関する「**ループ変数**」と呼ぶことにしよう．

ループ変数が重要なのは，この変数がゲージ変換に対して不変であることに加えて，これだけを使って光子場の変動を決定する力学（ダイナミクス）を構成できるからである．従来の議論では，光子場がどのように変動するかを決めるのは，第 2 章 (20) 式に示した光子場のラグランジアン L_A だった．ところが，このラグランジアンは，次のようにして最小ループについてのループ変数から導くことができる．

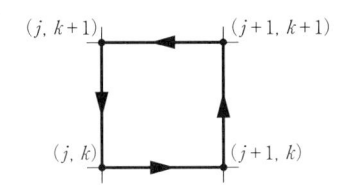

図 3 格子理論での最小ループ

格子理論では，図 3 で表されるような最小のループが存在する．向かい合ったリンクが逆向きになっており，向きを揃えると光子場の符号が逆になることを考慮すれば，上

下のリンクからの寄与は，

$$\exp\left\{\frac{ie}{\hbar}A_1\left(j\to j+1,k\right)d\right\}\exp\left\{-\frac{ie}{\hbar}A_1\left(j\to j+1,k+1\right)d\right\}$$

となる．ここで，指数関数を展開すると，次のようになる．

$$\left\{1+\frac{ie}{\hbar}A_1\left(j\to j+1,k\right)d+O\left(d^2\right)\right\}\left\{1-\frac{ie}{\hbar}A_1\left(j\to j+1,k+1\right)d+O\left(d^2\right)\right\}$$
$$=1+\frac{ie}{\hbar}\left\{A_1\left(j\to j+1,k\right)-A_1\left(j\to j+1,k+1\right)\right\}d+O\left(d^2\right)$$

格子間隔 d を充分に小さくすると，右辺第 2 項の｛　｝内は，

$$-d\partial_2 A_1$$

と置くことができる．同じように，図の左右のリンクからは，

$$+d\partial_1 A_2$$

に比例する寄与が得られる．こうした計算を行っていくと，最小ループに関するループ変数は，次の形にまとめられることがわかる．

$$1+\frac{ie}{\hbar}\left(\partial_1 A_2-\partial_2 A_1\right)d^2-\frac{e^2 d^4}{2\hbar^2}\left(\partial_1 A_2-\partial_2 A_1\right)^2+O\left(d^5\right) \tag{9}$$

ここでは x 軸と y 軸で張られた xy 平面内の最小ループを考えているが，この第 3 項は，定係数を別にすれば，xy 平面内の成分に限定して

$$-\frac{1}{4}\left(\partial_\mu A_\nu-\partial_\nu A_\mu\right)^2 \tag{10}$$

という量を求めたことに相当する．したがって，xy 平面だけでなく，全ての平面内における最小ループからの寄与を加えあわせれば，(10) 式に現れる全ての項を正しく足しあげることになる．ところが，(10) 式は，第 2 章 (20) 式で示したように，光子場だけが存在するときのラグランジアン L_A そのものである．つまり，最小ループに関するループ変数は，実質的にラグランジアンを含んでいることになる．

　物理的に意味を持つのは，ラグランジアンを積分した作用積分である．量子論では，場の配位に対する作用積分の値が，さまざまな配位について重ね合わせるときの重みを決定する．そこで改めて，全ての最小ループに関して (9) 式を足しあげたときにどうなるかを見てみよう．第 1 項は定数の積分となるので，場の配位によって作用積分の値がどのように変化するかには無関係である．第 2 項はある座標についての微分になっており，積分すると無限遠での境界値の差となるので，通常は無視できる．第 3 項には格子

間隔 d の4乗が掛かっているが，これは，4次元で積分するときの体積要素となるので，d を無限小にする連続極限でも第3項は生き残る．しかし，d の5乗以上が掛かった項は，d がゼロに近づくとともにどこまでも小さくなるので，作用積分には寄与しない．したがって，最小ループに関するループ変数はラグランジアンと同等であり，これが光子場の力学（ダイナミクス）を決定している．

量子電磁気学においては，光子場 A_μ が基本的な場の変数として扱われていた．量子化を行う際にも，まず光子場を対象とする経路積分を考え，それからゲージ不変性が保たれるようにさまざまな制限を付けた．しかし，格子ゲージ理論を見る限り，光子場よりもループ変数の方が基本的な変数としての性質を備えていると言ってよい．ループ変数を使って光子場の力学を決定できるので，まず光子場の振舞いを求めてからループ変数を計算するのではなく，いきなりループ変数をもとに物理現象を解析することもできる．もっとも，ループ変数は，大きさも形もさまざまなあらゆるループについて考えなければならないという問題はあるが．

ここまでをまとめると，格子ゲージ理論の構成は，ループ変数を導入する前の段階とそれ以降の段階で，大きく2つに分けられることがわかる．

① 時空を格子状に離散化し，格子点やリンクに場の変数を配置する．格子状に離散化したことで，短距離極限が存在しなくなり量子ゆらぎの発散は回避できる．しかし，離散化のデメリットとして，もともとの理論が持っていた連続的な回転や並進に対する不変性が失われてしまった．また，格子点やリンクに配置した場の変数そのものは，ゲージ変換に対して不変ではない．

② ループが与えられると，その上でゲージ不変量となるループ変数が定義される．最小のループが存在する場合，これが物理量がどのように変動するかを完全に決定する．

こうして見ると，①の段階にはいかにも余計な要素が多い．そもそも時空を格子状にしたために，座標変換に対する不変性が失われてしまうことになった．また，わざわざゲージ変換に対して不変性のない場の変数を定義してから，ゲージ不変量を求めるという論法になっている．そこで考えなければならないのは，②で最小のループが存在すると言うために，①の段階が必要不可欠なのかという点である．

ここで発想を逆転し，時空が格子状に離散化されたからではなく，何か別の理由によってループの大きさに下限が存在すると考えてみよう．

格子ゲージ理論の場合，格子間隔が有限であるという条件から，ループに最小のものがあるという結果が導かれた．しかし，時空を格子状に離散化していないにもかかわらずループの大きさに下限があるとすると，条件と結果が逆になる．ループ変数が場の変

動を決定する以上，最小のループより小さな領域での場の変動は許されず，時空の大きさが制限されたのに等しい結果をもたらす．このとき，時空は格子状に区切られていないので，無限小の回転や並進に対する不変性は保たれている．したがって，ループに最小のものが存在するという条件さえ満たされれば，連続的な変換に対する不変性を破らずに時空に最小の要素を与えたことになる．

この逆転の発想に基づいてループを理論の基本に据える考え方が，ループ量子重力理論の出発点である．

§4 アシュテカ変数の導入

前節では，量子電磁気学のようなゲージ理論を考えていたが，ここからは，本来の一般相対論の議論に戻ることにする．

第3章§7で述べたように，一般相対論における座標変換は，多くの点でゲージ変換と類似している．とすれば，一般相対論をゲージ理論と同じように定式化し，それをもとに (8) 式と同じ形で与えられるループ変数を使ってゲージ不変量を定義できるのではないか？ ゲージ理論の形式で表した一般相対論では，座標変換が一種のゲージ変換となるので，ゲージ不変量とは座標変換しても変わらない量のことであり，それを使って量子化すれば，座標変換に対して形式不変な量子重力理論を作れると期待できる．

ただし，現実問題として，ゲージ理論と同じような形で一般相対論を定式化することは，数学的にかなり難しい．特に大きな問題となるのは，時間の扱いである．一般および特殊相対論では，時間と空間は厳密に区別することができず，座標変換を通じて混じり合う．しかし，時間と空間が混ざるような定式化をすると，ゲージ理論との類似性を明確にしたまま量子化するのがどうしても難しくなる．そこで，時間と空間を分離し，各時刻ごとの3次元空間において座標変換に対する形式不変性を持つような理論を作ることになる．時間と空間の分離が時空構造の極限を考える量子重力理論において不可避の方法論かどうかは，はっきりしていない．

時間と空間を峻別した上で，一般相対論をゲージ理論と類似した形式にまとめる際に用いられるのが，1986年にアシュテカらが導入したアシュテカ変数の A と E である．この変数を用いれば，量子電磁気学のようなゲージ理論との形式的類似性に基づいて，ゲージ不変量となるループ変数を定義することが可能になる．アシュテカ変数の具体的な形を説明するには大学院レベルの数学を必要とするので，これ以降は，細かな説明を省略した概略的な議論にとどめる．

§4 アシュテカ変数の導入

アシュテカ変数に関してごく簡単に解説すると，次のようになる．

通常の量子場理論は，4 次元の直交座標系をもとに作られている．このため，電子場を表す 4 成分の ψ——スピノルと呼ばれる——の座標変換に対する応答は，ローレンツ変換に対してなら簡単に導けるが，ゆがんだ時空の場合には，もともとの理論形式を逸脱することになって，議論が難しくなる．そこで，各時空点ごとに局所的な 4 次元直交座標系を定義してみよう．こうすれば，この直交座標系に関して，座標変換に対する ψ の変換規則を与えることができる．このとき，直交座標の基底ベクトル（各座標軸と平行な単位ベクトル）e^I を任意の座標系で表したものを，4 脚場 e_μ^I と呼ぶ（ここでは，直交座標系に関する添字は大文字のアルファベットで表す）．

4 脚場と計量テンソルは，次の関係式を満たしている．

$$g_{\mu\nu} = \sum_{I,J} e_\mu^I e_\nu^J \eta_{IJ} \quad (\eta_{IJ}：\text{ミンコフスキ計量})$$

4 脚場は，一般相対論の幾何学的側面を強調するときに便利な量として，よく利用される．

アシュテカ変数の導入に際しては，時間と空間を分離し空間は 3 次元で考えるので，4 脚場の代わりに 3 次元空間の局所直交座標系から作られる 3 脚場が用いられる．アシュテカ変数の E は，3 脚場を 3 次元空間における計量テンソル $g^{(3)}$ を使って規格化し直したものである（実際には，E には下の式のように 2 種類の添字が付く）．

$$E_\mu^I = (\text{定数}) \times \sqrt{\det g^{(3)}}\, e_\mu^I$$

さらに，局所直交座標系の添字に関する共変微分を次のように表すと，第 3 章 (13) 式で示したクリストッフェル記号とよく似た関係にある量 ω が定義される（V は直交座標系の添字を持つ任意のベクトル）．

$$\nabla_\mu V^I = \partial_\mu V^I + \sum_J \omega_{\mu J}^I V^J$$

ω も共変微分の定義に現れる量なので，幾何学における接続の一種であり，スピン接続と呼ばれる．アシュテカ変数の A は，スピン接続 ω から作られる量と，3 次元空間を 4 次元時空から見たときの外部曲率 K の線形結合として定義される．

$$A_\mu^I = \frac{1}{2} \sum_{J,K} \epsilon_K^{IJ} \omega_{\mu J}^K + \gamma K_\mu^I \quad (\gamma \text{は任意性のあるパラメータ})$$

アシュテカ変数 A も接続と見なせるので，A をアシュテカ接続と言うこともある．

理論の流れを俯瞰するという本書の目標からすると，アシュテカ変数の具体的な定義はそれほど重要ではないので，細かな説明は省く．詳しく知りたい場合は，研究者向けの専門文献（例えば，A. Ashtekar and J. Lewandowski, "Background Independent Quantum

Gravity: A Status Report," arXiv:gr-qc/0404018v2, 2004）を参照していただきたい．重要な点は，この変数が厳密な数学的手法に基づいて導入されたものであり，ここまでの段階で理論の正当性に疑義を差し挟む余地はほとんどないということである．

　2つのアシュテカ変数は，一般相対論をハミルトン形式（正準形式）で定式化したときの位置と運動量に相当する．質点が時間とともにどのように運動するかを表すニュートン力学をハミルトン形式で定式化すると，同じ時刻の位置と運動量が共役変数と呼ばれる変数の組になり，ポアッソン括弧式と呼ばれる関係式を満たすことが知られている．同じように，時間とともに3次元空間の幾何学的状態がどのように変化するかを表す理論として一般相対論を定式化したとき，3次元空間の幾何学を表す2つのアシュテカ変数が，ポアッソン括弧式を満たす共役変数の組になる．

　2つのアシュテカ変数 A と E を使って定式化した一般相対論は，形式的にゲージ理論とよく似た形になる．一般相対論における座標変換はもともとゲージ変換とよく似た性質を持っているが，アシュテカ変数を使って表すと，この性質が明示的になる．アシュテカ変数とは，一般相対論をゲージ理論の形式で表すためのものと言ってよいだろう．ゲージ理論の一種であるマクスウェル電磁気学で時間と空間を分離すると，場の変数は，ポテンシャル A_μ（量子電磁気学で光子場と呼んだもの）ではなく，電場 $\boldsymbol{E}$ と3次元のベクトルポテンシャル $\boldsymbol{A}$ になるが，これと同じように，時間と空間を別々に扱う形で定式化した一般相対論では，アシュテカ変数の E が電場，A がベクトルポテンシャルと同じような形で現れる．

　アシュテカ変数を用いれば，一般相対論をゲージ理論として扱うことができる．格子ゲージ理論の節で述べたように，量子電磁気学ではウィルソン・ループを表す (8) 式でゲージ不変量が与えられるが，アシュテカ変数を用いた一般相対論では，これとよく似た次の式が座標変換に対する不変量を与える．

$$T_\alpha = \mathrm{Tr}\left\{\mathrm{P}\exp\left(\oint_\alpha A\tau dx\right)\right\} \tag{11}$$

　(11) 式の τ はスピンの表現などに用いられるパウリ行列で，式の先頭にある Tr の操作によって行列のトレース（対角和）を取る．アシュテカ変数の2つの添字は，微小要素 dx およびパウリ行列の添字との間で和が取られる．ここでは，式が複雑になるのを避けるために，全ての添字を省略している．

　アシュテカ変数 A が全空間で与えられれば，これをループに沿って積分することにより，任意のループ α に関するループ変数 T_α が求められる．しかし，実は，この逆も成り立つことが示される．あらゆるループ α に関してループ変数 T_α の値が与えられた場

合，（ゲージ変換の自由度を別にして）任意の地点におけるアシュテカ変数 A が決定できる．これは，格子上の量子電磁気学で，ループ変数から作用積分を再構成でき，ループ変数が全て与えられれば光子場も決まるのと共通した性質である．しかも，ループ変数 T_α は，アシュテカ変数と違って座標変換に対して不変なので，形式不変性を保ったまま定式化を進められる．こうした点から，ループ変数 T_α をアシュテカ変数に代わる基本的な変数のように扱うことができる．

ループ量子重力理論とは，ループ変数 T_α を使って一般相対論を量子化しようとする試みである．

§5 ループ変数による量子化

重力を量子化するためには，短距離での量子ゆらぎの効果を抑制する必要がある．その最も簡単な方法は，時空に最小の要素が存在すると仮定することだが，単純に格子状の時空を想定すると，一般的な座標変換に対する不変性が失われてしまう．

そこで，ループを使うというアイデアが生まれたわけである．格子ゲージ理論では，格子の存在を前提とし，これをもとにループを定義したが，ループ量子重力理論では，一般座標変換が行えるような滑らかな時空を想定し，その内部におけるループを考える．このループ上で定義されたループ変数は，ゲージ変換――一般相対論では座標変換――に対する不変量なので，これを使って量子化すれば，不変性を保ったまま量子重力理論を作ることが可能になる．このアイデアは，1990年にスモーリンとロヴェッリによって展開された．

ループ変数を使って量子化する際には，シュレディンガー流の状態方程式をもとにして，ループ変数の量子状態――**ループ状態**――を考えることになる．

量子重力においては，座標変換に対して理論が不変になるというきわめて強い要請から，量子状態についてのさまざまな拘束条件が導かれる．こうした拘束条件には，スカラー型拘束条件（ハミルトニアン拘束条件），ベクトル型拘束条件（運動量拘束条件），ゲージ拘束条件がある．このうちのスカラー型拘束条件は，ホイーラー・ドウィット方程式とも呼ばれ，量子論的な時空の状態に関するシュレディンガー方程式より強い制限となる（スカラー型拘束条件の解は必ずシュレディンガー方程式を満たす）．このため，量子重力では，シュレディンガー方程式を考える代わりに，拘束条件を使って状態方程式を表すのが一般的である．

ループ変数はゲージ変換に対する不変量なので，ゲージ拘束条件は自動的に満たされる．

残りの拘束条件をループ変数の汎関数で表すことによって，ループ状態が決定される．

ループ状態は，第 1 章 §5 で述べた調和振動子の状態と同じように，整数を使って指定することができる．空間的に閉じ込められたシステムの場合，量子状態が整数で指定される離散的なものになるのは量子論の一般的な性質だが，ループ変数に関しても，これと同じ性質が成り立つわけである．

第 1 章の議論では，閉じ込められた波が干渉しあって離散的な共鳴状態を作ると説明したが，ループ量子重力理論では，通常，波のイメージは使われない．これは，この理論が，波の重ね合わせと解釈することができる経路積分法を用いず，数学的に厳密に定式化できる演算子法に基づいているからである．

演算子法を用いて量子化する場合，調和振動子における位置と運動量のように，互いに共役な関係にある 2 つの演算子が必要になる．ループ量子重力理論の場合，1 つはループ変数を演算子と見なしたものだが，もう 1 つは，ループ変数に対する共役演算子となるフラックスと呼ばれる量である．ループ変数 T_α がアシュテカ変数 A を 1 次元的なループ α 上で積分したものから作られるのに対して，フラックス F_s は，アシュテカ変数 E を 2 次元的な面 S の上で積分したものとして定義される．

$$F_s = \int_S E\tau d^2\sigma$$

A と E がポアッソン括弧式を満たす共役変数であることを反映して，T_α と F_s も互いに共役となり，拡張されたポアッソン括弧式を満たす．

互いに共役な関係にある演算子が与えられれば，演算子法の一般論に基づいて，形式的に量子化を行うことができる．

---

§6　ループ状態の制限

ここで注意しなければならないのは，ループ変数を使って量子化するというだけでは，理論は構築できないという点である．ループ状態を考える際に，ある条件を持ち出す必要がある．

ループ量子重力理論の出発点では滑らかな空間が前提にされているので，さまざまな形や大きさを持つ無数のループを想定できる．ところが，あらゆるループに関して量子状態を別々に定義すると，存在し得る状態があまりに膨大になって，収拾がつかなくなる．これは，計量テンソルの量子ゆらぎを考える従来の量子重力理論において，狭い範囲での量子ゆらぎの寄与が抑制できなくなるのと同じタイプの困難である．そこで，あ

るループを滑らかに変形して別のループと一致させることができる場合，これらを同一のループと見なし，それらの状態を区別しないという条件を加えるのである．

一般相対論には，座標系を滑らかに変形させる変換（微分同相変換）に対する不変性がある．ある座標系におけるループの形は座標の関数として表されるので，滑らかな座標変換を行うことにより，自分自身と交わらないという制限の下で自在な変形を施すことができる．こうした変形で結びつけられるループは，座標変換に対する不変性という要求から完全に同一のものと見なすべきであり，別々に考える必要がない——というのが，上の条件を課す根拠である．

いくら座標系の変換で結びつけられると言っても，空間の異なる場所にあるループは区別できると思う人がいるかもしれない．ガウスの曲面論で考えるならば，座標変換は幾何学的な実体としての曲面に対する方眼紙の貼り付け方を変えるようなもので，曲面上でのループの位置が異なれば別物になるはずだ．だが，ループ量子重力理論においては，ループ状態以外に幾何学的な実体はないというのが基本的な考え方である．素朴なイメージでは，何も存在しない空っぽの空間でも長さが定義できるように思えるが，この理論では，ループ変数が何らかの量子状態を取らない限り，計量テンソルは値を持たず長さが存在しない．ループ状態が空間的な位置を決定する基準であり，それゆえに，滑らかな変形で移り変われるループを区別することはできない．形や大きさが異なるように見えても，これらは全て同一のループなのである．滑らかな座標変換で結びつけられる状態は完全に同一のものだという条件は，「微分同相変換不変性」と呼ばれ，ループ量子重力理論の基礎になっている．

この条件によってループ状態は大幅に制限され，可算個の（互いに区別して数えることができるような）ループによって空間全体の量子状態が決定されることになる．これが，滑らかな空間から出発しているにもかかわらず，空間に最小の要素が存在するというトリックの種である．格子理論では，格子状に離散化することによって空間に最小の要素を与えたが，これでは，座標変換に対する不変性が失われてしまう．そこで，空間の自由度そのものを制限する代わりに，座標変換に対する不変量であるループ変数の状態を大幅に制限することによって，座標変換に対する不変性を維持しながら，結果として空間を制限するのと同じ効果をもたらしたのである．

ループ量子重力理論は，何が長さの元になるのかという問いに対する1つの解答である．多くの量子重力理論は，何も存在しない場合でも，ミンコフスキ時空のような計量の与えられたバックグラウンドが存在すると仮定されており，こうしたバックグラウンドに対して，どのような量子ゆらぎが生じるかを論じている．しかし，何も存在しないのに果たして計量を決められるのだろうか？ ループ量子重力理論では，長さの元がループ状態の量子論的な励起として生み出されるというアイデアによって，天下り的に

与えられるバックグラウンドの存在を否定したのである.

これは,斬新で見事なアイデアではある.だが,その一方で,量子化の方法として実に奇妙なやり方だと言わざるを得ない.何よりも,空間という 3 次元的な拡がりを持つものの量子ゆらぎを扱うのに,ループという 1 次元的な存在を使わなければならない点が理解しにくい.ループの利用がゲージ理論を量子化するときの一般的な方法であり,量子電磁気学を含む全てのゲージ理論がループを使って従来の手法と変わることなく量子化できるというのならば,多くの物理学者がこの量子化を受け容れるだろう.だが,微分同相変換不変性による状態の制限が行えないために,一般相対論以外ではループによる量子化は困難である.もちろん,あらゆるゲージ理論は,一般相対論を含む形で統一されるべきであり,この統一理論に対してループによる量子化が適用できるという考え方もある.そもそも,われわれは時空の量子化をどのようにすべきかという処方箋を手に入れていないのだから,議論しても仕方ないのかもしれない.しかし,現時点で,少なからぬ物理学者がこの量子化の方法を懐疑的な眼差しで見つめ,ループ量子重力理論から距離を置く態度を取っていることは,紛れもない事実である.

§7 幾何学的状態の離散化

ループ状態を制限した量子化を行うと,滑らかな時空から出発したにもかかわらず,あたかも時空が最小の要素を持つかのように見えてくる.このことをはっきりと示すのが,面積や体積が整数を使って表される離散的な値になり,その結果として,自然界には最小の面積や体積が存在するという性質である.

面積について考えよう.一般相対論では,幾何学的な長さを与えるのが計量テンソルなので,面積も計量テンソルを用いて定義される.量子化していない一般相対論の場合,2 次元面 S の面積は,この面上で与えられる計量テンソル $g^{(2)}_{\mu\nu}$ の行列式を用いて,次のように定義される.

$$(\text{S の面積}) = \int_S d^2\sigma \sqrt{\det g^{(2)}}$$

この定義式をアシュテカ変数を使って書き直すと,アシュテカ変数 E の法線成分 E_n によって面積を表すことができる(アシュテカ変数の添字を省略した形で略記する).

$$(\text{S の面積}) = (\text{定数}) \times \int_S d^2\sigma \sqrt{E_n \cdot E_n}$$

ここまでは数学的に厳密な議論だが,この積分を評価しようとするときに,ループ量子重力理論の特殊な量子化が関与してくる.量子論では,物理量自体は確定した値を

持っておらず，そのときの量子状態に応じた期待値が評価される．ループ変数に関して量子化した場合には，励起された状態にあるループ α と面 S が何ヵ所で交差しているかが面積を決定する．

1つのループだけを考える場合，面積の期待値は次の式で与えられることが示される．

$$(\text{S の面積}) = (\text{定数}) \times (\alpha \text{ と S の交点数})$$

この式の定数には，理論をどのように定式化するかに依存する不定性が残されるが，おおよそのところ，第 4 章 (5) 式で与えられるプランク長（約 10^{-35} m）の 2 乗と同じオーダーとなる．上の式からわかるように，ループ量子重力理論における面積は，連続的に変化する量ではなく，この定数を単位として，ループ α と面 S がどのように交差するかによって離散的に変化する値になる．

　　上の面積公式を求めるには，本章 §5 で導入したフラックスを利用する．フラックスは，面積を求める式とよく似た形の積分で与えられる演算子であり，拡張されたポアッソン括弧式を利用して，ループ状態に作用させたときの効果を調べることができる．大ざっぱに言えば，ループ変数とフラックスのポアッソン括弧式（を演算子の関係式として読み替えたもの）から δ 関数が現れ，フラックスの定義面 S とループ α が交差するときには δ 関数の積分が値を持って 1（ループの向きも関係するので，正確には ± 1）を，交差しないときには 0 を与える．

ループが 1 つのときの面積公式を正確に書くと，次のようになる．

$$\hat{A}[S]\Psi(\alpha) = 4\sqrt{3}\pi\gamma l_p^2 \times (\alpha \text{ と S の交点数}) \Psi(\alpha)$$

$(\hat{A}[S]$：面積を与える演算子，$\Psi(\alpha)$：ループ α の状態関数，
γ：任意性のあるパラメータ，l_p：プランク長）

体積に関しても，面積と同様に，自然界に立方プランク長程度の最小体積が存在し，あらゆる体積はこの最小体積を単位とすることが示される．

面積や体積が離散的になるからと言って，時空がブロックを組み合わせたような非連続的なものになるわけではない．時空そのものは滑らかなままであり，その内部で実現される量子状態が離散的なモードを持つために，面積や体積の期待値が離散化されたと考えるべきである．

ループによって面積や体積が決まるという性質は，ループが長さの元になっていることを浮き彫りにする．ループに大きさはない．ループが大きさを決めているのである．狭い領域にループがたくさんあるとどうなるかを考える必要はない．ループがたくさんある領域は，その定義によって広い領域なのである（ループが複数のケースは，次の §8

で改めて解説する).通常の量子重力理論で生じる困難は,ループ量子重力理論では,いとも簡単に回避されている.

§8　スピンネットワーク

　ここまでの議論ではループを1つしか考えていないが,ループが複数個存在する場合は,ループ同士の関係を問題にしなければならず,少し話がややこしくなる.こうしたケースを取り扱うには,量子化を行う際に利用したもともとのループではなく,複数のループをリンクでつないだネットワークを考えた方が便利である.

　複数のループがあるとき,1個1個のループを独立したものとして扱うことはできない.2つのループ α と β を考えることにしよう.ここで,α と β を1点で切断すると,これらは,もはや閉じたループではなく,両端のあるリンク(格子ゲージ理論の(7)式を一般相対論に移し替えたもの)となる.そこで,双方の切断箇所を別のリンクでつなぐことにする.α から β へと切断箇所を結ぶリンクを γ とし,逆向きのリンクを考えるときには右肩に -1 を付けることにする.このとき,次のリンクの連なりは,それぞれ1つの閉じたループと見なすことができる.

$$\Gamma_1 = \alpha\gamma\beta\gamma^{-1}, \quad \Gamma_2 = \alpha\gamma\beta^{-1}\gamma^{-1}$$

切断されていない α と β をつながないまま一緒にしたものを $\alpha \cup \beta$,ループ Γ のループ状態を $\Psi[\Gamma]$ と書くことにする.導出の仕方は省略するが,ループ状態 $\Psi[\alpha \cup \beta]$ は,$\Psi[\Gamma_1]$ と $\Psi[\Gamma_2]$ の和で表されることが導ける.図とともに式で表すと,図4のようになる.

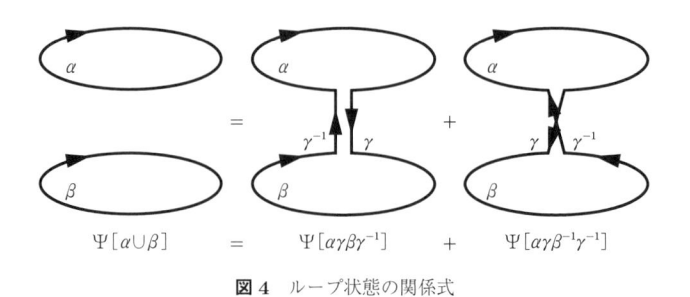

図4　ループ状態の関係式

§8 スピンネットワーク

$\Psi[\alpha \cup \beta]$, $\Psi[\Gamma_1]$, $\Psi[\Gamma_2]$ という 3 つの状態の間に 1 つの関係式があるので,独立な状態数は 3 つではなく 2 つである.そこで,ループではなく,① $\alpha \cup \beta$ および② Γ_1 と Γ_2 の差という 2 パターンを考えることにする.言葉ではわかりにくいので,この 2 パターンをグラフで表すことにしよう.①を表すには,ループ α とループ β を線で結び,この線は α と β を一緒に考えるという意味でリンクによる結合ではないことを表すために,線の脇に重複度として 0 を書く.一方,②でも α と β を線で結ぶが,リンクによる 2 通りのつなぎ方の差を取ったことを表すために,重複度として 2 を書いたグラフで表す.もともとの α と β のループには,重複度として 1 を書くことにしよう.このように,ループをつないで線の脇に数を書き込んだグラフを使えば,2 つの独立したループ状態を表せる.

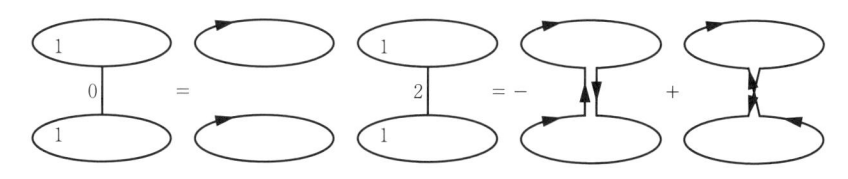

図 5 重複度を用いたループ状態の表現

多数のループがあるときにも,同じようにループを線でつないで脇に重複度が書き込んだネットワークを考えることができる.ループの数が増すとループを組み合わせるパターンは複雑さを増し,図 6 に示すように,重複度は 2 よりも大きな数字になり得る.このネットワークを「スピンネットワーク」という.現在のループ量子重力理論では,ループ状態を考えるのに,ループではなくスピンネットワークを使うのが一般的である.スピンネットワークでは,元のループとループをつなぐ線は区別されず,両者をあわせてエッジと呼ぶ.

スピンネットワークを使うと,面積公式を複数のループがある場合に拡張できる.ループが 1 つのときは,面積は,ループが面と交差する点の数に比例していたが,スピンネットワークで表される一般的な場合になると,面と交差する重複度 k のエッジごとに,

$$\sqrt{k(k+2)}$$

に比例する値が面積に加えられる.

スピンネットワークでは,通常は,重複度 k ではなく,それを 2 で割った半整数(整数

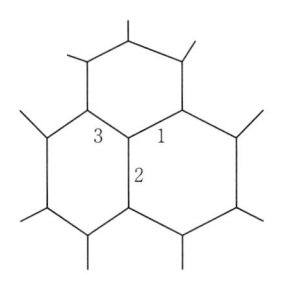

図6 スピンネットワーク

または半奇数）の値 j が用いられる．これを使うと，面積公式は

$$(\text{Sの面積}) = 8\pi\gamma l_p^2 \sum_{\text{Sと交わるエッジ}} \sqrt{j(j+1)}$$

という式で与えられる．ループが1つのときには $j=1/2$（重複度 $k=1$）なので，§7 に記した式が再現できる．

　この式は，量子力学を勉強したことのある人には馴染みのスピンの公式に類似している．例えば，素粒子のスピンは半整数であり，スピン演算子の2乗の期待値は $j(j+1)$ で与えられる．スピンネットワークの面積公式がスピンの式に似ているのは，ループ変数 T_α やフラックス F_s の定義にパウリ行列 τ が含まれているせいである．パウリ行列はスピン状態を表すのに用いられる行列であり，ループ変数やフラックスも，スピンとよく似た群論的な性質を示す．ただし，スピンネットワークという名称自体は，ペンローズが別のコンテクストで用いたネーミングを転用したものである．

　スピンネットワークは，量子論的な状態をネットワーク形式で表したものだが，重複度などの定義はかなり技巧的である．このようなネットワークが現実の3次元空間内部に存在するというよりも，計算を簡単にするために編み出した便法と考えた方がよいだろう．

　ループ量子重力理論では，各時刻ごとにスピンネットワークによって空間の量子論的な状態が表される．理論のダイナミクスは，このスピンネットワークが時間とともに変動するという形で表現されるはずである．ただし，この方面の理論はまだ完成されておらず，さまざまな仮定に基づく議論が続けられている段階である．

　スピンネットワークの変動は，図7のように，ループの出現や消滅，ネットワークの組み換えという形で生じる．特定の仮定を置けば，こうした変動が起こる確率を求める

ことができる．

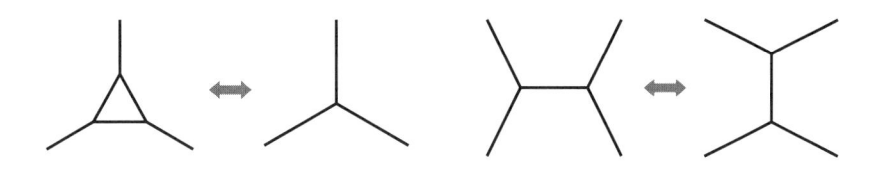

図7 ループ状態のダイナミクス

§9 共変性は絶対か？

　ループ量子重力理論は，どんなに小さなスケールでも座標変換に対する形式不変性（共変性）が成り立つことを大前提としている．この不変性を保ったまま時空に最小の要素が存在するという状況を実現しようとして，不変量であるループ変数を使って量子化を行い，さらに，ループ状態に対して制限を加えたのである．時空に対して直接制限を加えると不変性が破れてしまうので，ループ状態を利用したというのがポイントである．

　しかし，そんなことをしてまで守らなければならないほど，座標変換に対する形式不変性は絶対的なのだろうか？　実は，ループ量子重力理論ほど不変性を重視しないで，時空の最小の要素を考えることも可能である．実際，短距離極限では連続的な座標変換に対する不変性は成り立っておらず，長距離で見ると近似的に不変性が現れると考えれば，無理にゲージ不変量を使って量子化する必要もなくなる．この場合，時空を拡大するモニターで見ると，解像度を上げてきわめて小さなスケールで見たときには時空は滑らかではないが，解像度を下げて微細な構造をだんだんとぼかしていったとき，一般相対論が成り立つ滑らかな時空に近づくことになる．

　こうしたアイデアを実現する例が，単体分割と呼ばれる方法に基づく理論である．この理論では，時空は単体と呼ばれる微小な構成要素から成り立っている．この単体が一定の法則に基づいて互いにくっつきながら，拡がりを持つ時空を形作ると考えられる．

　格子理論では，時空が結晶構造のような整然とした格子で形作られていると仮定したために，波動の伝播速度が向きによって異なるといった不都合な結果が生じた．これに

対して，単体の結合による構造は，特定の対称軸を持たないアモルファス状（特定の形を持たない状態）になっている．これは，ガラスによく似た性質である．建材として用いられるガラスは二酸化ケイ素を主成分としているが，同じ成分の結晶である水晶とは異なり，原子の配列が不規則になっている．ミクロのスケールで見ると不連続な原子の集まりだが，配列が不規則なので特定の方向の対称軸を持たず，長距離で見ると均一で異方性のない物質になる．これと同じように，時空も単体が結合した不連続な構造をしているが，単体の結びつき方が格子理論のように整然としておらずアモルファス状になっているため，巨視的には一様等方の時空に見えることになる．

　単体の選び方と組み合わせ方には，いくつかの方法がある．最も簡単なのは，単体として辺の長さが固定された最小の正多面体を選び，これらを張り合わせていくやり方である．

　2次元（時間1次元と空間1次元）の場合は，単体として正三角形を用いることが多い．正三角形を組み合わせることで，コンピュータ・グラフィックスで曲面を描くのと同じように近似的な曲面を表すことができる．このとき，1点に正三角形の頂点が6つ集まれば平面状になるが，頂点の数が6以外になると，その近傍は曲率が正や負の曲面になる．このように，単体の組み合わせ方でスカラー曲率が決まるので，宇宙全体を単体の組み合わせとして表したときの作用 S を求めることができる．単体の組み合わせでできる可能な曲面を全て足しあわせることで経路積分を定義するのが，単体分割理論である．

　3次元以上でも，基本的には同じようにして単体の組み合わせを考える．ただし，2次元の場合は解析的な計算も可能であり，単体分割法が2次元の重力として合理的な結果を出すことが確認されているが，3次元以上になると数値計算しかできなくなる．

　単体分割理論は，ループ量子重力理論や超ひも理論に比べると，まだ開発途上の段階であり，理論としては必ずしも練り上げられていない．しかし，座標変換に対する不変性にこだわらず，素朴と言ってもよいアイデアから出発しながら，多くの帰結を導き出せる点は，かなり魅力的である．

> 　数値計算ができない3次元以上の単体分割理論では，コンピュータによるシミュレーションが行われる．ただし，経路積分の被積分関数が振動すると区分求積法による結果が収束しなくなるため，§1の注で記したように（あるいは，第8章で紹介するホーキング・ハートルの理論と同じように），時間を虚数にして計算している．こうした計算法がどこまで正当化できるか，はっきりしていない．
>
> 　単体分割理論に関する一般人向けの説明は，次の記事にわかりやすく記されている：J. アンビョルン／J. ユルキウェイッツ／R. ロル「自己組織化する量子宇宙」（『日経サイエ

ンス』2008 年 10 月号）

第6章

素粒子論的アプローチ——超ひも理論

　重力の量子化は，時空の量子ゆらぎという従来の物理学には見られない現象を扱うため，どのように定式化するのが正しい方法なのかを見極める術がない．そこで，量子重力理論に取り組む物理学者は，できるだけ既存の理論に近づけて，ともかくも計算を進めながら何らかの手がかりを得ようとしてきた．

　まず，第3章(19)式のように，計量テンソル $g_{\mu\nu}$ を，バックグラウンドとなる計量 $\eta_{\mu\nu}$ と，そこからのずれ $h_{\mu\nu}$ に分けてみる．理論の出発点においては，$\eta_{\mu\nu}$ としてミンコフスキ計量を選んでかまわない（超ひも理論では，10次元の時空が4次元にコンパクト化するといった状況を想定するので単純な計量にはならないが，それはまた後の話である）．バックグラウンドは長さが至る所できちんと定義される滑らかな計量であり，量子ゆらぎは全て $h_{\mu\nu}$ の中に含まれるものとする．こうすると，考えるべき重力場の方程式は，バックグラウンドとして与えられた時空の内部におけるテンソル場 $h_{\mu\nu}$ に関する方程式となる（第3章(20)式は $h_{\mu\nu}$ の1次までの近似を取った方程式であり，正確な方程式はずっと長い式になる）．座標変換に対する形式不変性という幾何学的な性質は，$h_{\mu\nu}$ に対して一種のゲージ変換を施したときの不変性として定式化される．

　このような取り扱いは，素粒子論の研究者にとって，問題が見慣れた形式で表されることを意味する．素粒子論の分野では，長い間，与えられた計量（通常はミンコフスキ計量）を持つ時空の内部における場の変動という形で理論を展開してきた．$h_{\mu\nu}$ に関しても，これまで素粒子論研究者が開発してきたゲージ理論の手法を応用することで対処できそうである．このとき，$h_{\mu\nu}$ がもともと計量テンソルの一部だという事実は，しばらく脇に置いて話を進めてもかまわない（実際，超ひも理論では，ひもの状態として $h_{\mu\nu}$ に相当するテンソル場が現れるが，これが本当に計量テンソルと同一なのかどうかは，最後まではっきりしない）．量子ゆらぎを含む $h_{\mu\nu}$ の場を波動が伝播する場合，振動する量子論的なシステムの一般論に従って，粒子的な状態である重力子が現れるので，$h_{\mu\nu}$ を素粒子論の手法で扱う理論は，重力子を含む素粒子論と言うべきものになる．

　量子ゆらぎのないバックグラウンド計量を想定することが正当な方法かどうかにつ

いては，いろいろな議論がある．ループ量子重力理論では，時空に最小の要素が現れることが示されたが，こうした状況は，素粒子論的なアプローチでは想定されていない．バックグラウンド計量 $\eta_{\mu\nu}$ はスケールによらずに滑らかであり，プランク長以下の領域でも 2 点間の距離はきちんと定義される．物理現象を映し出すモニターでどんなに解像度を上げていっても，バックグラウンドとなる時空の構造に質的な変化は現れない．このような描像を前提として量子重力理論を考えることが許されるかどうかは，物理学者の間でも見解が分かれており，結論は出ていない．

　どんなに狭い領域でも滑らかなバックグラウンド計量が定義されるのだから，制御不能な量子ゆらぎを抑制するのに短距離極限における時空構造を利用することはできない．したがって，量子ゆらぎに起因する発散の困難を回避するためには，時空ではなく相互作用の方を標準的なものから変更する必要がある．こうした観点からいくつかの量子重力理論が作られたが，その中で最も成功を収めているのが超ひも理論である．本章では，素粒子論的アプローチに基づくいくつかの試みを簡単に紹介した後で，超ひも理論がどのようなものかを解説したい．

§1　超ひも理論以外のアプローチ

　相互作用を変更する方法に関しては，いくつかの提案がある．例えば，重力子の伝播関数が短距離で急激に小さくなるように変更する方法は，かなり以前から検討されてきた．

　ミンコフスキ時空からのずれを表す $h_{\mu\nu}$ は第 3 章 (20) 式に従って伝播するので，運動量が k（k は 4 元ベクトル）の重力子の伝播関数は，第 2 章 §5 で示した光子のファインマン則と同じく，$O\left(k^{-2}\right)$ になるはずである．ところが，量子電磁気学と異なり，量子重力理論では相互作用に微分が多く含まれるため，この伝播関数のままでは量子補正の積分計算で制御できない発散が現れて理論が破綻してしまう．

　そこで，計量テンソルの伝播に関する方程式には高階微分が含まれるとするアイデアが出された．第 3 章 (20) 式は 2 階微分までしか含んでいないが，これを 6 階微分まで含むように変更してみる．すると，微分の階数が増えたことに対応して，重力子の伝播関数は，運動量 k が大きくなる領域で $O\left(k^{-6}\right)$ のように振舞う．こうすれば，ファインマン則に基づいて量子補正の計算をしたとき，相互作用に微分が含まれていても，くりこみの処方箋で取り除けるような発散しか生じない．

　ただし，計量テンソルの方程式に高階微分が含まれており，かつ，座標変換に対する形式不変性が保たれているとすると，ラグランジアン（作用積分の被積分関数）がスカ

ラー曲率 R の高次項などを含むような形に特定されてしまう．ところが，このような相互作用が存在すると，時空は自己相互作用によって不安定になってつぶれてしまう．したがって，伝播関数が k の大きい領域で急速に小さくなるような理論を作るためには，標準的な理論で仮定される何らかの前提を犠牲にしなければならない．

1つの提案として，時間と空間の対称性を犠牲にするというアイデアがある．これは，計量テンソルの伝播に関する方程式において，時間に関しては2階微分までだが空間に関しては6階微分まで存在するといったものである．こうすれば，時空は不安定にならずに済む．また，時間と空間の非対称性が高階の空間微分が存在することだけに限られているならば，長距離領域で見たときに時間と空間の非対称性がほとんど表面化しないため，観測データとも矛盾しない（時間と空間の非対称性に関しては，遠方の天体から放出された高エネルギー光子の観測データに基づいて上限が与えられているため，高階微分項を無制限に加えられるわけではない）．

しかし，このアイデアは，時間を空間と同じような拡がりの次元と見なす相対論の基本的な前提に抵触する．相対論では，時間と空間が一体となって時空を構成しており，時空内部に特定の向きは存在しないという前提からローレンツ不変性を導いた．たとえ観測データに矛盾しないように高階微分が導入できると言っても，発散を抑制する目的のためには代償が大きすぎるように思われる．このため，高階微分を導入する理論はそれほど支持されているわけではない．

$h_{\mu\nu}$ の量子ゆらぎに起因する発散をなくす別の方法として，異なるタイプの素粒子の間で発散を相殺させてしまうというやり方もある．その代表的な例が，超重力理論である．

一般に自転しているシステムには，自転の角運動量を表す量子数としてスピンと呼ばれる物理量が定義される．大きさがないとされる素粒子にも，角運動量の量子数であるスピンが固有の量子数として与えられている．素粒子の場合，スピンの値が整数（0, 1, 2, $\cdots$）か半奇数（1/2, 3/2, $\cdots$）かによってさまざまな性質が異なっており，前者はボース粒子，後者はフェルミ粒子と呼ばれる．光子やグルーオンはスピン 1 のボース粒子，電子やクォークはスピン 1/2 のフェルミ粒子である．ボース粒子が同種粒子を入れ替えても波動関数が変化しないのに対して，フェルミ粒子は入れ替えに対して波動関数の符号が反転する．また，フェルミ粒子には，$360°$ 回転したときに符号が反転する，2つの粒子が同じ状態を取れない（排他律），適切に定義された粒子数が保存される（例えば，量子電磁気学では，電子数と陽電子数の差が一定に保たれる）などの常識では理解しにくい性質がある．

　　　　ボース粒子とフェルミ粒子の差異は，場を量子化する段階で導入される．演算子法によ

る量子化では，場の量を $\phi(\boldsymbol{x},t)$，これに対する共役運動量を $\pi(\boldsymbol{x},t)$ としたとき，次の関係式が量子条件として要請される．

$$\phi(\boldsymbol{x},t)\pi(\boldsymbol{y},t) \pm \pi(\boldsymbol{y},t)\phi(\boldsymbol{x},t) = i\hbar\delta(\boldsymbol{x}-\boldsymbol{y})$$

($\delta(\boldsymbol{x}-\boldsymbol{y})$ は空間座標に対する δ 関数)

ここで，符号をマイナスに取った交換関係がボース粒子，プラスに取った反交換関係がフェルミ粒子の条件式である．

経路積分法で量子化する場合，ボース粒子の場が通常の数（$ab=ba$ のように積が可換な数）による積分で表されるのに対して，フェルミ粒子の場は，積分変数として，$ab=-ba$ という反可換な性質を持つ「グラスマン数」を使わなければならない．

短距離極限での発散は，ファインマン図形にループ（伝播関数を表す線をたどっていくと一周して元に戻るような部分図のこと）が含まれ運動量を積分しなければならないときに現れる．ところが，ループを描くのがボース粒子のときとフェルミ粒子のときとでは，積分値の符号がしばしば反対になることが知られている．そこで，ボース粒子とフェルミ粒子がシンメトリックに現れるように理論を構成することで，発散する積分を互いに相殺させられるかもしれない．

このような相殺の可能性を秘めた理論の代表が，超重力理論である．この理論は「局所的超対称性」と呼ばれる対称性を量子場理論に課したもので，重力子の場と同定できる2階のテンソル場が自然な形で含まれるため，量子重力理論の一種と見なせる．ここで言う超対称性とは，ボース粒子とフェルミ粒子の間に課される対称性で，スピン1の光子（フォトン）とスピン 1/2 のフォティーノ（存在は未確認），スピン0のスカラー電子（存在は未確認）とスピン 1/2 の電子というように，超対称性パートナーと呼ばれるボース粒子とフェルミ粒子のペアが必要となる．ちなみに，"超（super）"という接頭語は対称性が新しいタイプであることを強調するために付けられたもので，さして深い意味はない．

超重力理論は，含まれる超対称性の数を示す指標 N で分類され，$N \leq 8$ のケースが現実的な理論である．1970〜80年代に，これらの超重力理論に基づく計算が精力的に行われた．その結果，ループの数が1個と2個の場合は確かに短距離極限からの発散が相殺されて結果が有限になるものの，ループが3個以上になるとほとんどの場合で発散が残り，この方法で発散の困難のない量子重力理論を構築するのは難しいことがわかってきた．$N=8$ の超重力理論は有限になる可能性が残されているが，これは素粒子の標準模型と両立させるのが困難なことが判明している（超重力理論には，時間が1次元ではなく2次元だとする斬新なアイデアまで含めてさまざまな拡張版があるが，ここでは取り上げない）．最近では，超重力理論が究極的な理論だとする意見はあまり聞かれなくな

り，超ひも理論を長距離で見たときの有効場理論として命脈を保っている状況である．

ここまでみてきた2つの理論は，重力の発散を抑制しようとしてうまくいかなかったケースである．ところが，もともと重力を対象としていなかったにもかかわらず，短距離極限での素粒子の反応に起因するあらゆる発散を強く抑制するために，重力子すら取り込むことも可能なアプローチが存在していた．それが，相互作用が1点ではなく拡がった領域で生じるという「拡がった素粒子」のアイデアである．このアイデアに基づく理論は，1950年代からいろいろと考察されてきたが，その中で唯一生き残っているのがひも理論である．1970年代前半にいったん見捨てられたひも理論は，超対称性を課した超ひも理論として復活し，現在では，量子重力理論の候補中で最右翼と目されるものになっている．

§2　なぜひもを考えるのか

超ひも理論は，もともとは，素粒子が大きさのない点状の粒子ではなく，ひもに似た1次元的な拡がりを持っているという仮定から出発した理論である．「もともとは」と記したのは，1995年以降，さまざまなアイデアや予測が付け加えられ，もはやひもを扱う理論とは言い難くなったからである．しかし，量子重力理論に至る道筋を俯瞰するのが本書の目標であり，さらに（第7章で登場するDブレインのような）ひも以外のオブジェクトを扱う方法が厳密に定式化されているわけでもないので，ここでは，ひもの存在を前提とする理論として超ひも理論を見ていくことにする．量子場理論における素粒子が実在する粒子ではなく粒子的な励起状態であったのと同じように，超ひも理論でも，ひもは摂動論が有効な範囲で成り立つ1つの描像にすぎないはずなのだが，この点については簡単に触れるだけにする．

素粒子の標準模型が完成していなかった1950年代当時，高エネルギーでの素粒子反応にくりこみの処方箋を適用する方法は見いだされておらず，短距離極限からの発散をどのように扱うかが深刻な問題となっていた．こうした発散は，2種類以上の場が同じ点で相互作用することに起因する．

例として，中性子のベータ崩壊を考えよう．これは，中性子が瞬間的に陽子・電子・反ニュートリノという3つの素粒子に崩壊する過程と見なされ，図1左上のように4つの物質粒子の場が同じ点で相互作用する理論が提案された．だが，こうした相互作用が現実に存在するとなると，いろいろ不都合な事態が生じる．例えば，陽子と電子が図1左下のような反応を通じて散乱しあうはずだが，このファインマン図形のループ部分に現れる発散はくりこむことができないため，陽子-電子散乱に大きな寄与を与えると予想

§2 なぜひもを考えるのか

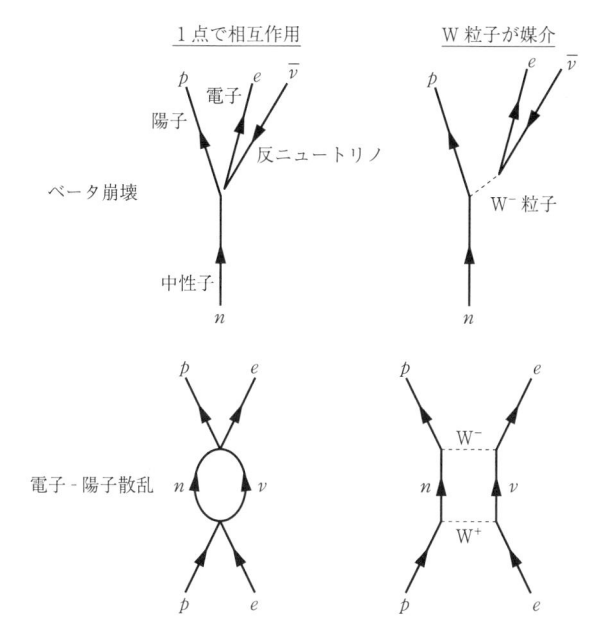

図1 ベータ崩壊と電子‐陽子散乱

される．

現在の標準模型では，中性子のベータ崩壊は1点で生じる過程ではなく，図1右上のように，W粒子と呼ばれる素粒子が介在する過程だと見なされる．この見方によると，陽子・電子の散乱は図1右下のようなファインマン図形で表されるが，W粒子の伝播関数は運動量がkのとき$O\left(k^{-2}\right)$になるので，このループについての積分は収束する．しかも，実際に積分を計算すると，W粒子の質量をMとしたとき$O\left(1/M^2\right)$の寄与が現れる．W粒子は陽子の80倍ほどの質量を持つ重い素粒子なので，この積分の値は充分に小さくなる．

このように相互作用が1点で生じないならば，短距離極限からの寄与は抑制されて発散が生じにくくなる．ただし，単純にW粒子という新たな素粒子を仮定すると，別の困難が派生することが知られている．こうした困難は，1970年代に全て解決され，量子場理論に基づいてベータ崩壊を扱うことが可能になったが，1950年代の時点では未解決問題だった．そこで，いちいち新しい素粒子や相互作用を導入して発散を抑制するのではなく，発散を原理的に取り除いてしまおうというアイデアが生まれてきた．

通常の量子場理論では，素粒子の生成・消滅が起きることを表す頂点は，全ての場に共通する1つの座標の関数として表現される．量子電磁気学では，第2章(20)式の

L_{int} で示されるように電子場 ψ と光子場 A_μ が同じ時空点で相互作用すると仮定されており，電子・陽電子・光子の生成・消滅はこの 1 点で起きる．これは，電子や光子のような素粒子が大きさのない点であることを意味する．しかし，この相互作用をもとに計算すると，無限小の間隔を持つ 2 点で連続して相互作用が起きる場合に積分が発散してしまう．そこで，そもそも素粒子が拡がりを持つと仮定することで，短距離極限での過程に起因する発散が現れないようにしようというのが，拡がりを持つ素粒子のアイデアである．

しかし，いざ研究に着手してみると，このアイデアは理論化がきわめて難しいことがわかった．例えば，素粒子が弾性球のような 3 次元的な拡がりを持つ場合，その内部で何らかの作用の伝達が行われるはずだが，相対論と矛盾しないためには伝達速度が光速を超えないという条件を満たさなければならず，数式でうまく表せない．結局，拡がりを持つ素粒子の模型は，ほとんどのケースでうまくいかず断念せざるを得なかった．

そうした中で，相対論と矛盾しない理論が構築できそうに見える唯一のケースが，1 次元的な拡がりを持つ素粒子の理論――すなわち，ひも理論だった．ひもの場合，相対論による制限はひもに沿った方向だけ考えればよいので，弾性体などと比べて定式化が格段に容易になる．

ひも理論を支持するデータもあった．原子核を構成する核子（陽子と中性子）の間の力を媒介する粒子として提案され，その後，素粒子の 1 つのタイプとして多くの種類が発見された中間子は，現在の標準模型では，クォークと反クォークが量子色力学（QCD）に従って結合した束縛状態であることが判明しているが，標準模型が物理学界で広く受容される 1970 年代半ば以前には，中間子の性質を説明するさまざまな理論が提案されていた（量子色力学については，91 ページのコラムを参照のこと）．そうした中に，中間子をクォークが両端にくっついたひもと見なす理論があった．この理論は，もともとは高エネルギー素粒子散乱の特性（散乱振幅を交換されるエネルギーの関数として表したときに見られる双対性と呼ばれる性質）を説明する目的で南部陽一郎やサスキンドらが 1969 年に提案したものだが，簡単な考察に基づいて中間子の質量を求められるという特長があった．

クォークと反クォークをつなぐひもは，単位長さ当たり一定のエネルギーを持つと仮定し，このひもが真っ直ぐに伸びたり途中で折れ曲がったりした形を保ちながら回転していると考える．このとき，量子論の一般論に従って回転の角運動量は量子化され，角運動量の大きさは整数 J を使って表される．この回転するひもを 1 個の素粒子と見なしたとき，ひも全体のエネルギーが素粒子の質量エネルギー mc^2（以下では単に質量と呼ぶ）を，角運動量の量子数 J がスピンを表す．この模型に基づいて，いろいろな中間子のデータからひもの単位長さあたりのエネルギーを推定すると，10^{-15} メートル当

たり約 1 GeV となり（GeV という単位については 88 ページで説明している），陽子の拡がりと同じくらいの長さを持つひもは，陽子の質量と同程度のエネルギーを持つことになる．ひも理論に基づく質量の予測は，重いクォークを含む中間子の場合にはおおむね妥当だった．例えば，c クォークと反 c クォークの結合状態として，スピン 1 で質量 3.10 GeV の J/ψ 粒子が 1974 年に発見されたが，この値をもとにして，スピンが 2 の中間子の質量をひも理論から求めると，3.56 GeV となる．実際には，スピン 2 で質量が 3.556 GeV の χ 中間子が見いだされた．同じように，いくつかの中間子に関して，数％程度の誤差で質量の予測値が測定結果と一致した．

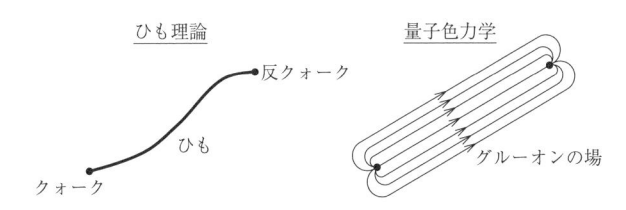

図 2 ひも理論と量子色力学の中間子

しかし，1970 年代前半に量子色力学が確立されると，ひも理論に基づく中間子模型は次第に見捨てられていく．ひも理論では，中間子はクォークと反クォークを 1 本のひもがつないだものだったが，量子色力学では，クォーク間の力を媒介するグルーオンの場が励起されて中間子を形作るとされる．光子と異なってグルーオンは自分たち同士で引き合うため，中間子におけるグルーオンの場は，電子と陽電子が結合したときの電磁場のようには拡がらず，範囲が絞られてくる．ひも理論は，こうした場の状態を 1 本のひもで代替した粗っぽい近似でしかない．量子色力学は，クォークと反クォークが結合した中間子のみならず，陽子・中性子のような 3 個のクォークが結合した重粒子（バリオン）の振舞いも定性的に説明することができ，広く支持されるに至った（定量的な議論は，計算の難しさのために現在なお必ずしも満足のいくものになっていない）．

1970 年代初頭のひも理論研究者に「なぜひもなのか？」と質問した場合，おそらく，①拡がりを持つ素粒子模型の中でひも理論は相対論的な定式化が可能な唯一の理論である，②高エネルギーでの散乱実験や中間子の質量のデータがひも理論を支持する——という 2 つの理由を上げただろう．しかし，その後の量子色力学の台頭によって，ひも理論は高エネルギー物理学の分野に居所がなくなったため，実験データという②の根拠は失われてしまう．この状況は今も変わっていない．

§3　ひも理論から超ひも理論へ

　1972 年，ひも理論にとって致命的とも言える欠陥が見つかる．ひも理論を数学的に厳密な形で表してみると，どうしても不整合性が生じてしまうことがわかったのである．この不整合性は，時空の次元が 4 次元ではなく 26 次元のときに限り，うまく打ち消されて現れなくなるが，現実の時空が 26 次元だとは考えにくいので，ひも理論は捨てざるを得ないという見方が広まった．

　中間子は両端にクォークの付いたひもだとする模型が見捨てられた後，ひも理論の研究者は，中間子のような複合粒子ではなく，電子や光子のようなより基本的な素粒子がひもだという描像を追求し始める．この観点から作られたのが超ひも理論である．

　超ひも理論は，光子や電子，さらには重力子を含むあらゆる素粒子を 1 本のひもの状態として説明するきわめて野心的な理論だが，この理論が提唱された当初，その考え方に同意する物理学者はあまり多くなかった．ちょっと見た感じでは，次のような問題を抱えているように思われたからである．

①　ひも理論の経験から，整合的な超ひも理論は存在しないか，あるとしても（時空が 26 次元になるというような）非現実的なケースに限られる．

②　仮に整合的な理論を作れたとしても，無限の自由度を持つひもはさまざまな状態を取り得るため，スピンが 2 より大きいものも含めて実験で見つかっていない素粒子が無数に現れてしまう．

　①は素粒子がひもだという制限が厳しすぎて理論が整合的に定式化できない，②は逆にルースすぎて現実に適合しないというもので，批判のベクトルの向きは正反対だが，いずれも超ひも理論が現実的な理論ではないことを示唆する．

　しかし，超ひも理論の研究を進めていくと，驚くべき事実が判明した．①と②の問題が同時に解決される可能性が見えてきたのである．

　ほとんどの超ひも理論は（相対論的に定式化しながらローレンツ不変性のない状態が現れるといった）不整合性を示す．ところが，1980 年代になって，きわめて強い制約となる特定の条件を課すことにより，整合的な理論を作れることがわかってきた．言うなれば，不整合性を回避する細い逃げ道が残されていたのである．しかも，そうした整合的な理論には，ゲージ粒子（光子やグルーオンのようなゲージ理論で力を媒介する素粒子）や重力子が含まれるのに対して，スピンが 2 より大きい素粒子が観測できる範囲に現れないといった特徴がある．つまり，整合的でかつ現実的な超ひも理論が存在し得るのである．このことが明らかになって，俄然，超ひも理論に対する注目度が高まってく

る．1980年代後半に超ひも理論がブームになった背景には，こうした事情がある．

　ここで，超ひも理論で繰り返し使われる独特のロジックが登場する．整合性を持つ数学的に完全な理論はただ1つだけ存在し，それがこの世界で実現されている——というロジックである．整合的かつ現実的な超ひも理論にはごく特殊な条件が課せられているが，このロジックに従うならば，こうした条件は不整合性を回避するために無理に付け加えたのではなく，むしろ数学的に完全な理論が持つ属性だと解釈される．

　こうした条件の1つに，臨界次元がある．臨界次元とは，不整合性が生じない時空の次元数のことで，ふつうのひも理論の場合には26次元だが，超ひも理論では10次元となる．従来の考え方によると，こうした状況は，「ほとんどの超ひも理論は不整合性を抱えており，時空が10次元のときだけたまたま不整合性が回避される」という消極的な主張として捉えられる．ところが，超ひも理論のロジックでは，「この世界は10次元であり，不整合性は存在しない」という積極的な主張に反転される．

　こうしたロジックを受け容れられるかどうかが，超ひも理論に対する態度を左右すると言ってもよいだろう．全体的な印象からすると，超ひも理論に共感するのは主に数学志向の強い物理学者のように思われるが，整合的で完全な理論を出発点に据える発想法が数学的だからかもしれない．

　数学が得意な研究者が集まった結果として，超ひも理論は，代数的な表現論など数学的な側面が突出して精緻化される一方で，ひもの状態を生み出す場のダイナミクス（粒子的状態を生み出す量子場のダイナミクスに相当するもの）のような力学的側面に関してはあまり研究が進んでいない．このため，超ひも理論は高度な数学を応用した難易度の高い構成になっているものの，ダイナミクスまで含めると決して完成された理論とは言えず，証明と予想の入り交じったアマルガム的な理論になっている．

　以下では，数学的な話は最小限にとどめ，ひもの力学についての簡単な説明と，重力理論とのつながりについて述べることにしたい．

---

§4　ひもの作用関数

　時空に関して素粒子論的なアプローチを採用する超ひも理論では，バックグラウンドとなる計量はあらかじめ与えられており，その内部でのひもの運動が理論化の対象となる．このため，重力に関する議論は§6まで現れず，しばらくの間はひもの力学に関する話が続くが，我慢していただきたい．

　まず，ひもの運動を規定する作用積分 S から考えることにしよう．古典論の範囲では S が最小値を取る運動が実現されるが，量子論になると，さまざまな S の値を持つ経路

(この場合はひもが取り得るさまざまな配位) に対して $\exp(iS/\hbar)$ という重みをつけて加えあわせなければならない．

　ひもの作用積分がどのような式で与えられるかを，簡単な考察を通じて示したい．バックグラウンドはミンコフスキ時空だと仮定するが，すでに述べたようにひも理論では時空の次元数を 4 以外にするので，ここでは，時間 1 次元，空間 $D-1$ 次元の D 次元ミンコフスキ時空を考える．

　粒子の運動は，ある時刻 t における空間座標 $\boldsymbol{x}(t)$ を使って表すことができる（$\boldsymbol{x}$ は時間を除いた $D-1$ 元ベクトル）．これに対して，ひもの運動では，端点からひもに沿って与えられたパラメータ s でひも上の点を指定し，この点が時間とともに空間内部をどのように移動するかを考える．s はパラメータなので範囲は自由に選べるが，超ひも理論では，リング状の閉じたひもも考えるため，s の範囲として 0 から 2π までを取ることが多い．このとき，ひもの運動は，時刻 t におけるパラメータ s で指定された点の空間座標 $\boldsymbol{x}(t,s)$ によって記述される．粒子の作用積分は，軌道 $\boldsymbol{x}(t)$ に沿ってある量（ニュートン力学における自由粒子の場合は運動エネルギー）を積分して得られるが，ひもの作用積分は，2 次元の曲面 $\boldsymbol{x}(t,s)$ の上での t と s についての積分として与えられる．

$$S = \int dt \int_0^{2\pi} ds \cdots$$

作用積分 S の具体的な式を求める前に，もう少しエレガントな形式に書き直しておこう．ひもの場合，粒子の軌道に相当するのは，空間座標 $\boldsymbol{x}(t,s)$ で表され，D 次元時空における時間軸と空間軸の双方向に拡がった 2 次元曲面である．そこで，ガウスの曲面論のときと同じように，この 2 次元曲面に伸縮自在の方眼紙を貼り付けることによって，新たな 2 次元座標系を定義することができる．この座標を σ^0 および σ^1 と書くことにしよう．特別な座標として，$\sigma^0 = ct$，$\sigma^1 = s$ と選ぶこともできる．

　ここで，次式で定義される γ_{ab} を考える．

$$\gamma_{ab} = \frac{\partial x^\mu(\sigma)}{\partial \sigma^a} \frac{\partial x^\nu(\sigma)}{\partial \sigma^b} \eta_{\mu\nu}$$
$$(\mu, \nu = 0 \text{ から } D-1 \text{ まで，} a, b = 0 \text{ から } 1 \text{ まで})$$

$x^\mu(\sigma)$ は，2 次元曲面上における座標 $\sigma = (\sigma^0, \sigma^1)$ の点が D 次元時空内で持つ座標であり，空間座標以外に時間を表す第 0 成分を含んでいる．また，$\eta_{\mu\nu}$ はひもが運動する D 次元時空の計量であり，ここではミンコフスキ計量を想定している．γ_{ab} は，$d\sigma^a d\sigma^b$ との積を取ると D 次元時空で測った長さ要素の 2 乗を与えるので，2 次元曲面上の計量テンソルになる．

　ひもの作用は座標 σ に関する積分として表されるが，物理現象は 2 次元曲面上の座標系の選び方には依存しないはずである．第 4 章 §1 で示したように，座標変換に対して

§4 ひもの作用関数

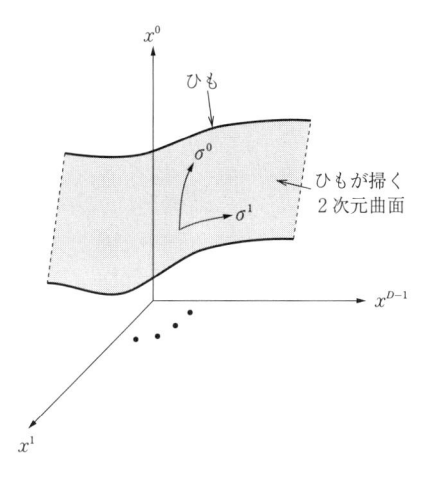

図 3 D 次元時空内部でのひもの運動

不変な積分を作るには，座標の微分に計量テンソル γ_{ab} の行列式から作った量 $\sqrt{-\det\gamma}$ を乗じればよい．したがって，ひもの作用積分は，次の形で表される．

$$S = \int d^2\sigma \sqrt{-\det\gamma} \times (スカラー量)$$

$$(\det\gamma = \gamma_{00}\gamma_{11} - \gamma_{01}\gamma_{10})$$

この式に現れるスカラー量は σ の座標変換に対して不変な未知の量だが，自由に運動するひもの場合には単なる定数となり，ひも理論の作用積分は次式で与えられる．

$$S = -\kappa \int d^2\sigma \sqrt{-\det\gamma} \tag{1}$$

定数 κ は，単位長さあたりのひものエネルギーに相当する．(1) 式の作用は，1970 年代初頭に南部と後藤鉄男が独立に見いだしたもので，南部・後藤の作用と呼ばれる．ここに現れる積分は，2 次元曲面の不変体積——時間と空間の寄与が長さ要素に逆符号で現れることを含意した曲面の面積——という幾何学的な意味を持っている．

南部・後藤の作用が物理的に何を意味しているかを見るには，曲面上の座標として，D 次元時空と同じ時間 ct と，ひもに沿って測った長さ s を選ぶとわかりやすい（以下の議論は (1) 式の導出ではなく，単にイメージを得るためのものにすぎない）．$d\boldsymbol{x}$ で表されるひもの微小部分が動くときの速度を $\boldsymbol{v}$ とすると，2 次元曲面上での計量は，次式で与えられる．

$$\gamma_{00} = 1 - \frac{\boldsymbol{v}^2}{c^2}, \ \gamma_{11} = -1, \ \gamma_{01} = \gamma_{10} = -\frac{\boldsymbol{v}\cdot\boldsymbol{u}}{c} = -\frac{v}{c}\cos\theta$$

$$-\det\gamma = -\gamma_{00}\gamma_{11} + \gamma_{01}\gamma_{10} = 1 - \frac{\boldsymbol{v}^2}{c^2}\sin^2\theta$$

$$\left(\boldsymbol{u} = \frac{\partial \boldsymbol{x}}{\partial s} : \text{単位接ベクトル}, \ \theta : \boldsymbol{u} と \boldsymbol{v} の間の角度\right)$$

速度 $\boldsymbol{v}$ で運動する微小部分に固定された座標系で見たときのひもの固有の長さ dl は，D 次元時空での計量を用いて表された微小部分の長さ ds とは異なる（いわゆるローレンツ短縮の効果である）．第 3 章 (1) および (2) 式で与えたローレンツ変換の公式を使うと，次の関係式が導かれる（これは特殊相対論の簡単な演習問題なので，導出は読者に任せる）．

$$dl = \frac{\sqrt{1 - \frac{\boldsymbol{v}^2}{c^2}\sin^2\theta}}{\sqrt{1 - \frac{\boldsymbol{v}^2}{c^2}}}ds = \frac{\sqrt{-\det\gamma}}{\sqrt{1 - \frac{\boldsymbol{v}^2}{c^2}}}ds$$

したがって，南部 - 後藤の作用のうち微小部分に関する部分だけを抜き出すと，次のようになる．

$$-\kappa ds \int dt \sqrt{-\det\gamma} = -(\kappa dl)\int dt \sqrt{1 - \frac{\boldsymbol{v}^2}{c^2}}$$

この式は，第 3 章 §1 に記した自由粒子の作用を表す (6) 式において，質量エネルギー mc^2 の代わりに κdl と置いたものと等しく，κ が単位長さあたりのひものエネルギーであることがわかる．つまり，南部 - 後藤の作用とは，相対論的な自由粒子と同じ作用関数で表される微小部分が，1 次元的につながっているという条件を満たしながら行う運動を表している．

南部 - 後藤の作用は単純でエレガントだが，このままではひもの振舞いを解析するには不便である．そこで，2 次元曲面上での座標系として，

$$\gamma_{ab} = |\gamma|\eta_{ab} \qquad (\gamma_{00} = -\gamma_{11}, \ \gamma_{01} = \gamma_{10} = 0) \tag{2}$$

という条件が満たされるものを選んで，$\sigma^0 = \tau$, $\sigma^1 = \sigma$ と書くことにしよう．このとき，(1) 式の作用から求められる運動方程式は，

$$\frac{\partial^2 x^\mu}{\partial \tau^2} - \frac{\partial^2 x^\mu}{\partial \sigma^2} = 0 \tag{3}$$

になることが知られている．

(1) 式の作用から運動方程式 (3) を求めるには，ひもの配位を変化させても作用積分が変わらないという条件を変分法で表せばよい．ここでは，計量テンソルが一般の場合に関して，変分法から導かれる結果だけ書いておこう．

$$\frac{\partial}{\partial \sigma^a}\left(\gamma^{ab}\sqrt{-\det\gamma}\frac{\partial x^\mu}{\partial \sigma^b}\right) = 0 \qquad (\gamma_{ac}\gamma^{cb} = \delta_a^b)$$

§4 ひもの作用関数

この方程式に γ_{ab} についての条件を入れて整理すると, (3) 式が得られる.

古典論の場合, ひもは (3) の方程式に厳密に従って運動するが, その解は, ひも全体が一定の運動量で動く並進運動に,

$$x^\mu(\tau,\sigma) = x^\mu(\tau - \sigma) \text{ または } x^\mu(\tau + \sigma)$$

という波動解を加えたものになる. この波動解は, 一定の波形がひもに沿って σ の正または負の向き (便宜的に右向き・左向きと言っておく) に伝播していく運動を表しているが, こうした波形は一定の振動数を持つ要素的な波 (いわゆる「フーリエ成分」) の重ね合わせとして表されるので, ひもの内部振動と解釈できる. (2) 式の条件から直ちに示せるように, 伝播速度は D 次元時空における光速に等しい. また, 内部振動のない基底状態でひもはまっすぐになっており, フニャフニャしたひもよりピンと張った弦のイメージの方が適切である. このため, 最近では「(超) 弦」という呼び方が一般的になっているが,「ひも」は 1970 年代から使われている伝統的な呼び名なので, 本書ではこちらを採用する (「超ひも」というユーモラスな響きが捨てがたいせいもあるが).

量子論になると, ひもの運動は方程式 (3) からのずれが生じるが, 右向き・左向きという 2 つの運動のモードを区別することはできる. 特に, ひもの両端がつながってリングになった「閉じたひも」の場合, それぞれが独立した運動であるかのように扱われる.

(3) 式は, x^μ を 2 次元曲面上で定義された場の量と見なした場合, 2 次元の波動方程式となっている. もちろん, 実際には, 曲面上の場が波動方程式に従っているというよりも, 曲面の形状がこの式で決定されるのだが, 理論的な考察を行う場合には, あたかも 2 次元曲面上に場が存在しているかのように考えた方が便利である. そこで, (3) 式を基礎方程式と見なし, これを導くように作用の式を書き直してみる. 量子電磁気学における光子場の波動方程式が第 2 章 (20) 式から導かれることからわかるように, 方程式が (3) 式になる作用は次式で与えられる.

$$S = -\frac{1}{2c}\kappa \int d\tau \int_0^{2\pi} d\sigma \left(\frac{\partial x^\mu}{\partial \tau}\frac{\partial x^\nu}{\partial \tau} - \frac{\partial x^\mu}{\partial \sigma}\frac{\partial x^\nu}{\partial \sigma} \right) \eta_{\mu\nu}$$

上下の添字として現れる同じギリシャ文字に関しては 0 から $D-1$ まで, ラテン文字に関しては 0 と 1 について, いずれも (D 次元または 2 次元の) ミンコフスキ計量を使って加えあわせるという和の規約を用いれば, この式は, 次のように書き換えられる.

$$S = -\frac{1}{2c}\kappa \int d^2\sigma \, \partial_a x^\mu \partial^a x_\mu \tag{4}$$

運動方程式が非線形になる南部 - 後藤の作用 (1) から出発したにもかかわらず，線形な運動方程式 (3) を導く作用 (4) が得られるのは，奇妙に思えるだろう．ひも理論の範囲で (4) 式を導くのは難しいので，ここでは，粒子の理論を使って，非線形理論が線形理論に書き直せる理由を説明しよう．

ひもが充分に短く σ 方向の拡がりが無視できるとすると，ひもの掃く 2 次元曲面は粒子の描く 1 次元軌道となるので，曲面の面積を与える南部 - 後藤の作用 (1) は，軌道の長さを与える自由粒子の作用（第 3 章 (6) 式）で置き換えられる．古典論の場合，作用積分を考える特定の軌道においては τ は t と 1 対 1 対応し $\tau = \tau(t)$ と書けるので，作用 $S[x]$ は次のように表せる（引数として $[x]$ を付けたのは，作用が軌道 $x = x(t)$ の汎関数として与えられることを意味する）．

$$S[x] = -mc^2 \int dt \sqrt{1 - \frac{\boldsymbol{v}^2}{c^2}}$$
$$= -mc^2 \int dt \sqrt{1 - \frac{1}{c^2}\left(\frac{d\tau}{dt}\right)^2 \left(\frac{d\boldsymbol{x}}{d\tau}\right)^2} = -mc \int d\tau \sqrt{(\dot{x})^2} \quad (5)$$
$$\left(x^0 = ct, \ (\dot{x})^2 \equiv \left(\frac{dx^\mu}{d\tau}\right)\left(\frac{dx_\mu}{d\tau}\right)\right)$$

この作用に補助変数 $\gamma(\tau)$ を含む項を加えた次の作用 $S[x, \gamma]$ を考えよう．

$$S[x, \gamma] = -\frac{c}{2}\int d\tau \left\{\frac{\sqrt{(\dot{x})^2}}{\sqrt{\gamma}} - m\sqrt{\gamma}\right\}^2 - mc \int d\tau \sqrt{(\dot{x})^2}$$

ここで，{ } 内がゼロになるように補助変数 γ が

$$\gamma = \sqrt{(\dot{x})^2}/m \quad (6)$$

という関係式を満たすならば，$S[x]$ と $S[x, \gamma]$ は等しい．ところが，(6) 式が満たされているとき，$S[x, \gamma]$ は極値（この場合は，最小値ではなく最大値）を取るので，この式は，あたかも γ という座標変数を持つ粒子が存在しているかのように見なして立てた運動方程式と同じものである．このように，現実には存在しない仮想的な粒子が式の上で次々と現れるのが，値を変更できるパラメータ（この場合は τ）を含む理論の特徴である．

$S[x, \gamma]$ を書き直すと，

$$S[x, \gamma] = -\frac{c}{2}\int d\tau \left\{\frac{1}{\gamma}(\dot{x})^2 + \gamma m^2\right\}$$

となり，作用 (4) を粒子の場合に置き換えた式が得られる．質量 m を持つ粒子の作用から出発したために，$S[x, \gamma]$ の式に m が残っているが，最終的には $m = 0$ と置いてもかまわない．また，ひも理論の γ は (2) 式の γ と同じものと見なせるが，τ と σ のそれぞれに関与する γ の項が打ち消しあうため，(4) 式の作用に γ が含まれない．

§4 ひもの作用関数

　中間子模型としてのひも理論が見捨てられた後，ひも理論の研究者はより大胆なアイデアを追求し，光子やグルーオンのようなボース粒子も，電子やクォークのようなフェルミ粒子も，全て1本のひもがリングになったり振動したりする状態として実現されるという描像を提案した．仮に，素粒子として観測されているものが実は閉じたリング状のひもだとすると，量子場の理論で素粒子の交換として記述されていた過程は，図4のように，リング状のひもの一部が新たなリングを作り出して伝播し，もう1つのリングと融合する過程だと解釈される（こんにち知られている超ひも理論には5つの種類があり，このうちI型と呼ばれるものはリング状に閉じたひもと両端のある開いたひもを扱うが，他の4つは閉じたひもだけを扱う）．こうした過程では，素粒子の相互作用が1点で生じることによる短距離極限からの発散が生じないと期待される．

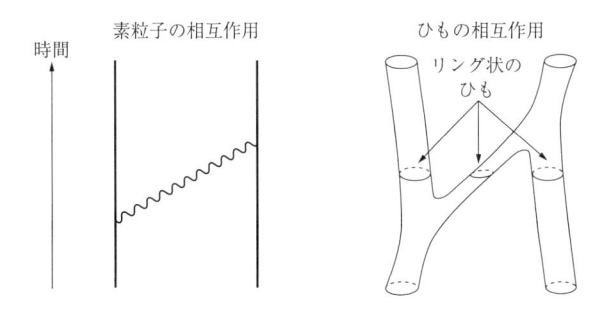

図4 素粒子の交換とひもの交換

　もっとも，(4) 式の作用で定義されるひも理論では，フェルミ粒子の振舞いを再現することはできない．長距離領域でひもがフェルミ粒子のように見えるためには，ひもの内部にフェルミ粒子の成分が必要になる．そこで，1971年にラモン，ヌヴォ，シュワルツらによって，(4) 式が表すボース粒子的な場の作用 S_B にフェルミ粒子的な場の作用 S_F を加えて理論を拡張することが提案された．

$$S = S_B + S_F, \quad S_F = i\hbar \int d\tau d\sigma \{\psi_R^\mu (\partial_\tau + \partial_\sigma) \psi_R^\nu + \psi_L^\mu (\partial_\tau - \partial_\sigma) \psi_L^\nu\} \eta_{\mu\nu} \quad (7)$$

2つのフェルミ粒子的な場 ψ_R^μ と ψ_L^μ は，D 次元時空内部では添字 μ が付いた D 元ベクトルとして振舞うが，ひもの掃く2次元曲面上では単なる D 個の添字が付いたフェルミ粒子の場として振舞う（4次元ではフェルミ粒子の場は4成分だが，2次元では1成分しかないので，ψ_R^μ と ψ_L^μ は，それぞれ添字 μ による D 個の成分だけを持つ）．この式は，ひも上で定義された変数として，D 次元空間内部の座標 x^μ だけではなく，フェルミ粒子的な自由度 ψ^μ もあることを表す．

フェルミ粒子的な場の作用 S_F は，第 2 章 (20) 式に記した量子電磁気学の作用において，電子の質量がゼロで光子場がなく，4 行 4 列の γ^μ が ± 1 に置き換わった式になっているので，ψ_R^μ と ψ_L^μ は，ディラック方程式（第 2 章 (18) 式）の代わりに次の式に従う．

$$(\partial_\tau + \partial_\sigma)\psi_R^\mu = 0$$
$$(\partial_\tau - \partial_\sigma)\psi_L^\mu = 0$$

古典論の範囲では，この式から，ψ_R^μ と ψ_L^μ がそれぞれ $\tau-\sigma$ または $\tau+\sigma$ だけに依存しており，右向き・左向きモードに対応していることがわかる．

(7) 式によってフェルミ粒子的な場を導入したが，これだけでは，長距離で見たときにひもがフェルミ粒子のように振舞うことにはならない．この振舞いを導くのは，場の境界条件である．

ひもが閉じたリング状になっているとしよう．ひも上の位置を定めるパラメータ σ の範囲を 0 から 2π までとすると，σ の値を 2π だけ増やした地点はひも上の同じ場所を表すことになるため，σ の 2π の変化に対して理論は不変に保たれるはずである．したがって，(7) 式で σ を 2π だけ変化させても作用 S_F が変わらないことが要請される．ところが，(7) 式からわかるように，フェルミ粒子的な場はそれぞれ 2 乗の形で作用に含まれるので，場自身は 2π の変化に対して符号が変わってもよい．

$$\psi_{R,L}^\mu(\tau, \sigma + 2\pi) = \pm\psi_{R,L}^\mu(\tau, \sigma)$$

ここで，右向きモードと左向きモードが逆符号の境界条件を満たしているならば，リングを一周したときにひもの状態を表す関数は符号が反転するはずである．§1 で触れたように，フェルミ粒子には 360° 回転したときに符号が変わるという性質があるので，この境界条件は，リング状のひもがフェルミ粒子のように振舞うことを意味する．これで，電子やクォークのようなフェルミ粒子をひもの状態と見なすことが可能になったわけである．

(7) 式において，ボース粒子の場 x^μ とフェルミ粒子の場 ψ_R^μ または ψ_L^μ を次のように混ぜ合わせる変換をしても，作用は不変になる（不変性の証明には，場を入れ替えたときの符号の変化など説明していない性質が必要になるため，詳しくは述べない）．

$$\delta x^\mu = -i\epsilon \left(\frac{2\hbar}{\kappa}\right) \psi_L^\mu$$
$$\delta \psi_R^\mu = 0$$
$$\delta \psi_L^\mu = \epsilon \left(\frac{\partial x^\mu}{\partial \tau} + \frac{\partial x^\mu}{\partial \sigma}\right)$$

（ϵ はある定数．このほかに ψ_R^μ を変える式もある）

ボース粒子とフェルミ粒子を混ぜ合わせても不変性が保たれることを，理論が超対称性を持つという．このような超対称性を持つひも理論が超ひも理論である……

……と言ってしまえれば楽なのだが，実は，まだ超ひも理論の戸口に足を乗せた段階にすぎない．ここで記した超対称性は 2 次元曲面上のものなので，さらに D 次元時空の超対称性を持つ理論を作り，そこに不整合性が現れない条件を求める必要がある．本書では，そこまで深入りすることはできないため，次節で不整合性を解消する方法をごく簡単に紹介した後，肝心の重力と超ひも理論の関係を §6 で解説する．

---

§5　整合性の条件

超ひも理論は 1970 年代前半から研究されていたが，さまざまな難点が指摘されたこともあって，当初は主流からはずれた不人気仮説にすぎなかった．この理論が注目されるようになるのは，指摘された難点を解消する条件が見いだされたからである．ここでは，3 つの難点に関して，どのような条件を設定すればよいかだけを簡単に述べておく．

> 本節の内容は，超ひも理論の研究が盛んになる契機になった重要な成果として，教科書では特に紙数を費やして説明されている部分である．詳しく知りたい人は，次の教科書を参照していただきたい．
> - J. ポルチンスキー『ストリング理論（全 2 巻）』（シュプリンガー・フェアラーク東京）
> - ミチオ・カク『超弦理論と M 理論』（シュプリンガー・フェアラーク東京）
>
> ただし，いずれも大学院専門課程向けの高レベルなものである．

(1) 負ノルム状態の排除

ひも理論を量子化すると，特別な条件を課さない限り，現実には存在しない状態が現れてしまう．議論を簡単にするために，フェルミ粒子の場を含まない (4) 式の作用をもとに，経路積分によってひも理論を量子化することを考えよう．ひもが取るさまざまな配位を足しあわせて経路積分による量子化を行うには，第 1 章 (8) 式と同様の次式を立てるのが自然である．

$$\int \prod_{\tau,\sigma} dx^\mu(\tau,\sigma) \exp(iS/\hbar) \tag{8}$$

ところが，この式を使って計算すると結果は無限大になってしまう．その理由は，ここに現れる τ と σ が，第 1 章 (8) 式の時間 t とは異なって，2 次元曲面上で適当に決めたパラメータにすぎないからである．パラメータである以上は，別の τ' と σ' に付け替え

ることが可能である．上の (8) 式を使った場合，D 次元時空内部におけるひもの配位が同じであるにもかかわらず，単にパラメータを付け替えただけの無数の寄与を全て加えることになるため，経路積分が発散する．こうした問題を避けるためには，第 2 章 (8) 式（あるいは第 4 章 (2) 式）のように，被積分関数に経路の数えすぎを防ぐための「係数」を掛けておく必要がある．

「係数」が具体的にどうなるかを，粒子の経路積分のケースで示そう．粒子の運動に関する (5) 式の作用は，付け替えの自由度を持つパラメータ τ を含むので，上の (8) 式と同じような経路積分を使ったのでは発散してしまう．パラメータ τ は時間座標 $x^0 = ct$ の代わりに導入したのだから，発散のない経路積分は，次式で与えられる．

$$\int \prod_\tau dx^\mu(\tau)\, \delta\left(x^0(\tau) - \tau\right) \exp\left(iS/\hbar\right)$$

ただし，$\delta(x)$ は（すでに何度か登場した）δ 関数で，$x \neq 0$ では $\delta(x) = 0$ となり，積分領域が $x = 0$ を含むときに積分値 1 を与える．上の経路積分で $x^0(\tau)$ の積分を先に実行して $\tau = x^0$ と置いてしまえば，作用 S では τ が時間座標に置き換わることになり，通常の経路積分と一致する．この δ 関数の部分が，パラメータ τ を使って表した粒子の経路積分における「係数」に当たる．

ひも理論における「係数」は，場の変数として表される補助変数を使うことで，実際には存在しない仮想的な粒子が伝播しているかのような形式で書き直せる．こうした仮想的な粒子の場は「ゴースト場（幽霊場）」と呼ばれ，存在しないことを反映して，「負ノルム状態」という粒子の存在確率が負になるような状態として表される．ひもの運動状態を定義するとき，この負ノルム状態が現れない——ゴーストが実在の粒子として外に飛び出さない——ことが，現実的な理論であるための必要条件となる．

負ノルム状態が現れないようにするためには，ひもの状態を粒子として扱ったときの質量や運動量を制限する条件式が満たされなければならないが，§6 で示すように，質量の値には時空の次元数が含まれるので，結局，現実的な理論であるための必要条件は，次元数についての式となる（この計算はかなり複雑なので，ここでは省略する）．この式を解くと，時空の次元数が，ひも理論では 26 次元，超ひも理論では 10 次元という臨界次元に等しいことが要請される．

現実の世界は，時間 1 次元，空間 3 次元の 4 次元時空なので，超ひも理論が正しいとすると，（時間次元を別にして）9 次元の空間のうち 6 次元が何らかの理由で見えなくなっていると考えざるを得ないが，これに対しては，6 次元の空間は拡がりがきわめて小さくなっているという解決法がある（ある空間次元が小さくなるというアイデア自体は，20 世紀前半にカルツァ・クライン機構として提案されたもので，第 8 章で詳しく解

説する)．画用紙を丸めて筒状にした場合，丸まっている方向に有限な距離だけ進むとまた同じ地点に戻ってくるが，これと同じように，6つの空間次元に関しては，プランク長のようなごく短い距離を進むと同じ地点に戻るというコンパクトな構造になっているため，人間にはその拡がりが全く観測できないというわけである．

ただし，こうした空間のコンパクト化が生じるメカニズムは全く不明である．ビッグバン宇宙論で空間の9次元のうち3次元が膨張し6次元が収縮するという過程が自然に起こるわけではなく，6次元は小さくなっていることを前提として議論を進めなければならない．

(2) タキオンの不在

(超対称性を持たない) ひも理論でひもの状態を粒子と見なしたときの質量を計算すると，しばしば質量の値が虚数になってしまう．質量が虚数の粒子はタキオンと呼ばれ，特殊相対論では超光速で運動する粒子として知られているが，素粒子論では時空構造を不安定にする元凶となり，安定な世界には存在しないはずである．

タキオンは，フェルミ粒子の場を含まないひも理論では26次元でも現れてしまうが，フェルミ粒子の場を導入して超対称性を課すと消えることが知られている．ひもがフェルミ粒子のように振舞うためにはフェルミ粒子の場を導入するだけで充分だが，タキオンが存在しないという条件を満たすには，超対称性が必要となる．

(3) 量子異常項の相殺

量子論では，最小作用の状態だけではなく，作用がさまざまな値を取る配位を全て足しあわさるため，作用が持っている性質がそのまま保持されるとは限らない．量子化することによって元の作用に存在していた対称性を破るような項が現れる場合，これを「量子異常項」(または単に「異常項」ないし「アノマリー」) と呼ぶ．超ひも理論の場合，フェルミ粒子の場の寄与によって，重力場の中に置かれたひもが重力に関する量子異常項を生み出す．そのままではローレンツ不変性が破れてしまうために，これは深刻な問題だった．

この問題を解決したのが，シュワルツとグリーンである．1984年，彼らは，超ひもが特定のゲージ変換に対する対称性を持っていると，量子異常項が相殺されて現れないことを示した．必要なゲージ対称性は，32次元回転群 SO(32) か例外的リー群の直積 $E_8 \otimes E_8$ のいずれかに限られる．両端のある開いた超ひもの場合，端点にゲージ変換の自由度を持つ因子を人為的に付け加えさえすれば，SO(32) というゲージ対称性を持たせることができる．リング状の閉じた超ひもの場合は少しややこしくなるが，1985年にグロスたちのグループによって，量子異常項の相殺に必要なゲージ対称性が自発的に現れ

得ることが示された．ごくかいつまんで言うと，ひもの振動における右向きと左向きのモードを完全に分離して，右向きモードは 10 次元時空の超ひも，左向きモードは 26 次元時空の（超対称性を持たない）ひもと考え，左向きモードの余分な $(26-10=)16$ 次元がコンパクトな内部空間になっているものとして，この内部空間の対称性から SO(32) または $E_8 \otimes E_8$ が現れるというアイデアである．

　量子異常項が（ややトリッキーなやり方にも思えるが）見事に相殺されたことにより，理論の信憑性は急速に高まり，1980 年代後半に超ひも理論ブームが湧き起こった．このブームは 90 年頃にはいったん沈静化するが，超ひも理論が重力と素粒子の理論を統合する万物の理論ではないかという期待感は，今に至るまで持続している（90 年代後半にブームが再燃，2000 年代に入ると批判意見が目立ち始めるという人気の浮き沈みがある）．

§6　超ひも理論と重力

　それでは，超ひも理論は，実際に重力の量子論になっているのだろうか？ これまで述べてきたように，超ひも理論は，時空内部を自由に動き回るひもの理論として作られたもので，ひもの自由度として位置座標以外にフェルミ粒子的な場を含んでいる点を除けば，新しい相互作用を引き起こすような要素はほとんど見られない．それだけに，この理論が重力を含むとすれば，かなり不思議なことである．

　ここで検証しなければならないのは，計量テンソルの場を量子化したときに現れる重力子が，超ひもの状態として表されるかどうかである．

　ある素粒子を重力子と見なせるための必要条件（十分条件ではない）は，スピンが 2 で質量がゼロとなることである．

　重力子の質量がゼロであることは，一般相対論を使わなくても示せる．一般に，力を媒介する場の素粒子が質量 m を持つ場合，距離 r だけ離れたときの力は，湯川型ポテンシャル：

$$(\text{定数}) \times \frac{\exp(-mrc/\hbar)}{r}$$

によって伝播することが知られている．例えば，核子（陽子・中性子）間の力は質量 0.14 GeV の π 中間子に媒介されているので，距離が $\hbar/mc \sim 1.4 \times 10^{-15}$ メートルより大きくなると，指数関数の効果で急激に力が弱まる．ところが，重力の場合は，太陽系における天体運動のデータなどから，きわめて高い精度で指数関数的な減少が見られないことがわかっており，$m=0$ でなければならない．一般相対論を前提とするならば，

§6 超ひも理論と重力

テンソル場 $h_{\mu\nu}$ の従う波動方程式が，電子のような質量 m の素粒子の方程式（第 2 章 (14) 式）ではなく，光子のような質量のない素粒子と同じ形の方程式（第 3 章 (20) 式）になることから，質量がゼロだと結論される．いずれにしても，重力子の質量は，単にきわめて小さいということではなく，厳密にゼロと見なすべきだろう．

説明は省略するが，ローレンツ不変性を要請すると，2 階のテンソル場で表される質量ゼロの素粒子は，スピンが 2 以下でなければならないことが証明できる．したがって，重力子はスピンが 0, 1, 2 のいずれかでなければならない．ところが，スピン 0 では光が重力によって曲がらない，スピン 1 では同種粒子の間に斥力しか働かない——といった観測データとの齟齬が生じるので，結局，重力子のスピンは 2 ということになる．

スピン 2，質量ゼロの素粒子があれば，重力の振舞いを再現することは可能である．量子場理論を用いて計算すると，スピン 2 の素粒子は引力をもたらすことが示される．さらに，こうした素粒子の場は，質量によって生み出されることが次の考察からわかる．作用積分に現れる相互作用項がローレンツ変換に対して不変であるためには，スピン 2 の素粒子に対応するテンソル場は，別のテンソルと添字の和を取らなければならない．電荷を持たない孤立した物質が静止している場合，こうしたテンソルとして可能なのはエネルギー運動量テンソルであり，そのゼロでない成分は，第 3 章 (16) 式で表されるように質量に比例する．したがって，スピン 2，質量ゼロの素粒子が力を媒介する場合，静止物質の周りには，その物質の質量に比例し，物質からの距離 r とともに $1/r$ で減衰する引力のポテンシャルが生じる．これはまさに重力が持つ性質そのものである．

ただし，これだけでは，共変微分の中に必ず現れるといった計量テンソルの特性を全て再現することはできない．スピン 2，質量ゼロの素粒子のテンソル場が計量テンソルと見なせるかどうかは，さらに検討を重ねる必要がある．

超ひも理論は，スピン 2 の状態を自然に生み出すことができる．実際，§2 で紹介したように，中間子の模型となるふつうのひも理論でも，スピン 2 を持つ χ 中間子の質量を導くことができた．したがって，超ひも理論が重力を含むと主張するためには，スピン 2 の状態の質量がゼロになることを示さなければならない．

そこで，超ひも理論を用いて，超ひもが特定の状態を取って運動するときの質量を計算することにしよう．とは言っても，本格的に計算するのは無理なので，ここでは，フェルミ粒子的な場を含まないひもがリング状になっている場合に関してあまり厳密ではない計算法を示し，超ひも理論でどのようなことが行われているかをイメージしていただくことにする．

古典論の場合，ひもの運動は (3) 式に厳密に従っており，その解となる x^μ は，τ と σ の 1 次式に右向きまたは左向きモードの振動解を加えた形で表される．ひもがリング状でパラメータ σ が 0 から 2π の範囲に限られている場合，σ を 2π だけ増やすと同じ状態

になるという境界条件が課せられることを考慮すれば，x^μ は次の式で表される．

$$x^\mu = X^\mu + \frac{c}{2\pi\kappa k}P^\mu\tau + \sum_{j=1}^{\infty}\left\{A_j^\mu \cos\left\{j\left(\tau-\sigma\right)+a_j^{(\mu)}\right\} + B_j^\mu \cos\left\{j\left(\tau+\sigma\right)+b_j^{(\mu)}\right\}\right\}$$

この式の最初の2項は，ひも全体の並進運動を表している．第1項は $\tau=0$ におけるひもの位置である．第2項は時間的なパラメータ τ の経過に対する変位を表しており，係数を付けることで，P^μ が振動するひもを素粒子と見なしたときの運動量と等しくなる．また，三角関数の和の項はひもの内部振動を表しており，角振動数が正の整数 j で与えられるような無限個の調和振動子と解釈することができる．角振動数が整数になるのは奇妙に思われるかもしれないが，これは σ の周期を 2π にしたからであって，周期としてリングに沿った長さ l を用い，さらに，時間の単位を持つパラメータ $t=\tau/c$ を使えば，角振動数は $2\pi jc/l$ と表される．

量子論になると，古典解の周りに量子ゆらぎが現れるため，位置 X^μ と運動量 P^μ，および三角関数の各係数は，確定した値を取ることができない．これらは，演算子法で量子化した場合には演算子，経路積分法で量子化した場合には経路積分の変数となる．特に，X^μ と P^μ は，粒子の位置と運動量に関する不確定性関係を満たす．

特定の状態にあるひもを素粒子と見なしたときの質量を決定するのは，三角関数で表された内部振動であり，この振動エネルギーを用いて質量を求めることができる．

角振動数 $\omega=j$ で振動する調和振動子のエネルギーは，第1章 (17) 式により

$$E_j^{(\mu)} = \hbar j\left(n_j^{(\mu)} + \frac{1}{2}\right)$$

と与えられる（エネルギー量子の個数を表す量子数 n に，角振動数の j と振動方向を表す μ を添字として付けておいた）．右辺括弧内の第2項は零点振動のエネルギーを表しており，以下の計算で重要な役割を果たす．厳密なことを言えば，ひもの量子論的な振舞いは単純な調和振動子とは異なるので係数を評価し直す必要があるが，以下の議論はエネルギーが0または正負のいずれになるかを見るだけなので，このまま話を進めることにする．

ひもの振動状態は，調和振動子ごとのエネルギー量子数によって特定される．このときのひも全体の振動エネルギーを求めるには，調和振動子のエネルギーを全て加えあわせればよい（右向きと左向きのモードはそれぞれ別個に評価される）．ここで，角振動数 j とエネルギー量子数の積を j および振動のモードについて加えあわせたものは0以上の整数になるので，これを N と置くことにする．また，D 次元時空での座標 x^μ は D 個あるが，このうち第0成分は時間座標であり，さらに，ひもに沿った方向には振動できないので，振動方向は全部で $D-2$ 個になる．したがって，$\hbar$ を除いた零点振動のエ

§6 超ひも理論と重力

ネルギーの総和は

$$A = \frac{D-2}{2}\sum_{j=1}^{\infty} j$$

で与えられ，振動エネルギーは $N+A$ に比例することになる．説明は省略するが，ひもでできた素粒子の質量 m の 2 乗は，振動エネルギーに比例する（これは，§5 (1) で述べた負ノルム状態を除く条件式の 1 つである）．

$$m^2 = (定数) \times (N+A) \tag{9}$$

さて，超ひも理論によると，26 次元の（フェルミ粒子的な場を含まない）ひもの場合，上の A の値は-1 になると主張される．A は発散する級数の形で表されており，しかも各項は全て正なので，有限な負の数になるのはいかにも不思議である．しかし，くりこみの処方箋を適用することによって，発散部分を取り除いて有限な値として評価することが可能だと考えられているので，受け容れることにしよう．

A を求めるには，形式的にはリーマンの ζ 関数を用いる．ζ 関数とは，s の実数部が 1 より大きいとき，

$$\zeta(s) = \sum_{j=1}^{\infty} j^{-s}$$

で定義される関数のことである．s の実数部が 1 以下になると，右辺の級数は収束しない．しかし，級数が収束する領域で定義された ζ 関数を解析接続によって全複素平面に拡張すると，級数が収束しない領域でも（孤立特異点を除いて）有限の値を取る関数になる．この領域でのいくつかの例を書いておこう．

$$\zeta(-1) = -\frac{1}{12}, \quad \zeta(-2) = 0, \quad \zeta(-3) = \frac{1}{120}, \quad \cdots$$

これを使えば，

$$A = \frac{D-2}{2}\sum_{j=1}^{\infty} j = \frac{D-2}{2}\zeta(-1) = -\frac{D-2}{24}$$

となるので，$D=26$ のとき $A=-1$ が得られる．

容易に想像がつくように，ひも理論の臨界次元が 26 次元だという主張は，ζ 関数を用いた計算と密接に関係している．実は，整合性の条件は質量の 2 乗に関するもの以外にも複数あり，いずれも ζ 関数を用いて計算されるが，これら全てを同時に満たすためには，$D=26$ が必要となるのである．

ζ 関数を使えば確かに計算はできるが，各項が正の発散級数の和が有限な負の値になるのは，やはり不思議だと言わざるを得ない．この点については，次のような説明がなされる．

角振動数 j が大きくなると，空間的にも時間的にも激しい振動状態になるが，こうした振動がどこまでも実現されるとは考えにくい．充分に狭い領域では，時間や空間の構造に何らかの制約が加わって，激しい振動は抑制されるものと予想される．そこで，j の和には抑制因子となる指数関数 $\exp(-j\epsilon)$ が掛かっていると仮定してみよう．こうすると，j の和は次のように置き換えられる．

$$\sum_{j=1}^{\infty} j \to \sum_{j=1}^{\infty} j\exp(-j\epsilon) = \frac{e^{\epsilon}}{(e^{\epsilon}-1)^2} = \frac{1}{\epsilon^2} - \frac{1}{12} + O(\epsilon)$$

右辺第 1 項の $1/\epsilon^2$ が，j を単に足しあげたときの和が発散することを表している．ここで，抑制因子 $\exp(-j\epsilon)$ がパラメータ τ と σ の変換に対して不変であることを要請すると，$1/\epsilon^2$ の寄与は作用積分の係数にくりこまれてしまうことが示せる（詳しくは，超ひも理論の教科書を参照されたい）．したがって，有限な負の値である $-1/12$ だけが残ることになる．

この計算に数学的な矛盾はないが，抑制因子の取り方やくりこみの仕方によって有限部分の値が $-1/12$ から変化しないのか，疑問が残らないわけではない．著者（吉田）自身，この計算法の正当性に確信が持てないでいる．

ひもの振動が最も低いエネルギー状態にあるのは $N=0$ のときだが，このときには (9) 式より質量 m の 2 乗は負になり，質量が虚数であることがわかる．これが，§5 (2) で述べたタキオンである．タキオンは存在してはならないと考えられるので，ここまで考えてきた（フェルミ粒子的な場を含まない）ひも理論は非現実的だと結論される．タキオンが存在しないようにするためには，フェルミ粒子的な場を導入して超対称性を課さなければならない．

振動のエネルギーが次に低い状態は $N=1$ であり，このときの質量は (9) 式よりゼロになる．この状態は振動のエネルギー量子が 1 つだけが励起され，振動方向として μ で表される添字を持つので，ベクトル場で記述される粒子となる（振動方向が $D-2$ 個しかないことから，このベクトル場の波は，光子と同じように横波成分しかない）．したがって，スピン 1，質量ゼロの素粒子が現れることになる．

タキオンが現れないように超対称性を課した超ひも理論でも，同じようにして，特定の振動状態にあるひもを素粒子と見なしたときの質量を計算することができる．超対称性を持つときの計算は境界条件の取り方などが難しいので，結論だけ述べることにすると，整合的な超ひも理論には，スピンが 2 で質量がゼロの素粒子が含まれることが示される．この素粒子が重力子に同定される．その状態は，右向きと左向きのモードでそれぞれ振動の量子が 1 つずつ励起されたもので，振動の方向を表す添字が 2 つ現れるため，2 階のテンソル場で記述される．これ以外にも質量ゼロの素粒子がいくつか含まれ

るが，その中のスピン 1 のものは，光子やグルーオンのようなゲージ粒子だと考えられる．(9) 式の定数はきわめて大きいと考えられるので，次の励起状態は，観測不可能なほど質量の大きい素粒子となる．

重力を含んでいると推定されることから，超ひも理論は，量子重力理論の最有力候補と目されている．ただし，一般相対論のように，単純な原理から重力の法則を導き出したわけではない．あくまで，超ひもの励起状態としてスピン 2，質量ゼロの素粒子が存在することをもって，重力の法則が再現できると主張しているだけである．

超ひも理論に含まれるスピン 2 の素粒子の場が計量テンソルそのものであることを示す明確な根拠はない．第 3 章で述べたように，一般相対論は等価原理に基づいて構築されており，この原理を前提とした上で，幾何学的な考察に基づいて重力が計量テンソルの場でなければならないことを導いている．しかし，もともと空間の中をひもが飛び回るという形で定式化されたひも理論（および，その発展形である超ひも理論）には，等価原理に匹敵するような原理は見あたらず，なぜひもが重力の元になるのかを原理から説明できるわけではない．一般相対論の研究者に超ひも理論に対して批判的な人が少なくないのは，そのせいかもしれない．

§7 超ひも理論はどこに向かうのか？

1995 年以降，超ひも理論は，空っぽの空間内部をひもが動き回るという摂動論的な見方を脱して，非摂動論的な定式化を目指す方向へとシフトしていった．新しい見方によれば，空間内部を飛び回るひもはあくまで理論内部のパラメータが極端な値を取ったときの近似的な描像であり，本来の理論形式では，ひもに限定されずさまざまなオブジェクトが現れるという．

そうしたオブジェクトの 1 つが D ブレインと呼ばれるもので，リング状に閉じていないひもがある場合，その両端が位置する領域となる．D ブレインは，ブラックホールのエントロピーとの関連で次章にも登場する．

さらに野心的なのが M 理論である．超ひも理論の臨界次元は 10 次元だとされるが，この次元数は整合性条件が満たされるための条件として摂動論の範囲で求めたものであり，摂動論的な現象に関与しないならば 10 次元以外の次元が存在してもかまわないとも考えられる．M 理論は，こうした観点から，5 種類のある 10 次元の超ひも理論を，11 次元で統一的に把握しようとする試みである（12 次元以上になるとスピンが 2 より大きな粒子が現れるといった障害が生じるので，超対称性を持つ理論では 11 が最大の次元数と考えられる）．すでに 1978 年に 11 次元の超重力理論が検討され，短距離極限から

の発散がくりこみ不可能な形で残ることからあまり注目されなくなっていたが，発散のない 11 次元 M 理論において，ひもの状態を素粒子と見なす近似をしたときの有効場理論が 11 次元超重力理論であり，さらに，1 つの次元がコンパクト化したものを摂動論的に取り扱ったのが，現在の 10 次元超ひも理論だというアイデアも提案されている．

　こうした非摂動論的な議論はいずれも興味深いものであり，これに基づいて重力が生み出される理由が原理的に説明できるようになるのかもしれないが，残念ながら，現時点では，体系的な理論として完成しているわけではない．議論の出発点はいまだ摂動論的なひもの理論であり，これを補完するためのアイデアを寄せ集めている段階である．M 理論の作用積分はどのような式で表されるのか，量子場理論が粒子的な状態を生み出したのと同じようにひも的な状態を生み出す場があるのか，あるとすればどのような形式で量子化されているのか——そうした問いには，ほとんど答えられていない．体系化されないまま予想と推測ばかりが積み重ねられ，この先どうなるのか予断を許さないというのが，超ひも理論の現状である．

第7章

半古典的取り扱い――ホーキング放射

　量子重力理論を作ることがいかに難しいかは，前章までの議論からも理解されよう．時空の量子化を行う正当な手法とは何か――それを知る手がかりが全くないというのが現状である．そこで，時空の量子化はさしあたって後回しにし，強い重力が作用しているときに物質の量子場がどのように振舞うかを調べる試みが進められてきた．時空の古典論と物質の量子論をつぎはぎした半古典論である．

　こうした試みの中で最も成功したのが，ホーキング放射の理論である。量子論を考慮しない場合，ブラックホールは，あらゆるものを一方的に飲み込んでいく物質の墓場である．しかし，ホーキングは，ブラックホールの周囲における量子場の振舞いをもとにブラックホールが微弱な放射をすることを示し，ブラックホールの熱力学という新たなジャンルを開拓した．ここで求められたブラックホールのエントロピーは，量子重力理論を構築する際の手がかりとなる．

　本章は，等価原理と量子場理論の基礎を使った半古典的な議論をもとにブラックホールのエントロピーの式を導くことを主な目的とする．半古典論ではなく量子重力理論の原理からこの式を導けるかどうかは，数学的にきわめて難しい上に，いまだに決着の付いていない論点があるため，章の終わりで簡単に触れるにとどめる．

---

§1　ブラックホールとは何か

　ブラックホールは，重力がきわめて強く光すら脱出できない天体として広く知られているが，その実態は，一般相対論を使って初めて理解できる．

　外から見たときのブラックホールの性質は，質量・電荷・角運動量という3つの物理量だけで完全に決定され，通常の天体のように形状や内部運動に由来する"個性"が存在しない．例えば，ブラックホールの表面に相当する面（すぐ後で説明する事象の地平

面）に特徴的な凹凸があると仮定しても，外部から見た性質を変えずに凹凸のない座標系に変換することが可能なので，実際には凹凸はないと解釈できるからである．ここでは話を簡単にするために，質量だけを持つブラックホールを中心に話を進める．

　質量だけを持つブラックホールの計量テンソルは，アインシュタイン方程式のシュワルツシルト解として知られている．このときの長さ要素は，球座標 (r, θ, φ) を使うと比較的簡単な式で表すことができる（座標変換の自由度があるのでこれ以外の表記も可能だが，この式が最もよく使われる）．

$$ds^2 = \left(1 - \frac{R}{r}\right)(cdt)^2 - \frac{1}{1 - \frac{R}{r}} dr^2 - r^2 \left(d\theta^2 + \sin^2\theta d\varphi^2\right) \tag{1}$$

右辺第3項の方位角 θ と φ に依存する部分は，ユークリッド幾何学の場合と同じ形をしており，以後の議論には何の役割も果たさない．重要なのは，動径方向の運動にかかわる第1項と第2項である．ここに現れる R はシュワルツシルト半径と呼ばれる量で，次式で与えられる．

$$R = \frac{2GM}{c^2} \quad (G: 万有引力定数, \; M: ブラックホールの質量) \tag{2}$$

　(1)式は，ブラックホールの中心 $r = 0$ で計量テンソルの成分がゼロや無限大になり，質量密度のような物理量が定義できなくなることを意味する．このように理論が破綻する場所は特異点（singularity；必ずしも点状ではない）と呼ばれる．ブラックホールの中心にあるのは，ニュートンの重力法則を大きさのない天体に適用したときに現れるのと同じタイプの特異点である．通常の天体は有限の大きさを持っており，内部での重力の強さは天体間の距離 r の逆2乗にはならないので，$r = 0$ の特異点は存在しない．ところが，天体の質量がある値以上になると，天体が収縮したときの重力の増加が内部圧力の増加を上回るため，自分の持つ重力によってどこまでも収縮していき，有限の時間内で大きさがゼロになってしまう．全ての物質は無限小の領域に押し込まれて消滅し，後には，計量テンソルが定義できなくなる特異点だけが残る．これが，ブラックホールの中心にある特異点で，言うなれば空間に開いた穴である．

　(1)式は，$r = 0$ 以外に $r = R$ となる面（**シュワルツシルト面**）でも奇妙な振舞いを示す．だが，この領域は物理量が定義できなくなる特異点ではない．シュワルツシルト面が物理的に何を表しているかを調べるために，少し回り道をして，リンドラー座標と呼ばれる座標系を説明しよう．

§2　リンドラー座標と事象の地平面

　シュワルツシルト半径 R より少し外側の時空がどのようなものかを調べるため，空間座標の変数を r から次式で定義される ξ に変更する．

$$r = R\left(1 + e^{\xi/R}\right)$$

両辺の微分を取れば，

$$dr = e^{\xi/R}d\xi$$

が得られる．ここで，r がシュワルツシルト半径 R よりわずかに大きい場合だけを考えて，次の近似を使うことにする．

$$1 - \frac{R}{r} = 1 - \frac{1}{1 + e^{\xi/R}} \approx e^{\xi/R}$$

これらを使えば，ξ で表した長さ要素が求められる（以下の表記では，式をすっきりさせるために，近似式ではなく等式で表し，動径と直交する座標は省略した）．

$$ds^2 = e^{\xi/R}\left\{(cdt)^2 - d\xi^2\right\} \tag{3}$$

　(3)式は，ミンコフスキ時空に対して一定の加速度で運動する座標系での長さ要素と一致することが，次のようにして示される．

　まず，時間座標 t，空間座標 x で表される2次元のミンコフスキ時空において，一定の加速度 a で運動する物体の軌道がどうなるかを考えてみよう．$t=0$ で位置 $x=0$，速度 $v=0$ になるように座標原点を選び，加速度系の固有時（加速度運動をする正確な時計で計測された時間）を τ とすると，t と x は τ を使って次のように表される．

$$t = \frac{c}{a}\sinh\frac{a\tau}{c}$$
$$x = \frac{c^2}{a}\left\{\cosh\frac{a\tau}{c} - 1\right\}$$

　この式は，特殊相対論に基づいて求めることができる．第3章§1で示したように，4元速度は位置座標の時間微分にローレンツ因子を乗じたものなので，加速度が一定値 a の等加速度運動の軌道は，次の微分方程式の解として与えられる（加速度 a は，与えられたミンコフスキ座標系に対して各瞬間に速度 v で動く座標系で定義されるものとする）．

$$\frac{d}{dt}\left(\frac{v}{\sqrt{1 - \frac{v^2}{c^2}}}\right) = a, \quad v = \frac{dx}{dt}$$

$t=0$ で $v=0$ という条件を使えば，この微分方程式から

$$v = at\sqrt{1-\frac{v^2}{c^2}}$$

が得られる．第3章(1)式より，ミンコフスキ座標系の時間と，これに対して速度 v で運動する座標系の時間の比はローレンツ因子で与えられるので，加速度運動系の固有時 τ は，

$$\tau = \int_0^t \sqrt{1-\frac{v^2}{c^2}}dt = \int_0^t \frac{dt}{\sqrt{1+\frac{a^2t^2}{c^2}}} = \frac{c}{a}\sinh^{-1}\frac{at}{c}$$

と求められる．さらに，τ を使って x を表せば，

$$x = \int_0^t v dt = \int_0^t \frac{at}{\sqrt{1+\frac{a^2t^2}{c^2}}}dt = \frac{c^2}{a}\left\{\cosh\frac{a\tau}{c} - 1\right\}$$

となる．

ここで，等加速度運動の軌道に沿った座標を考えることにしよう．上の t と x の式は，$t=0$ で $x=0$ となるような1つの軌道しか表していないので，次の形に書き換えて，τ と ξ という2つの座標を定義する．

$$\begin{aligned}t &= \frac{c}{a}e^{a\xi/c^2}\sinh\frac{a\tau}{c}\\ x &= \frac{c^2}{a}e^{a\xi/c^2}\cosh\frac{a\tau}{c}\end{aligned} \tag{4}$$

τ と ξ によって表される座標系を，**リンドラー座標系**という（$e^{a\xi/c^2}$ を座標 X と置いたものをリンドラー座標と呼ぶ場合もある）．リンドラー座標 (ξ,τ) とミンコフスキ座標 (x,t) の間には，次の関係式が成り立つ．

$$\frac{ct}{x} = \tanh\frac{a\tau}{c}$$
$$\sqrt{x^2-c^2t^2} = \frac{c^2}{a}e^{a\xi/c^2}$$

この関係式からわかるように，リンドラー座標系で $\tau=$（一定）となるのはミンコフスキ座標系で原点を通る直線，$\xi=$（一定）となるのは $x=\pm ct$ に漸近する双曲線となる．これを図で表すと，図1のようになる．

リンドラー座標系は，$x>0$, $x^2>c^2t^2$ となる領域だけで定義されている．人間が実感するスケールでは光速 c はきわめて大きく，$x=\pm ct$ となる直線はほとんど x 軸と重なるので，リンドラー座標系が定義される領域には日常的な現象が生起する時空は含まれない．

§2 リンドラー座標と事象の地平面

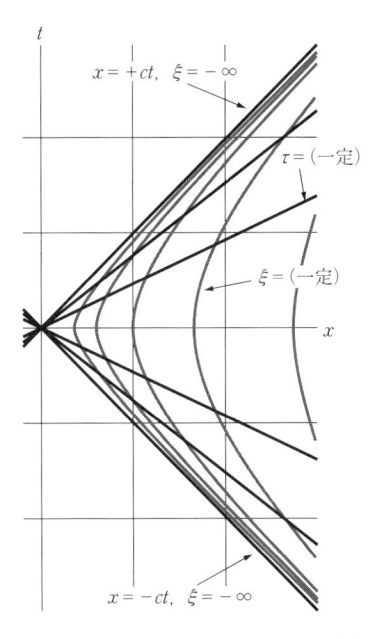

[図: ミンコフスキー座標とリンドラー座標を示す時空図。$x=+ct$, $\xi=-\infty$、$\tau=$ (一定)、$\xi=$ (一定)、$x=-ct$, $\xi=-\infty$ が描かれている]

図1 ミンコフスキー座標とリンドラー座標

リンドラー座標系の長さ要素は,

$$\left(\frac{\partial t}{\partial \tau}\right)_\xi = e^{a\xi/c^2}\cosh\frac{a\tau}{c} = \frac{c^2 x}{a}$$

などの関係式を使って変数変換すれば直ちに求めることができ,

$$ds^2 = c^2 dt^2 - dx^2 = e^{2a\xi/c^2}(c^2 d\tau^2 - d\xi^2)$$

を得る.これと (3) 式を比較すれば,シュワルツシルト面の少し外側の時空は,加速度 a が

$$a_s = \frac{c^2}{2R} \tag{5}$$

で与えられるリンドラー座標系で表されることがわかる.リンドラー座標はミンコフスキー時空に対して一定の加速度 a で運動する座標系なので,シュワルツシルト面の少し外側も,重力場の存在しない時空に対して (5) 式の加速度で運動していると見なすことができる.等価原理によれば,重力場が存在しなくなるのは自由落下する座標系である.したがって,シュワルツシルト面の少し外側の領域は,ブラックホールに向かって自由

落下する座標系に対して，一定の加速度 a_s で運動していることになる．この加速度 a_s を，ブラックホールの**表面加速度**と呼ぶ．遠方から見てシュワルツシルト面のすぐ外に留まっている物体は，自由落下している観測者にとって，自分たちが浮かぶ無重力空間に対して等加速度運動しているように見えるわけである（実際には，シュワルツシルト面の外側は厳密なリンドラー座標系ではなく，大きさを持つ物体には，場所によって重力が異なることに起因する潮汐力が作用するので，自由落下する観測者も全く重力を感じないわけではない）．

$r = R$ のシュワルツシルト面は，リンドラー座標系における $\xi = -\infty$ に相当する．ミンコフスキー座標系で表すと，この面は，$t = 0$ で $x = 0$ から放出された光の軌道 ($x = ct$) である．この光は，リンドラー座標系で表される領域には決して進入しない．直観的に言えば，リンドラー座標系の領域は加速度運動しながら光源から逃げていくので，光でも追いつけないことになる．相対論によれば，光速は自然界の最高速度なので，$x = ct$ より左の領域からは，物体はもちろん光を含むいかなる信号も，右の領域に送り届けることができない．その向こう側に関する情報は決して得られないことから，このような面は「**事象の地平面**（event horizon）」と呼ばれる（$x = -ct$ も右の領域から情報を送り込めないという一種の地平面になっているが，これは，元のミンコフスキー時空が時間の反転に関して対称なために現れたもので，ビッグバンから始まった非定常宇宙には存在しないと考えられる）．ブラックホールの場合，$r = R$ で与えられるシュワルツシルト面が地平面となる．

事象の地平面に関する現象は，光円錐を使うとイメージしやすい．光円錐とは，点光源から周囲に発せられた光線が作る面のことで，光速以下でしか運動できない物体の軌道は，必ず光円錐の内側に入る．ミンコフスキー座標を基準にして描くと，リンドラー座標は $x = 0, t = 0$ を頂点とする光円錐の外側の曲線座標となるが，リンドラー座標を基準にすると，光円錐の方が横倒しになって描かれる．シュワルツシルト面周辺は，まさにこのような状況になっており，遠方で定義した座標系に対して，光円錐が傾いている．特にシュワルツシルト面は光円錐の縁を含んでおり，この面から出た光は，ブラックホールの中心から最大限に遠ざかろうとする場合でも，面に沿って進むことしかできない．シュワルツシルト面の内側では，どんな光も中心に向かうように進んでしまう．このような時空構造になっているのが事象の地平面であり，事象の地平面に囲まれた領域は，光すらも外に出られないブラックホールとなる（ブラックホールとは事象の地平面に囲まれた領域の呼称であり，地平面に囲まれていない裸の特異点は，たとえ存在したとしてもブラックホールとは呼ばない）．

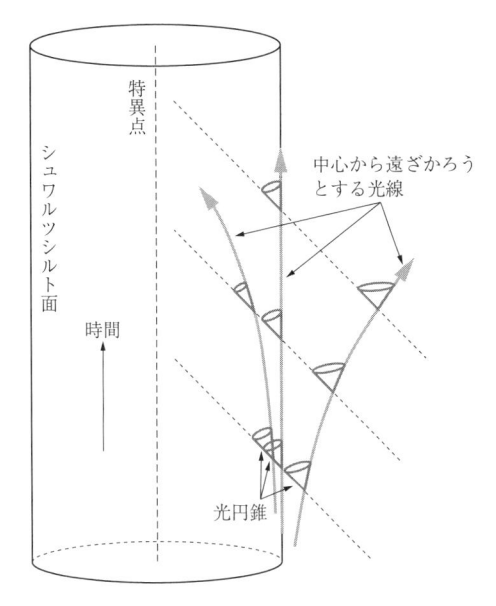

図2 ブラックホール近傍の光円錐

§3　ブラックホールの熱力学

　われわれの実感では，時間には過去から未来へと向かう"向き"がある．ところが，物理学の基礎方程式はいずれも時間の反転（ないし，実質的にそれに相当する変換）に対して不変であり，流体力学における流れのような時間の流れを表す式は存在しない．物理学的に時間の向きを与えるのは，エントロピー増大則という熱力学的な法則だとされる．エントロピーとは，もともと温度 T の物体に dQ という熱が流入するときに dQ/T だけ変化する量として定義されたもので，エントロピー増大則は熱は必ず高温領域から低温領域へと流れるという経験則を理論化したものだったが，その後，統計力学によって一般化された．統計力学的なエントロピー S は，次式で定義される．

$$S = k \ln W$$

ここで，k はボルツマン定数，W はシステムが取り得る微視的な状態の数である．有限な領域に閉じ込められた量子論的なシステムでは離散的な量子数によって状態が区別で

きるので，具体的に状態数を数えることができる．§6 で述べるように，この定義がブラックホールでも成り立つかどうかが，量子重力理論における重大な論点となっている．

通常の熱力学・統計力学のエントロピーは，さらに，次の式を満たす．

熱力学第 1 法則（エネルギー保存則）

$$dE = TdS$$

E と T はシステムのエネルギーと温度で，d をつけて時間が経過したときの微小な変化を表した．通常の物質の熱力学では，このほかに圧力に抗して膨張するときの仕事や物質の出入りによる化学ポテンシャルの項が加わるが，ここでは，シュワルツシルト・ブラックホールにおける放射エネルギーの出入りだけを考えることにして，上の1つの項だけを記しておく．

熱力学第 2 法則（エントロピー増大則）

$$dS \geqq 0$$

孤立したシステムのエントロピーは，時間の経過とともに増大する．エントロピーが最大になる熱平衡状態は，与えられた条件の下で実現可能な微視的状態の数が最も多い状態に当たる．統計的独立性などいくつかの仮定を置くと，熱平衡状態のとき部分系でエネルギーが E_j の状態が実現される確率は，$\exp(-E_j/kT)$ に比例することが導ける．これをボルツマン因子と呼ぶ（ボルツマン因子は，後でホーキング放射の式を導くときに使われる）．

それでは，ブラックホールに関して，エントロピーや温度のような熱力学的な量を定義することが可能だろうか？ 常識的には，ブラックホールに熱力学を適用するのは不可能に思える．定常状態に達した孤立ブラックホールの場合，地平面の外側から見た状態は，すでに述べたように，質量・電荷・角運動量という3つの量だけで完全に決定される．地平面の内側においては，物質も光も中心にある特異点に近づくような運動しかできないため，定常状態になった段階では，あらゆるものが特異点に達して消滅している．したがって，そもそも状態数を数えることができず，エントロピーは定義しようがない．また，光を全く放出しないブラックホールは，熱放射のない絶対零度の状態になるはずである．

ブラックホールにエントロピーがないとすると，ブラックホールを含むシステムでは，エントロピー増大則が成り立たないように見える．例えば，ブラックホールに向けて光源からビーム状の光を照射したとしよう．光はエネルギーを運ぶので，光源からは

エネルギーが失われ，熱力学第1法則に従ってエントロピーが減少する．もしブラックホールにエントロピーがなければ，この過程で光源とブラックホールをあわせたシステムのエントロピーは減少する．

宇宙の歴史を通観すると，ブラックホールは，まさに時間の経過とともに不可避的に生じる変化の具現である．ビッグバンで宇宙が誕生した当初にはブラックホールはほとんどなかったが，重力によって物質が凝集すると，最終的に重力崩壊を起こしてブラックホールに変化する天体も現れてくる．銀河レベルで見ても，若い銀河は不規則な形をしていてブラックホールを含まないことが多いが，数十億歳以上の年を取った銀河は，形状が渦巻き型や楕円形に変化するとともに，中心部には太陽質量の数百万から数億倍の質量を持つ巨大なブラックホールが生まれる．このように，宇宙の老化とブラックホールの形成は，密接な関係を持っている．エントロピーが不可逆的な時間の流れを示す量だとすれば，宇宙規模での不可逆性の現れであるブラックホールにも，エントロピーが定義されるべきだろう．

1972年，ベッケンスタインは，ブラックホールのエントロピーを表面積に比例する量として定義すれば，エントロピー増大則が破れないことを示した．ここで，表面積とは事象の地平面の面積であり，電荷と角運動量を持たないシュワルツシルト・ブラックホールの場合，表面積 A は，

$$A = 4\pi R^2 \qquad (6)$$

で与えられる（R は (2) 式で定義されたシュワルツシルト半径）．

質量 M・電荷 Q・角運動量 L を持つ一般のブラックホールの場合，表面積の式はかなり複雑になる．ここでは，$G = c = 1$ と置いた単位系での表面積 A の式を記しておこう．

$$A = 4\pi \left\{ \left(M + \sqrt{M^2 - Q^2 - \frac{L^2}{M^2}} \right)^2 + \frac{L^2}{M^2} \right\}$$

$Q = L = 0$ と置き，$G = c = 1$ のときのシュワルツシルト半径 R と質量の関係 $R = 2M$ を使えば，シュワルツシルト・ブラックホールにおける (6) 式を得る．

ベッケンスタインがブラックホールのエントロピー S_{BH} として与えたのは，次の式である．

$$S_{BH} = \frac{\eta k A}{l_P^2} \qquad \left(l_P = \sqrt{\frac{\hbar G}{c^3}} \right)$$

l_P は，第4章 (5) 式で導入したプランク長である．k はボルツマン定数だが，これはエントロピーの単位を与えるもので，S/k と kT を改めてエントロピーおよび温度として定義すれば，k は全ての式から消去できる．η は，この段階では値を決定できない1と

同程度の量である．この式は，1と同程度の η を別にすると，平方プランク長を単位とする表面積がブラックホールのエントロピーになることを示している．

　表面積と比例するようにブラックホールのエントロピーを定義した背景には，その少し前にホーキングらが示した表面積増大則がある．ブラックホールは物質を一方的に飲み込んでいくので常にエネルギーが増えるように思われるかもしれないが，回転するブラックホールの場合は必ずしもそうではなく，回転のエネルギーが奪われることも起こり得る．しかし，表面積は，現実には起こり得ないようなきわめて特殊なプロセスを別にすると，決して減少することがない．ベッケンスタインは，この性質がエントロピーの増大則と似通っていることから，ブラックホールのエントロピーを表面積に比例する量として定義することを思いついたようだ．

　表面積増大則によれば，ブラックホールに関するエントロピーは常に増大するが，それだけではない．ベッケンスタインの定義によると，ブラックホールを含むシステムのエントロピーも増大することが示される．ブラックホールに光を照射するケースを考えてみよう．

　光を放出する光源の温度を T，ブラックホールに吸収される光のエネルギーを dE とすると，光源のエントロピー変化は，

$$dS = -\frac{dE}{T} < 0$$

となる．話を簡単にするために，電荷や角運動量のないシュワルツシルト・ブラックホールを考えることにする．吸収されたエネルギー dE によってブラックホールの質量が $dM = dE/c^2$ だけ増加し，これに伴ってシュワルツシルト半径が増えるので，表面積は，

$$dA = 4\pi \left\{ \left(\frac{2G(M + dE/c^2)}{c^2} \right)^2 - \left(\frac{2GM}{c^2} \right)^2 \right\} = 16\pi \frac{G^2 M dE}{c^6} + O(dE^2)$$

だけ増加する．したがって，ブラックホールのエントロピーの増分は，

$$dS_{BH} = \frac{\eta k dA}{l_P^2} = 16\pi\eta \frac{kGM dE}{\hbar c^3}$$

となる．

　ここで示したいのは，ブラックホールと光源をあわせた全体のエントロピーが増大することなので，ブラックホールに関しては，光を照射する位置や方位をいろいろ変えたときに起こり得る表面積増大の最小値を求めなければならない．表面積の増大が最小になるのは，吸収された光がブラックホールの角運動量を変化させる場合で，その値は，上の式の

係数を 16π から $8\pi(2-\sqrt{3})$ に置き換えたものになる．ただし，この正確な式を用いても，全体のエントロピーが増大するという結論は変わらない．

ブラックホールと光源のエントロピーを比較するために，光源の温度 T にどのような制限が課せられるかを考えよう．T の温度があまりに低いと，放射される光の波長がシュワルツシルト半径よりも長くなってしまい，ブラックホールに向けてピンポイント照射することができなくなる．したがって，光源の温度は，波長がシュワルツシルト半径よりも充分に小さくなるような値に限られる．量子論的な熱放射の理論（プランク放射の理論）によれば，温度 T の光源から放射される光の波長 λ は，$\hbar c/kT$ 付近にピークを持つ（正確なピーク値は係数 2.2 を付けたものになる）．この波長がシュワルツシルト半径より充分に小さくなければならないので，

$$\lambda \sim \frac{\hbar c}{kT} \ll R = \frac{2GM}{c^2}$$

となる．この不等式を使えば，光源とブラックホールのエントロピーの増減を比較できる．

$$-dS = \frac{dE}{T} \ll 2 \cdot \frac{kGMdE}{\hbar c^3} = \frac{1}{8\pi\eta}dS_{BH}$$

したがって，光源とブラックホールを合わせた全体のエントロピーは増大することになる——これが，ベッケンスタインの結論である．

ここに記した議論は，1972 年の論文で実際に展開されたのと同じ内容だが，あまり厳密なものではなく，表面積によってブラックホールのエントロピーが定義できるという主張も説得力に欠ける．このため，当時は批判的な見方をする人が少なくなかった．

この問題に切り込んでいったのが，表面積増大則を証明したホーキングであった．彼は，当初，ブラックホールに関しては温度やエントロピーは定義できず，表面積とエントロピーの類似性は単なるアナロジーだと見なしていた．ところが，ベッケンスタインが用いたブラックホール周辺の量子論的な熱放射に関する議論を厳密に展開すると，全てを飲み込んでしまうはずのブラックホールが，実は，きわめて低い温度ながら熱放射を行っていることが判明したのである．この結果をもとに，ホーキングは，ブラックホールが表面積に比例するエントロピーを持つというベッケンスタインの結論を改めて導き出した．

ホーキングが実際に行った計算はきわめて高度なので，以下では，ホーキングが論文を出版したすぐ後に行われたデイヴィス，フリング，ウンルーらによる研究に基づき，§2 で紹介したリンドラー座標系を用いて比較的簡単にホーキングの結果を再現する方法を紹介しよう．

§4　リンドラー座標系におけるウンルー効果

質量項のないスカラー場 ϕ (ϕ は実数とする) が 2 次元のミンコフスキ座標とリンドラー座標でそれぞれどのように振舞うかを考える (質量項のないスカラー場は現実には存在しないが, 場の振舞いを見るのに好都合なので利用する). ϕ に関する波動方程式は, 次のようになる.

$$\text{ミンコフスキ座標} \quad \left\{\left(\frac{1}{c}\frac{\partial}{\partial t}\right)^2 - \left(\frac{\partial}{\partial x}\right)^2\right\}\phi = 0$$

$$\text{リンドラー座標} \quad e^{-2a\xi/c^2}\left\{\left(\frac{1}{c}\frac{\partial}{\partial \tau}\right)^2 - \left(\frac{\partial}{\partial \xi}\right)^2\right\}\phi = 0$$

この方程式の解は, ミンコフスキ座標系では $x \pm ct$ の任意関数, リンドラー座標系では $\xi \pm c\tau$ の任意関数になる. 符号が正のものは空間座標の負の向きに進む左向き進行波, 負のものは右向き進行波を表している. 2 つの座標の間には,

$$x \pm ct = \frac{c^2}{a}e^{a(\xi \pm c\tau)/c^2}$$

という関係があるので, どちらの座標系でも, 左向きと右向きの波は同じように区別される. 以下の式では, 符号を明確にするために左向きの波だけを記すことにする.

ミンコフスキ座標系において, 波動方程式の解を波数 k (角振動数 $\omega = kc$) の正弦波の重ね合わせとして表すことにしよう.

$$\phi(x,t) = \int_0^\infty \frac{dk}{\sqrt{2\pi}}\left\{a_k e^{-ik(x+ct)} + a_k^* e^{+ik(x+ct)}\right\} \quad (7)$$

(7) 式の { } 内には, 時間依存性がそれぞれ $\exp(-i\omega t)$ ($\omega = kc > 0$) または $\exp(+i\omega t)$ である 2 つの項がある. 2 つの項は, 時間経過に対する位相 (複素平面における偏角) の増減が逆になっており, 時間を逆転させたときに互いに入れ替わるような波を表している. これらは物理的に異なる波なので, 前者を正振動数項, 後者を負振動数項と呼んで区別することにしよう (1 秒間に何回振動するかを意味する振動数はどちらの項でも正であり, ここで言う正負とは, 時間に対する位相の増減を決めるものである). この分け方は, 場を量子化するときに重要になる.

一方, リンドラー座標系でも, ミンコフスキ座標系の場合と同じように波動方程式の解を正弦波の重ね合わせとして表せるはずである. ただし, リンドラー座標系は, 図 3 で R と記された領域 (R 領域と呼ぶことにする) でしか定義されていない. そこで, R 領域で定義された座標 ξ を改めて ξ_R と書くことにする. また, L 領域においては, (4)

§4 リンドラー座標系におけるウンルー効果

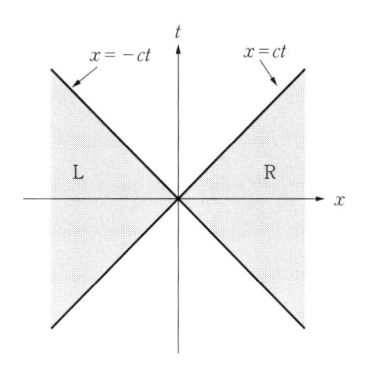

図3 リンドラー座標で表される2つの領域

式の a を $-a$ で置き換えた式で与えられる座標系 (ξ_L, τ) を考える.この座標を用いて,波動方程式の解を波数 κ の正弦波の重ね合わせとして表すことにしよう.R領域とL領域は事象の地平面で隔てられ,それぞれの領域ごとに波の重ね合わせを考えなければならないので,2種類の係数 b_κ と c_κ が必要になる.

$$\phi(\xi,\tau) = \int_0^\infty \frac{d\kappa}{\sqrt{2\pi}} \Theta(x+ct) \left\{ b_\kappa e^{-i\kappa(\xi_R+c\tau)} + b_\kappa^* e^{+i\kappa(\xi_R+c\tau)} \right\}$$
$$+ \int_0^\infty \frac{d\kappa}{\sqrt{2\pi}} \Theta(-x-ct) \left\{ c_\kappa e^{-i\kappa(\xi_L+c\tau)} + c_\kappa^* e^{+i\kappa(\xi_L+c\tau)} \right\} \tag{8}$$

$\Theta(\cdots)$ は,引数が正のときに1,負のときに0になるような階段関数で,これを使ってR領域とL領域を区別する.(7)式と(8)式は,同じ関数を異なる基底を使って展開したものなので,リンドラー座標系が定義されるRおよびL領域で両者は一致しなければならない.このことを使って,(7)式の係数 a_k を(8)式の係数 b_κ および c_κ で表すことができる.

実際に計算を遂行した結果は,次の形にまとめられる.

$$a_k = \int_0^\infty \frac{d\kappa}{\sqrt{2\pi}} R(\kappa,k) \left\{ e^{i\theta(\kappa,k)} \left(b_\kappa - e^{-\frac{\pi\kappa c^2}{a}} c_\kappa^* \right) + e^{-i\theta(\kappa,k)} \left(c_\kappa - e^{-\frac{\pi\kappa c^2}{a}} b_\kappa^* \right) \right\} \tag{9}$$

ただし,$R(\kappa,k)$ と $\theta(\kappa,k)$ は初等関数では表せない実関数である.

この計算を行うには,フーリエ変換の公式を利用する.式を簡単にするために,$x+ct=y$,$a_k^* = a_{-k}$ という置き換えを行った上で,(7)式をフーリエ変換の逆変換によって書き直す(ここでは,a_{-k} は右向き進行波の振幅ではなく,負振動数項の係数を表している).

$$a_k = \int_{-\infty}^{+\infty} \frac{dy}{\sqrt{2\pi}} \phi(y) e^{+iky} \tag{10}$$

さらに，$b_\kappa^* = b_{-\kappa}$, $c_\kappa^* = c_{-\kappa}$ と置き，リンドラー座標を y で表すと，(8) 式の ϕ は次のようになる.

$$\phi(y) = \int_{-\infty}^{+\infty} \frac{d\kappa}{\sqrt{2\pi}} \left\{ \Theta(y) b_\kappa \left(\frac{a}{c^2}y\right)^{-i\kappa\frac{c^2}{a}} + \Theta(-y) c_\kappa \left(-\frac{a}{c^2}y\right)^{+i\kappa\frac{c^2}{a}} \right\}$$

この $\phi(y)$ を (10) 式に代入して y の積分を遂行すれば，ミンコフスキ座標系での振幅をリンドラー座標系での振幅で表すことができる（振動関数なので積分の収束条件が問題になるが，ここでは深入りしない）. 実際に積分を遂行するには，次のフーリエ変換の公式を使う.

$$\int_0^\infty \frac{dy}{\sqrt{2\pi}} \frac{e^{+iky}}{|y|^\nu} = \frac{i}{\sqrt{2\pi}} \frac{\Gamma(1-\nu)}{|k|^{1-\nu}} e^{-i\frac{\pi\nu}{2}} \ (k > 0)$$
$$= \frac{-i}{\sqrt{2\pi}} \frac{\Gamma(1-\nu)}{|k|^{1-\nu}} e^{+i\frac{\pi\nu}{2}} \ (k < 0)$$

ただし，$\Gamma(\cdots)$ は Γ 関数と呼ばれる特殊関数で，$\Gamma(1+x) = x\Gamma(x)$ という簡単な関係式を満たすが，初等関数では表せない.

積分を遂行した結果は，次のようになる.

$$a_k = \int_{-\infty}^{+\infty} \frac{d\kappa}{\sqrt{2\pi}} \left\{ b_\kappa \left(\frac{a}{c^2}\right)^{-\nu} \frac{i}{\sqrt{2\pi}} \frac{\Gamma(1-\nu)}{|k|^{1-\nu}} e^{-i\frac{\pi\nu}{2}} \right.$$
$$\left. + c_\kappa \left(\frac{a}{c^2}\right)^{+\nu} \frac{-i}{\sqrt{2\pi}} \frac{\Gamma(1+\nu)}{|k|^{1+\nu}} e^{-i\frac{\pi\nu}{2}} \right\}$$
$$\left(\nu = i\kappa\frac{c^2}{a}\right)$$

Γ 関数の部分は，次のようにして，絶対値と偏角の項に分離することができる.

$$\mp i\Gamma(1 \pm ix) = x\Gamma(\pm ix) = xe^{i\arg(\Gamma(ix))} |\Gamma(ix)| \qquad （複号同順，x : 実数）$$

このほかの部分も絶対値と偏角の項に分け，k と κ の範囲を正に戻せば，(9) 式を得る.

ここで重要なのは，ミンコフスキ座標系で見たときに左向き進行波の正振動数項の振幅だったもの（a_κ）が，リンドラー座標系では，正振動数項（b_κ と c_κ）と負振動数項（b_κ^* と c_κ^*）の混合になっている点である. さらに，負振動数項には，正振動数項に対して $\exp(-\pi\kappa c^2/a)$ という因子が掛かっている点にも注目していただきたい.

特殊相対論の範囲では，正振動数項と負振動数項が混じり合うことはない. ある座標系で角振動数 ω，波数 $\boldsymbol{k}$ となる波を，元の座標系に対して相対速度 $\boldsymbol{v}$ で運動する座標系から見た場合，観測される振動数は ω' は，第 3 章 (4) 式で示したローレンツ変換の変換行列を角振動数 ω と波数ベクトル $\boldsymbol{k}$ から成る 4 元ベクトルに適用すれば，

$$\omega' = \frac{\omega - \boldsymbol{k} \cdot \boldsymbol{v}}{\sqrt{1 - \frac{v^2}{c^2}}}$$

となることがわかる．光のように質量がない場合は $\omega = c|\bm{k}|$，質量がある場合は $\omega > c|\bm{k}|$ であり，さらに $|\bm{v}| < c$ なので，ω がプラスならば ω' も必ずプラスになる．つまり，ローレンツ変換を行っても，正振動数項は負振動数項から分離されたままである．

ところが，ミンコフスキ座標に対して等加速度運動を行うリンドラー座標に移ると，2つの項が混じり合う．振動数や波数のような物理量は時間・空間の尺度をもとに定義されているため，時間や空間が部分的に伸び縮みすると，ローレンツ変換では起きないような振動数の変換が生じるのである．

ミンコフスキ座標系で正振動数の左向き進行波だけが存在しているとき，座標変換によってリンドラー座標系に移ると，事象の地平面で隔てられている R と L のそれぞれの領域で，正振動数項と負振動数項が混じった波として存在する．ここで，場の量子化を考えよう．第2章で述べたように，量子場の振動によって粒子的な状態が現れる．摂動論の近似が成り立つ場合，量子場の相互作用は，エネルギー量子という粒子的な状態が生成・伝播・消滅する過程として記述されるが，正振動数項は粒子的な状態の消滅を，負振動数項は生成を表す項となる．

第2章 §4 で示したように，量子電磁気学では，光子場を波数ベクトル $\bm{k}$ の正弦波で展開したときの係数に当たる Q^* と Q が光子の生成・消滅の演算子に対応していた．これと同じように，一般の場に関しても，正弦波で展開したときの係数が，一定の波数ベクトルを持つ生成・消滅演算子となる．この演算子の時間依存性を調べると，負振動数のときが生成演算子，正振動数のときが消滅演算子に相当する．

負振動数か正振動数かによって生成と消滅に分かれるのは，時間の向きが逆になるからである．すでに述べたように，負振動数と正振動数の波は，時間を逆転したときに互いに入れ替わる．ところが，量子場における励起状態の振舞いとして考えた場合，ある時点でエネルギー量子が生成されて伝播し始めるという現象を時間を逆転してみると，伝播してきたエネルギー量子がある時点で消滅することになる．これが，負振動数項の係数が生成演算子ならば，正振動数項の係数が消滅演算子になる理由である．

(7) および (8) 式の係数では，a_k, b_κ, c_κ が消滅演算子，(複素共役を表す $*$ をエルミート共役を表す演算子の記号 $\dagger$ に置き換えて) $a_k^\dagger$, $b_\kappa^\dagger$, $c_\kappa^\dagger$ が生成演算子となる (正式な定義には，規格化のための係数が必要になる)．

(9) 式の結果は，ミンコフスキ座標系で見たときには粒子的な状態が生成されない場合でも，リンドラー座標系で見ると生成され得ることがわかる．質量項のないスカラー場における角振動数 ω のエネルギー量子は，光子と同じく $\hbar\omega$ となるが，このエネルギー量子がどれくらい生成されるかを (9) 式から推測してみよう．(9) 式によると，エネルギー量子の生成を表す b_κ^* と c_κ^* には，指数関数で表される係数が付いている．場の

エネルギー密度は振幅の 2 乗に比例するので，エネルギー量子の数を考えるときには，この係数も 2 乗しなければならない．そこで，

$$T = \frac{a\hbar}{2\pi ck} \qquad (k：ボルツマン定数) \tag{11}$$

と置いて，係数の 2 乗を

$$\exp\left(-\frac{2\pi\kappa c^2}{a}\right) = \exp\left(-\frac{\hbar\kappa c}{kT}\right)$$

と書き換えてみよう．こうすると，波数 κ のときのエネルギー量子 $\hbar\kappa c$ の生成に対して，温度 T のボルツマン因子に相当する重みが加わることになる．この結果は，ミンコフスキ座標系ではエネルギー量子が生成されていない場合でも，リンドラー座標系で見ると，温度 T のときの統計的な分布に従ってエネルギー量子が生成されていることを示唆する．ウンルーらは，厳密な計算を遂行することで，この予想を確認した．ミンコフスキ座標系で真空に見える状態は，リンドラー座標系では温度が T の状態として観測される．これを「**ウンルー効果**」と言い，温度 T はウンルー温度と呼ばれる．

　　もう少し具体的な計算を示しておこう．量子場理論の場合，真空とは何もない空っぽの空間ではなく，振動のエネルギー量子数がゼロの状態である．1 次元調和振動子の振動状態を表すシュレディンガー方程式は，生成・消滅演算子を使うと，第 1 章 (19) 式のように表されるが，量子場理論でも，これと同様の式が成立する．調和振動子でエネルギー量子数がゼロの状態は，消滅演算子 a を作用させると消える状態，すなわち $a\Psi_0 = 0$ を満たす Ψ_0 だったが，量子場理論でも真空の定義は変わらない．ミンコフスキ時空の真空 $\Psi_0^{(M)}$ は，全ての波数 k に対して，

$$a_k \Psi_0^{(M)} = 0$$

になる状態として定義される．これが決して何もない空っぽの状態でないことは，リンドラー座標系に変換するとよくわかる．ミンコフスキ時空の真空をリンドラー座標系における生成・消滅演算子を使って定義すると，(9) 式より，全ての k に対して次の式を満たしている．

$$\begin{aligned}\left(b_\kappa - e^{-\frac{\pi\kappa c^2}{a}} c_\kappa^\dagger\right) \Psi_0^{(M)} &= 0 \\ \left(c_\kappa - e^{-\frac{\pi\kappa c^2}{a}} b_\kappa^\dagger\right) \Psi_0^{(M)} &= 0\end{aligned} \tag{12}$$

この式は生成演算子を含んでいるので，リンドラー座標系で見たミンコフスキ時空の真空は，振動のエネルギー量子が存在しない状態ではないことが窺える．ここで，生成・消滅

演算子を，第1章§5の調和振動子と同じように規格化されているものとする．

$$b_\kappa b_\kappa^\dagger - b_\kappa^\dagger b_\kappa = 1$$
$$c_\kappa c_\kappa^\dagger - c_\kappa^\dagger c_\kappa = 1 \qquad (13)$$

実際には，添字となる波数 κ は連続量なので，数学的に厳密に定義するには δ 関数を用いるべきだが，真空の性質を調べるには，この規格化でかまわない．(12) 式の解は次のように与えられる．

$$\Psi_0^{(M)} \sim \sum_\kappa \exp\left(e^{-\frac{\pi\kappa c^2}{a}} b_\kappa^\dagger c_\kappa^\dagger\right) \Psi_0^{(R)} \otimes \Psi_0^{(L)} \qquad (14)$$

この式は，波数を離散量のように扱っており，数学的に厳密ではないため，等号ではなく "∼" を用いた．$\Psi_0^{(R)}$ と $\Psi_0^{(L)}$ は，リンドラー座標系で見たときの R 領域と L 領域における真空で，次式で定義される．

$$b_\kappa \Psi_0^{(R)} = 0, \quad c_\kappa \Psi_0^{(L)} = 0$$

R 領域と L 領域は地平面で隔てられており，それぞれの領域で状態は独立に定義されると考えられるので，2 つの状態を別個に扱う直積 $\otimes$ を使った．

(14) 式が (12) 式の解となることを確かめるため，次のような書き換えを行おう．ただし，式を簡単にするために，添字の波数 κ を省き，$\exp(-\pi\kappa c^2/a)$ を α と置いた．

$$\begin{aligned}
b\exp\left(\alpha b^\dagger c^\dagger\right) &= b\sum_{n=0}^\infty \frac{1}{n!}\alpha^n \left(b^\dagger\right)^n \left(c^\dagger\right)^n \\
&= \sum_{n=0}^\infty \frac{1}{n!}\alpha^n \left(b^\dagger\right)^n \left(c^\dagger\right)^n b + \sum_{n=1}^\infty \frac{1}{(n-1)!}\alpha^n \left(b^\dagger\right)^{n-1} \left(c^\dagger\right)^n \\
&= \exp\left(\alpha b^\dagger c^\dagger\right) b + \alpha c^\dagger \exp\left(\alpha b^\dagger c^\dagger\right)
\end{aligned}$$

消滅演算子 b を左端から右端に移すにあたって，(13) 式の関係を利用した．この式の各辺に右から $\Psi_0^{(R)} \otimes \Psi_0^{(L)}$ を掛ければ，右端に b のある項はリンドラー座標系での真空の定義より消えるので，(14) 式が (12) 式を満たしていることがわかる．

(14) 式によると，ミンコフスキー座標系での真空は，リンドラー座標系で見た場合，R 領域と L 領域でエネルギー量子が励起された状態の重ね合わせになっている．

エネルギー量子数が n のときの重ね合わせの重みがどうなるかを示すには，状態の規格化が必要になって通常の記法では面倒なので，ディラックのブラケット記法を使って説明したい．エネルギー量子の個数を与える演算子は，R 領域と L 領域でそれぞれ $b^\dagger b$, $c^\dagger c$ となる．2 つの領域でエネルギー量子数が等しいことを使えば，次の関係式が得られる（波

数に対する和は省略したが，同じ重みをつけて足しあわせている限り，結果に差はない）．

$$A \equiv \langle \Psi_0^{(M)} | b^\dagger b | \Psi_0^{(M)} \rangle = \langle \Psi_0^{(L)} | \otimes \langle \Psi_0^{(R)} | \exp(\alpha bc) b^\dagger b \exp\left(\alpha b^\dagger c^\dagger\right) | \Psi_0^{(R)} \rangle \otimes \Psi_0^{(L)} \rangle$$
$$= \langle \Psi_0^{(L)} | \otimes \langle \Psi_0^{(R)} | \exp(\alpha bc) \alpha^2 \left(c^\dagger c + 1\right) \exp\left(\alpha b^\dagger c^\dagger\right) | \Psi_0^{(R)} \rangle \otimes \Psi_0^{(L)} \rangle$$
$$= \alpha^2 \left(A + \langle \Psi_0^{(M)} | \Psi_0^{(M)} \rangle\right)$$

これより，エネルギー量子 $\hbar k c$ の個数は，次式で与えられる．

$$\frac{\langle \Psi_0^{(M)} | b^\dagger b | \Psi_0^{(M)} \rangle}{\langle \Psi_0^{(M)} | \Psi_0^{(M)} \rangle} = \frac{\langle \Psi_0^{(M)} | c^\dagger c | \Psi_0^{(M)} \rangle}{\langle \Psi_0^{(M)} | \Psi_0^{(M)} \rangle} = \frac{A}{\langle \Psi_0^{(M)} | \Psi_0^{(M)} \rangle} = \frac{\alpha^2}{1 - \alpha^2} = \frac{1}{e^{2\pi \kappa c^2/a} - 1}$$

計算は長くなったが，結論は単純である．ミンコフスキ座標系での真空をリンドラー座標系で見ると，(11) 式で与えられるウンルー温度 T のプランク分布の状態になる．

座標系によって真空の状態が異なるのは，驚くべきことではあるが不可解ではない．繰り返し言っているように，量子場理論における真空とは空っぽの空間ではなく，エネルギー量子の個数がゼロの状態である．この状態のとき，場の振幅はゼロという確定された値ではなく，量子論的にゆらいでいる．座標変換を行って振動を定義する尺度を変えたとき，ゆらぎの状態が異なって見えたとしても不思議ではない．

エネルギー量子を素粒子と見なすと，座標系によって素粒子の個数が異なることになるが，これも不可解ではない．素粒子とは，場の変動を摂動論によって近似したときの粒子的な振舞いを表現したもので，空っぽの空間内部を飛び回る自立的な粒子ではないからである．

ウンルー効果によれば，真空のミンコフスキ時空に対して一定の加速度 a で運動する観測者にとって，空間全体がウンルー温度 T の背景放射を行っているように見える（真空にはもともと零点振動のエネルギーが潜んでいるので，熱エネルギーが無から生じたわけではない）．われわれが住む宇宙は，137 億年前に高温高圧のビッグバンによって始まったと考えられており，現在なお，その余熱が絶対温度 2.7 K の背景放射として残っている．これに対して，ウンルー効果による背景放射の温度は

$$T = \frac{a\hbar}{2\pi c k} = 4.055 \times 10^{-21} a \text{ [K]} \qquad (a \text{ の単位：m/s}^2)$$

となるので，通常は宇宙の背景放射よりもはるかに小さく，ほとんど観測不可能である．ただし，レーザを使った精密実験でウンルー効果が観測される可能性はある．高強度レーザの振動する電場によって電子を加速すると，電子の座標系ではウンルー効果による放射が現れ，電子はその影響でふらつくようになる．このふらつき運動を測定しようという試みである（電子をふらつかせるのに必要なエネルギーは，レーザによって供給される）．

ウンルー効果は，ミンコフスキ座標系に対して加速度運動を行う場合の効果だが，等価原理を使えば，重力が存在する場合に応用することができる．次に，この点を説明しよう．

§5 ホーキング放射とブラックホールのエントロピー

第3章§2の重力赤方偏移の議論を思い出していただきたい．加速度運動する光源と観測器の間に見られる振動数のずれは，特殊相対論の範囲ではドップラー効果として説明されるが，等価原理の考え方を採用すれば，（ニュートン力学では慣性力と見なされた）重力が赤方偏移を引き起こしたと解釈される．重力による赤方偏移は，加速度系に限らず一般的な物理法則であり，巨大な質量を持つ天体の周囲でも観測される．これと同じ考え方をウンルー効果に適用してみる．§4で示したウンルー効果は，ミンコフスキ座標系に対して一定の加速度 a で運動するリンドラー座標系に関して導かれたものだが，等価原理によれば，重力のない座標系に対して加速度運動する座標系でも，同等のウンルー効果が観測されるはずである．そこで，地平面付近で自由落下する座標系と，遠方からは地平面の外縁に留まっているように見える座標系を考えてみよう．前者には（潮汐力が充分に小さければ）重力場が存在せず，後者は自由落下する座標系に対して表面加速度 a_s で等加速度運動する座標系になっている．したがって，等価原理に従えば，自由落下する座標系での温度が絶対零度であっても，地平面近傍はウンルー効果によってウンルー温度を持つ状態となる．ウンルー温度を表す (11) 式に表面加速度の (5) 式を代入すると，次の式が得られる．

$$T_{BH} = \frac{\hbar c}{4\pi R k} = \frac{\hbar c^3}{8\pi GMk}$$

これを，**ホーキング温度**という．ミンコフスキ座標からの座標変換によって導かれたウンルー温度は空間全体にわたる温度となるが，ブラックホールの場合，リンドラー座標系で表されるのは地平面近傍に限られるので，ホーキング温度も地平面付近の温度と考えられる．

この式からわかるように，ブラックホールの温度は質量に反比例する．太陽と同じ質量を持つブラックホールの場合，ホーキング温度は 0.6×10^{-7} K 程度になり，ビッグバンの余熱である背景放射の温度 2.7 K よりはるかに低い．一方，質量が太陽の数千万分の1程度のミニ・ブラックホールならば，ホーキング温度は周囲の温度よりも高くなるため，熱放射によってブラックホールからエネルギーが放出される．こうしたミニ・ブラックホールは，自分の重力による重力崩壊では生じないが，何らかの方法で物質を

シュワルツシルト半径以下に圧縮すれば生成できる（この宇宙に実際に存在しているかどうかはわからない）．ブラックホールが行う熱放射をホーキング放射という．ホーキング放射によってブラックホールのエントロピーは減少するが，それ以上に周囲のエントロピーが増えるために，全体のエントロピーは増大する．§4ではスカラー場を使って計算を行ったが，ホーキング放射はあらゆる場に関して生じることが示される．

(7) 式の展開を考える際にスカラー場を実数と仮定したが，これは粒子と反粒子が区別されないケースに相当する．電子場 ψ のように場が複素数になるときには，正振動数項と負振動数項は，それぞれ粒子と反粒子を表すことになる．この場合，(9) 式の状態は，地平面をはさんで粒子・反粒子が対生成されたことを意味する．このため，ホーキング放射は，事象の地平面付近で粒子・反粒子の対生成が行われ，一方がブラックホールに飲み込まれ，他方が遠方に放出される過程と解釈できる．

ビッグバンから充分に長い時間が経過して余熱がほとんどなくなると，宇宙全体の背景放射温度はほぼゼロとなり，全てのブラックホールがホーキング放射を行うようになる．放射を続けていくと，質量が減少してホーキング温度が上昇するため，それにともなって熱放射の出力（ステファン・ボルツマンの法則によると温度の 4 乗に比例する）も増加し，最後は爆発的にエネルギーを放出する．ブラックホールがもともと電荷や角運動量を持っていた場合は，エネルギーを放出し終わった後に，電荷を帯びた，あるいは回転している安定なブラックホールが残るが，質量しかないシュワルツシルト・ブラックホールの場合，何かが残るかどうかは現在の理論でははっきりしていない．ホーキングをはじめとする多くの物理学者は，質量エネルギーを全て放出すると，シュワルツシルト・ブラックホールは蒸発して後には何も残らないと推測している．

ホーキング温度を使うと，ブラックホールのエントロピーを求めることができる．温度 T のブラックホールに熱を吸収させてエネルギーを dE だけ増大させたとき，エントロピーの増分 dS は，熱力学第 1 法則より次式で与えられる．

$$dS_{BH} = \frac{dE}{T_{BH}} = \left(c^2 dM\right) \cdot \frac{8\pi GMk}{\hbar c^3}$$

質量がゼロの極限ではブラックホールは存在せずエントロピーもゼロになることから積分定数が定まるので，この式を積分してエントロピーの表式が得られる．

$$S_{BH} = \int_0^M \frac{8\pi GMk}{\hbar c} dM = \frac{4\pi GM^2 k}{\hbar c} = \frac{\pi c^3 R^2 k}{\hbar G} = \frac{kA}{4l_P^2} \tag{15}$$

式変形には (2) 式と (6) 式を使った．最終的な式をことばで表すと，「ブラックホールのエントロピーは，平方プランク長を単位とする表面積の 4 分の 1 に等しい」となる（k は単位を与えるだけで物理的な意味はない）．この式は，ベッケンスタインが提案した

エントロピーの式で，1と同程度の数とだけ規定されていた係数 η を 1/4 と置いたものになっており，ベッケンスタイン・ホーキング・エントロピーと呼ばれる（S の添字の BH は「ブラックホール」の意味だが，二人の頭文字と思ってもかまわない）．

§6 量子重力理論による扱い

　ホーキングは，係数まで含めてブラックホールのエントロピーをきちんと導いたが，その物理的な意味は，必ずしもはっきりしていない．ホーキング温度を求めるまでの段階は，等価原理と量子場理論の基礎だけから求められるウンルー効果として説明できるので，信憑性が高い．一方，ホーキング温度からエントロピーを導く際には，熱力学第1法則がそのまま成り立つと仮定しており，このエントロピーが統計力学的に与えられるかどうかは論じていない．熱力学のエントロピーは微視的な状態数によって定義することができたが，ブラックホールの場合にも同じ定義が成り立つのだろうか？ 古典論の範囲では，状態数を用いたエントロピーの定義をブラックホールに適用することはできない．時空はアインシュタイン方程式の解に確定されており，物質は全て特異点に飲み込まれて消滅するので，状態数を数えようがないためである．しかし，量子重力理論になると，時空はアインシュタイン方程式の解に限定されず，量子ゆらぎを行っている．したがって，時空の量子論的な状態を数えることが可能になるかもしれない．

　エントロピーは，一般に，物質の量に比例する示量変数となる．きわめて簡単な例として，エネルギーの等しい2つの振動状態を取り得る N 個の振動子によって構成されるシステムを考えよう．このとき，全体の状態数は（それぞれの振動子が2つの状態のどちらになっているかという組み合わせの数から）$W = 2^N$ と与えられるので，エントロピー $S = k\ln W = kN\ln 2$ となり，振動子の個数 N に比例する．このように，通常の物質の場合，エントロピーは質量または体積に比例する．ところが，ブラックホールの場合，エントロピーは表面積，すなわち質量の2乗に比例する（シュワルツシルト半径が質量に比例することを思い出していただきたい）．量子重力理論からエントロピーを導く際には，この違いがなぜ生じるかを，きちんと説明できなければならない．

　特定の量子重力理論に基づいてブラックホールにおける状態数を数え，そこからベッケンスタイン・ホーキングのエントロピーを導出することができれば，理論の信憑性が著しく高まる．ここでは，ループ量子重力理論と超ひも理論での成果を簡単に紹介しよう．

(1) ループ量子重力理論

　ループ量子重力理論に基づいてブラックホールのエントロピーを求める方法は，1998

年にアシュテカらによって考案された．

アインシュタイン方程式によるとブラックホールの中心には特異点が存在するが，時空を量子化したときにこの特異点がどうなるかは，よくわかっていない．また，§5の議論にも示されているように，ホーキング放射は地平面周辺の真空のゆらぎによって生じるものなので，中心部は重要な役割を果たしていないはずである．そこで，ブラックホールに関する作用積分を，地平面の内側を除いた領域の積分として表されるように書き直してみる．この書き直しを行うと，作用積分は，地平面の外側の3次元空間における積分と，地平面上での2次元の表面積分の和になる．ただし，3次元空間での作用積分は，主にブラックホールとは無関係な重力波の伝播に関するものなので，エントロピーに寄与するのは表面積分の項だと仮定することが許されるだろう（この仮定の可否が，エントロピーが表面積に比例するかどうかをほぼ決定する）．

エントロピーを求めるには，地平面上で微視的な状態の数がいくつになるかをカウントすればよい．ループ変数を用いて時空を量子化する場合，地平面の状態は，第5章§8で紹介したスピンネットワークを使って表される．地平面をスピンネットワークのエッジが横切っている場合，エッジに割り振られた重複度（または，これを2で割ったスピン値）に応じて，その部分の微小面積が決定される．したがって，この微小面積の総和が一定値 A になるという制約の下で，エッジが貫くパターンと重複度の割り振り方がいくつあるかを数えることによって，地平面における微視的状態の数がわかる．

実際には，面積の総和以外にもさまざまな制約が付くこともあって計算はかなり面倒だが，電荷・角運動量を持たないシュワルツシルト・ブラックホールの場合は，エントロピーの値が求められる．その結果は，(15)式のベッケンスタイン・ホーキング・エントロピーに対して，1と同程度の係数が付いたものになった．係数の具体的な値は，ループ変数による量子化の際の不定性に依存しており，確定できない．研究が進めばベッケンスタイン・ホーキング・エントロピーと一致する値が導けるようになるかどうかは，予断を許さない．

(2) 超ひも理論

超ひも理論に基づいてブラックホールのエントロピーを求める場合，振動するひもという描像を全面的に採用するわけにはいかない．このことは，激しく振動する1本のひもを考えるとわかる．振動が激しいとき，ひも全体を粒子と見なしたときの質量 M は，第6章(9)式で N が充分に大きいときの値なので，$\sqrt{N}$ に比例する．さらに，N はさまざまな振動モードに関して，角振動数 j と振動の量子数 n の積を足しあげたものなので，N が与えられたときの振動の状態数（j と n の組み合わせの数）が計算できる．実際に状態数を計算してエントロピーを求めると，$\sqrt{N}$ に比例するという結果が得られ

るので，激しく振動するひものエントロピーは，質量の 1 乗に比例することになる．一方，（第 6 章ではきちんと説明しなかったが）ひも同士を結びつける相互作用の大きさは，あるパラメータで与えられる．このパラメータは，（重力がひもの励起状態である重力子によって伝えられることから予想されるように）万有引力定数 G と結びついている．そこで，仮想的にひも同士の相互作用のパラメータを大きくしてみよう．このとき，単独のひもの状態は変化せず，ひも全体の質量 M も変わらないが，G が大きくなるために，考えているひものシュワルツシルト半径が大きくなる．その値がひもの拡がり以上になったとすると，ひもはブラックホールになるはずである．しかし，振動の状態数から求めたエントロピーは質量の 1 乗に比例するので，質量の 2 乗に比例するベッケンスタイン - ホーキング・エントロピーとは一致しないように見える．

　この考え方の誤りは，摂動論の描像を無自覚に用いた点にある．超ひも理論で振動するひもという描像が成り立つのは，あくまで摂動論の近似が良い場合に限られる．上の議論の場合，ひもの拡がりがシュワルツシルト半径よりも充分小さいときに摂動論は良い近似になっているが，そうでないと，ひも同士の相互作用が強くなりすぎて摂動論は使えない．

　それでは，超ひも理論でどうやってブラックホールのエントロピーを計算すればよいのだろうか？　ここで利用されるのが，（第 6 章でも触れた）D ブレインと呼ばれるオブジェクトである．ただし，シュワルツシルト・ブラックホールは難しいので，この宇宙には存在しないかもしれない"電荷"（電子や陽子が持つ通常の電荷ではなく，超対称性に関する電荷）を持つブラックホールを扱うことになる．ブラックホールが電荷を持っていると，ホーキング放射を終えて温度がゼロになっても，残留エントロピーを持つブラックホールが後に残される．この安定したブラックホールについて，エントロピーを計算するわけである．

　D ブレインが何であるかを説明するのは難しいが，超ひもとは別に理論的に存在が予想されるものだと理解していただきたい．例えば，電磁気学には，場を量子化したときに現れる光子とは別に，磁気単極子と呼ばれる仮想的なオブジェクトがある．これは，そこから磁力線が伸びているもので，磁石の N 極だけあるいは S 極だけに相当する（磁気単極子の性質に関してはいろいろな理論的制約が付けられており，現実には存在しない可能性もあるが，ここで詳しい説明は行わない）．これと同じように，超ひも理論においても，量子論的な振舞いを表す超ひもと，それとは別に存在する D ブレインがある．磁気単極子が磁力線という形で光子と結びつき，周囲の磁場の強度を決める磁荷を持っているように，D ブレインは超ひもとつながっており，超対称性に関する"電荷"を持っている．磁気単極子は点状の存在だが，D ブレインには，点状，ひも状，膜状などさまざまな種類がある．ただし，D ブレインがどのように運動するかを理論的に導く

方法は完成しておらず，長距離領域における超ひも理論の有効場と考えられている超重力理論の範囲で近似的に扱うことができるだけである．

Dブレインは質量を持っており，たくさん集まるとブラックホールになると予想される．ただし，下手にDブレインを集めても，地平面に特異点が現れるなどの問題が生じて計算ができなくなるので，きちんとした計算結果を得るためには，集め方に工夫を凝らす必要がある．

1996年，ストロミンジャーとヴァファは，かなり技巧的なやり方でDブレインを集めてブラックホールを作ったときの状態数を計算し，係数も含めてベッケンスタイン・ホーキング・エントロピーの式が正しく導けることを示した．この成果がひとつのきっかけとなって，90年代後半に超ひも理論のブームが再燃することになる．

彼らが使った方法（をわかりやすく改良したもの）は，超ひも理論が定義された10次元時空の内部にあるD5ブレイン（Dの次の数字はDブレインが空間方向の何次元に拡がっているかを表す）をQ_5枚集め，さらに，その内側にひも状のD1ブレインをQ_1本埋め込んだ上で，5つの次元をコンパクト化した5次元時空のブラックホールを考えるというものだった（5次元を考えたのは，その方が4次元よりも簡単なためであり，後に4次元時空でも計算が行われ，基本的に同じ結果を得た）．このケースでは，Q_5とQ_1が"電荷"に当たる．D1ブレインが伸びている方向はコンパクトな閉じられた空間になっているので，この方向の振動は，量子数nで指定される離散的な状態になり，状態数を数えることできる．このようにして数えられた状態数から求めたエントロピーSは，

$$S = 2\pi\sqrt{Q_1 Q_5 n}$$

となった．一方，電荷を持つブラックホールの計量テンソルに基づいて地平面の面積を計算し，これからベッケンスタイン・ホーキング・エントロピーの値を求めると，上の式と一致する結果が得られる．Q_1, Q_5, nという3つのパラメータを含む式の形が同一になることから，この結果は偶然の一致ではなく，超ひも理論の正当性を示唆するものと思われた．

ところが，近年になって，話の行方がわからなくなってきている．超ひも理論を現実世界を記述する基礎理論だと解釈しなくても，ブラックホールのエントロピーを導ける可能性が出てきたのである．

超ひも理論は10次元時空に数学的な構造を与える理論だが，その部分的な振舞いに注目すると，低い次元で観察される現象の間に関連性があることが示される．10次元時空内部の3次元空間にD3ブレインが重なって存在する場合について説明しよう．D3ブレインが質量を持つために周囲の時空がゆがんで地平面が生じるが，その近傍を拡大

すると，時空の振舞いが5次元の重力理論によって表されることがわかる．一方，このDブレインにつながっている超ひもの相互作用を摂動論的に記述したものは，4次元の量子場理論となっている．こうして，5次元重力理論と4次元量子場理論という2つの理論的な記述が現れるが，もともとはD3ブレインが引き起こす同一の現象を扱っているので，両者の間には，数学で双対性と呼ばれる対応関係が存在する．

　　　　　物理学の用語を使うと，ここでの重力場は反ドジッター（Anti de Sitter）空間となり，量子場理論は共形場理論（Conformal Field Theory）というタイプのものなので，両者の対応関係は「AdS/CFT対応」と呼ばれる．AdS/CFT対応は，1997年にマルダセナによって提唱された．

　超ひも理論が現実的な理論だと考えると，この世界に生起する実際の現象が，ある次元の重力理論としても，それより1次元低い量子場の理論としても表されることになる．この性質は，3次元的なデータを2次元的な面に記録するホログラフィを思い起こさせるので，宇宙はホログラフィックだいう言い方も可能になる．しかし，必ずしもそう考える必要はないだろう．重力理論と量子場理論は，超ひも理論を前提としなくても定式化することができるからである．この場合，両者の間に対応関係が存在するものの，それは単なる偶然だと解釈される．2つの理論を包摂する高次元の超ひも理論から眺めることによって，対応関係に数学的な裏付けが与えられるが，だからと言って，超ひも理論が現実的だという必然性はない．例えば，超伝導の振舞いを調べるのに厳密な量子場理論を使うのは難しいので，対応関係のある重力理論を使って計算するという試みが行われているが，その際，こうした重力が実際に存在すると仮定するわけではない．あくまで数学的な計算手法として利用するだけである．もちろん，Dブレインの存在も仮定されない．

　超ひも理論を現実のものと見なさず，重力理論と量子場理論の対応関係だけを使ってブラックホールのエントロピーを求める研究は，いくつかの特殊なブラックホールに関して進められている．こうした研究では，ブラックホールの状態数を求めるのに，扱いの難しい重力理論を使わず，それと対応関係のある量子場理論での状態数を計算する．こうして求められたエントロピーを，ブラックホールのものと解釈するわけである（この解釈が正当かどうかについては議論がある）．具体的には，5次元時空での電荷を持つブラックホールについての計算が行われ，係数を除いてベッケンスタイン‐ホーキング・エントロピーと一致する結果が得られている（このほかにも，いくつかの計算事例がある）．エントロピーが体積ではなく表面積に比例するのは，対応する量子場理論の次元数が重力理論よりも1つ低いことに由来する．

　こうした結果から量子重力理論に関して何が言えるのか，実は，よくわからない．計

算が行われたのは，多くの場合，ホーキング放射が終了した後に残る温度がゼロのブラックホールで，温度がゼロでも存在できるように電荷や角運動量を持っている．現実に存在する温度が有限のブラックホールについては，重力理論と量子場理論の対応関係をもとにした計算が遂行できるかどうかも判然としない．また，超ひも理論が対応関係の裏付けを与えてくれる単なる数学的な道具か，それとも，重力と物質が深いところで結びついていることを示す根源的な理論なのか，いまの段階では何とも言えない．

　いずれにしても，ブラックホールの研究が，量子重力理論の今後を決定する鍵となることは確実である．

第8章

宇宙論への応用

　量子重力理論は，実験や観測で得られているデータの振舞いを説明する能力は皆無に近く，近い将来，実験で検証できそうな予測もほとんどない（§2 で紹介するブレイン宇宙論には，高エネルギー実験でミニ・ブラックホールを作ってホーキング放射を観測することができるという見方もあるにはあるが）．その一方で，従来の理論では扱えない宇宙論的な難問に対して，ある種の解答を用意してくれる．本章では，いささか高踏的なこうした難問の中で，宇宙の始まりに存在するとされる初期特異点の問題と，空間の次元数に関連する問題について，量子重力理論がどのような議論を繰り広げているかを紹介したい．

§1　初期特異点

　今なお膨張を続ける宇宙全体の振舞いは，量子化されていない一般相対論で充分に説明が付けられる．微小な量子ゆらぎは宇宙全体にかかわる影響を及ぼさないので，通常の宇宙論では，量子論的な効果は全て無視してもかまわないからである．

　しかし，宇宙の始まりに関してはそうではない．われわれが観測するこの宇宙は，137億年前に誕生したとされる．アインシュタイン方程式に基づいて，この瞬間に向かって時間をさかのぼっていくと，温度や圧力，エネルギー密度はどこまでも大きくなり，宇宙が始まる瞬間には，これらの量が無限大になって一般相対論が破綻する．これが，初期特異点の問題である．現在の宇宙論では，最初期には真空の状態変化に伴って温度や密度も複雑な変動を示したと考えられるが，こうした変動を考慮しても，始まりの瞬間を記述しようとすると初期特異点の問題は避けられない．

　宇宙全体を扱うときには，宇宙は一様（どの場所に移動しても同じ）かつ等方（どの方向を見ても同じ）だとするモデルが使われる．現実の宇宙には天体が存在する領域とそうでない領域との間で物質密度に大きな差があるが，構造が存在するのはせいぜい数

億光年程度までであり，それ以上のスケールで見ると，宇宙はほぼ一様等方になっている．

一様等方性を持つ時空の計量テンソルは，スケール因子と呼ばれる1つのパラメータ a によって表されることが知られている．a は宇宙の大きさに関係する量で，仮に宇宙空間が3次元の球面と同じ幾何学的な形状だとすると，スケール因子 a は，仮想的な4次元球の半径に相当する（ただし，宇宙が球面状であることを示す観測データはない）．球面状の宇宙は，ビッグバンで始まった後に膨張していくが，ある時点で最大の大きさになった後に収縮に転じ，温度・圧力が再び無限大となるビッグクランチを迎えて消滅する．

一様等方性を持つ時空の計量テンソルは，スケール因子 $a(t)$ を未知数として含む次のロバートソン・ウォーカー計量で表される．

$$ds^2 = dt^2 - a^2(t)\left\{\frac{dr^2}{1-kr^2} + r^2(d\theta^2 + \sin^2\theta d\phi^2)\right\}$$

k は 0 または ± 1 のいずれかを表す．$k = +1$ が球面状の宇宙を表しており，宇宙全体の体積は有限で膨張の後に収縮に転じるが，k が 0 と -1 のときは，体積は無限大で永遠に膨張を続ける（宇宙項が存在する場合，膨張・収縮の過程は異なったものになり得る）．

なお，上の計量では，dt^2 の係数が1となるような「標準宇宙時」を用いているが，量子化の手続きを行う場合には，時間に依存する係数を残しておかなければならない．

スケール因子 a だけで表される計量テンソルとは異なり，物質に関する式は一様等方であってもさまざまな可能性があるが，ここでは，圧力がなく物質密度が全宇宙にわたって一定という最も簡単なケースを取り上げよう．このとき，アインシュタイン方程式（第3章(18)式）は，a の時間微分を含む次の方程式になる．

$$\left(\frac{\dot{a}}{a}\right)^2 = \frac{M}{a^3} - \frac{k}{a^2} \qquad (\text{ドットは時間微分を表す．} k = 0, \pm 1) \tag{1}$$

ただし，M はエネルギー保存則の積分から出てくる積分定数で，物質密度 ρ と次の関係式で結ばれている．

$$M = \frac{\kappa c^2 \rho a^3}{3} \tag{2}$$

この式からわかるように，圧力が無視できる一様等方な宇宙の場合，スケール因子 a は，その内側にある質量が一定に保たれるような領域のスケールがどのように変化するかを表している．

$a = 0$ となる時刻を時間 t の原点とすると，a が小さいとき，(1)式の解は，

$$a \sim t^{2/3}$$

のように振舞う．この式を信じるならば，われわれの住む宇宙は，現在から137億年前となる $t=0$ の瞬間に $a=0$ の状態から突如として誕生したことになる．さらに，(2)式の M が定数になることから，$a=0$ では密度 ρ が無限大になる（圧力がないという近似で式を立てたので，これらの式から圧力は求められない）．つまり，$a=0$ となる始まりの瞬間が，一般相対論が破綻する初期特異点となる．この特異点は，あらゆる物理現象を数式できちんと書き表したいと願う物理学者にとって，のどに刺さった棘のような存在である．

(1) 宇宙の波動関数

重力を量子化した場合に初期特異点がどうなるかは，ビッグバン宇宙論が定着した1960年代後半から議論されてきた．1967年のドウィットの論文では，時空の振舞いを表すスケール因子 a と，物質の状態を表す量（ここでは密度 ρ としておく）の2つを，粒子の量子論における位置と同じような変数と見なして量子化の手続きを行い，波動関数 $\Psi(a,\rho)$ についての方程式を導き出す方法が提案された．

> ドウィットの論文で導かれたのが，第5章 §5 で紹介したホイーラー・ドウィット方程式である．方程式の導き方には専門的な知識が必要なので，ここでは，$k=+1$ という閉じた宇宙に関してドウィットが導いた方程式を引用するにとどめる．
>
> $$\left(\frac{1}{48\pi^2}a^{-1/4}\frac{\partial}{\partial a}a^{-1/2}\frac{\partial}{\partial a}a^{-1/4} - 12\pi^2 a + \rho\right)\Psi = 0$$
>
> 上の式では，$c=\hbar=16\pi G=1$ という単位系が用いられている．また，ρ は密度に対応する演算子となる（原論文では粒子の質量と個数が使われている）．

宇宙の波動関数 $\Psi(a,\rho)$ をどのように解釈すべきかは，必ずしもはっきりしていない．この関数は，シュレディンガーの波動関数のように，ある時刻における物理量の不確定性を表すものではない．そもそも，時間 t をあらわに含んでいないため，特定の時刻に a や ρ がどのような値になるかはわからない（これは，時間座標を自由に伸縮させられるという条件の下で量子化した結果である）．波動関数 Ψ が表すのは，2つの変数 a と ρ の関係だけである．解釈に曖昧さは残るが，ともあれ，この波動関数によって宇宙の量子論的な状態が表されているものと仮定しよう．

当初の期待は，量子論に特有の不確定性関係により，$a=0$ における特異点がうまく処理されるというものだった．しかし，実際に波動関数 Ψ の振舞いを調べてみると，$a=0$ のときには $\rho=\infty$ となり，特異点は回避されていないことがわかった．ドウィットは，$a=0$ のときに $\Psi=0$ と置けば特異点の問題は生じないと考えたが，この条件を置いてしまうと常に $\Psi=0$ となってしまい，膨張する宇宙の状態を表せない．ドウィッ

トの方法では，初期特異点の問題は解決できないのである．

(2) ホーキング・ハートルの無境界仮説

1983 年，ホーキングとハートルは，初期特異点を避けるための新たな方法として，虚数時間を用いた経路積分による量子化を提案した．

ここで出発点となるのは，第 4 章 (2) 式で与えた重力の経路積分である．この積分は，短距離で重力場が量子論的にゆらぐときの寄与が大きくなりすぎるという困難を抱えているが，宇宙論においては，こうした量子ゆらぎは宇宙全体の振舞いに影響を与えないと仮定して経路を制限することにより，短距離過程に由来する発散はなくせる．しかし，それでも被積分関数は激しく振動する関数なので，このままでは積分値を求めることができない．

そこでホーキングとハートルは，時間 t を虚数時間 $i\tau$ に置き換え，時間と空間の区別がない 4 次元の世界を考えることによって，経路積分の値を評価できるように変更した．彼らが提案した式を概略的に記すと，次のようになる（この式はあくまで概略であって正確ではない）．

$$\Psi\left(\overline{g}_{\mu\nu}, \overline{\phi}\right) = \int \prod_{x,y,z,\tau} dg_{\mu\nu} d\phi\,(\text{係数}) \times \exp\left(-\frac{1}{\hbar}\int d\tau dx dy dz L\left[g_{\mu\nu}, \phi\right]\right) \quad (3)$$

右辺に現れる計量テンソルと物質場（ϕ で代表させる）は，虚数時間 τ と 3 次元空間 x, y, z をあわせた 4 次元空間内部の量で，L はこれらの関数として表したラグランジアンである．虚数時間を用いると被積分関数の指数部分が実数になって振動しなくなるため，積分の収束性が良くなる（実際に収束するかどうかは，これだけではわからない）．積分範囲にはさまざまな形状の 4 次元空間が含まれており，虚数時間 τ が一定となる 3 次元空間を境界とする．

通常の実数時間における経路積分は，ある状態 P から別の状態 Q への遷移振幅を与えるが，ホーキングとハートルは，この考え方を虚数時間にも拡張できると仮定した．遷移先の状態 Q に相当するのが，経路積分の境界となる 3 次元空間で計量テンソルと物質場が与えられた状態である（3 次元空間の量は上にバーを付けて表すことにする）．(3) 式の左辺は，この状態を表す波動関数である．遷移先が一様等方宇宙である場合，3 次元空間の状態はスケール因子 a と物質密度 ρ（および圧力など）で代表されるので，波動関数はドウィットが与えた $\Psi(a, \rho)$ となる．

ホーキングとハートルの提案で興味深いのは，遷移前の状態 P を特定せず，なめらかな経路を全て加えあわせれば，ビッグバン後の膨張宇宙を表す波動関数が得られるという主張である．粒子の量子論では，第 1 章 (15) 式に記したように，遷移前の状態を何らかの形で与えておかないと，遷移後の状態は決定できない．ところが，宇宙の始まりに

§1 初期特異点

関してはそうではなく，単にさまざまな経路を加えあわせるだけで波動関数が得られるというのである．彼らはこれを「無境界仮説」と呼び，これによって初期特異点の問題が回避されたと考えた．

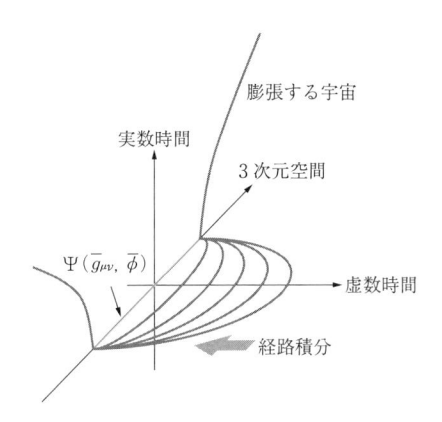

図1 ホーキング・ハートルの理論

このアイデアは野心的で興味深いが，多くの問題を抱えている．そもそも，ホーキングとハートルの理論には，実質的に，実数時間と虚数時間という2つの時間が含まれている（図を参照のこと）．

(3) 式左辺の波動関数に時間は含まれていないが，もしビッグバン後の状態を正しく与えるとすると，それは時間とともに膨張する宇宙を表しているはずであり，スケール因子 a の値によってビッグバン後の経過時間が特定できる．a と ρ の変化を時間をさかのぼる向きに辿っていくと，$a=0$ のときにはやはり $\rho=\infty$ となるので，特異点はなくなっていない．ホーキングは，実数時間は現実に存在せず虚数時間だけがリアルだという考え方を示したが，それでは，宇宙全体のエントロピーがビッグバン以降に増大するという過程を説明できない．

1984年，ヴィレンキンは，トンネル効果によって宇宙が生まれたというアイデアを提案した．トンネル効果が起きる確率を計算する際にも虚数時間での積分が使われるので，形式的には，ヴィレンキンの理論はホーキングらのものと似ている．ただし，トンネル効果という途中の過程だけが存在して，トンネルの向こう側に当たる状態が存在しない「無からの創造」である．話としてはおもしろいが，存在しない状態からのトンネル効果が現実に起こり得るとは考えにくい（無ではなく $a=0$ の宇宙から生まれたという考え方もあるが，これも現実に存在する状態ではない）．

ホーキング・ハートルおよびヴィレンキンのアイデアは発表当時には評判になったが，現在では，必ずしも支持されていない．ただし，虚数時間で経路積分を扱う方法は，コンピュータによるシミュレーションを可能にするので，第5章§9で紹介した単体分割理論の数値計算などで利用されている．単体分割理論では虚数時間だけを考えるが，虚数時間と3次元の空間の間に差を設け，虚数時間の向きに応じて相互作用が異なると仮定している．このように時間に向きを与えることによって，虚数時間だけしかないにもかかわらず，実数時間の場合と似た宇宙の発展消長が生じる．

(3) ループ量子重力理論

それでは，現在の量子重力理論は，初期特異点の問題に決着を付けられるのだろうか？　決定的ではないものの，ループ量子重力理論は，この問題に対してある程度の解答を与えている．

第5章で述べたように，ループ量子重力理論では，面積や体積のような幾何学的な量が離散的な値を取るようになるが，その結果として，スケール因子 a も連続量ではなくなる．このため，a が連続的にゼロに近づくことに起因する特異点は，自動的に回避される．

> スケール因子 a は，第5章§5に記したフラックスを使って表される．フラックスの固有状態を表す量子数 n を使うと，a はプランク長と $\sqrt{n}$ の積の定数倍（量子化の方法に依存する不定性がある）となる．a の微分を含むホイーラー・ドウィット方程式は，異なる量子数を持つ状態間の差分方程式で置き換えられる．この差分方程式は，古典論で特異点となる $n=0$ に対しても破綻せずに成立する．n がきわめて大きいときには，差分を微分と見なすことが可能になり，ホイーラー・ドウィット方程式が再現される．

一様等方性を仮定したままループ量子重力理論を適用すると，時間をビッグバンの瞬間までさかのぼっても理論が破綻するような特異点が現れず，そのままビッグバン以前になめらかにつながっていく．この結果をそのまま受け容れると，ビッグバン以前の宇宙が収縮し最小の体積になった後，バウンドして膨張に転じたのが現在の宇宙だということになる．ただし，最小の体積からバウンドするという振舞いは，一様等方という強い仮定を置いてスケール因子の変化だけを調べた場合のものである．現実の宇宙は，ビッグバンの直後にはブラックホールがほとんどなく，時間が経過するにつれてブラックホールが形成され，それに伴ってエントロピーが大きくなるという歴史を辿っているので，ある宇宙のビッグクランチが別の宇宙のビッグバンにつながると考えることには無理がある．

ビッグバン以前にまでつなげるというループ量子重力理論の議論は，あくまでこの理

論が宇宙全体に適用できるかどうかを確認するための最初の試みであり，今後，さらに詳細が検討されていくことになるだろう．

ループ量子宇宙論は新しい研究分野なので，このテーマを扱った書籍は見あたらない．論文としては，A. Ashtekar, T. Pawlowski, and P. Singh, "Quantum Nature of the Big Bang" (arXiv:gr-qc/0604013v3, 2006) などがあるが，専門家向けの難解なものである．

§2 次元数の問題

初期特異点とともに，量子重力理論と関連を持つ宇宙論的な難問の1つが，宇宙空間はなぜ3次元なのかという問いである．空間が3次元なのは，人間が存在する上で好ましい．空間が2次元以下だと，複雑な生体構造を実現することができず生命は誕生しない．4次元以上になると，重力が逆2乗則に従わず惑星軌道が安定しないので，惑星表面の水系に由来する人間タイプの生命体は存在できないだろう．

重力はガウスの法則に従っており，重力源を中心とする球の表面積に反比例して弱くなる．3次元空間では，半径 r の球の表面積は $4\pi r^2$ だが，4次元では $2\pi^2 r^3$，5次元では $8\pi^2 r^4/3$ となり，それぞれ，距離の逆3乗，逆4乗則に従う．重力の距離依存性として $1/r^{2+\delta}$ を仮定すると，現在の観測データでは，$|\delta| < 10^{-9}$ が得られている．

それでは，この宇宙の空間は，なぜ人間に都合の良い3次元になっているのだろうか？この問いに対する解答として，空間ははじめから3次元に決まっていたわけではなく，物理的な過程を経て3次元だけが観測可能な世界になったという考え方がある．この考えに従えば，空間が3次元以外になる世界がたくさん存在してもかまわない．その中で，3次元空間の世界にだけ人間タイプの知的生命が生まれて，世界はなぜ3次元なのかと悩んでいることになる．

異なる次元数を持つ世界から3次元世界が生まれたという議論は，主に超ひも理論の枠内で議論されている．第6章で述べたように，超ひも理論では時空の次元数は10次元（超ひも理論の発展形であるM理論では11次元）であり，現実に時間1次元，空間3次元の世界しか観測されていない理由として，カルツァ‐クライン機構やブレイン宇宙論などのアイデアが提案されている．

(1) カルツァ・クライン機構

4次元よりも大きな次元数を持つ世界に関するまともな物理学理論としておそらく最初に作られたのが，1919年に数学者のカルツァがアインシュタインへの手紙で提案し，後に物理学者のクラインが完成したカルツァ・クラインの理論である．この理論は，アインシュタインの一般相対論を5次元時空に拡張することによってゲージ不変性を持つマクスウェル電磁気学を自然に導こうとするもので，もともとは量子重力理論と無関係だが，近年では，超ひも理論との関連でさかんに議論されている．

オリジナルのカルツァ・クライン理論と同じように，時間1次元，空間4次元の5次元世界を例にして説明しよう（超ひも理論への応用では，空間は9次元になる）．以下の議論では，4番目の空間座標を w で表す．

w が他の次元と同じように拡がっていれば，当然，観測に掛かるはずである．観測されている空間の次元数が3であることを説明するために，w 方向の空間は観測できないほど小さいと仮定する．空間が小さいと言っても，壁のような境界で空間が仕切られているとは考えにくいので，ある距離だけ進むと元の地点に戻るような周期的境界条件を採用する．2次元の場合は円柱の表面を想定し，円柱の軸方向を通常の空間次元，軸に垂直な面で切ったときの円周方向の座標が w だと考えるとわかりやすい．この円の半径を R とすると，w は周期 $2\pi R$ で元の地点に戻ることになる．

w 方向の空間が $2\pi R$ の長さで丸まっていると場がどのように振舞うかを，質量項のないスカラー場 ϕ を使って調べてみよう（スカラー場を使うのは式を簡単にするためで，他の場に拡張することは容易である）．w 方向に $2\pi R$ 進むと元に戻るという条件から，整数 n を使って ϕ を次のように展開することができる．

$$\phi(t,x,y,z,w) = \sum_{n=-\infty}^{+\infty} \phi_n(t,x,y,z) e^{inw/R}$$

まず，時空にゆがみがない場合について考えよう．ϕ が質量のないスカラー場の波動方程式に従うとすると，ϕ_n が従う方程式が求められる．

$$\left\{\left(\frac{1}{c^2}\frac{\partial^2}{\partial t^2} - \Delta\right) - \frac{\partial^2}{\partial w^2}\right\}\phi = 0 \rightarrow \left\{\left(\frac{1}{c^2}\frac{\partial^2}{\partial t^2} - \Delta\right) + \left(\frac{n}{R}\right)^2\right\}\phi_n = 0$$

$$\left(\text{ただし，}\Delta = \frac{\partial^2}{\partial x^2} + \frac{\partial^2}{\partial y^2} + \frac{\partial^2}{\partial z^2}\right)$$

スカラー場 ϕ が量子化されている場合，質量を持つ場の波動方程式（例えば，自由電子の場が従う第2章 (14) 式）と比較すればわかるように，この式は，ϕ_n の励起状態が，

次式で与えられる質量 m_n を持つ粒子のように振舞うことを意味する．
$$m_n = \frac{n\hbar}{Rc}$$
質量がこの式に従って整数比になる一群の素粒子は発見されていないので，余剰次元があるとしても，その拡がりは陽子の大きさなどに比べてはるかに小さいと推測される（後で述べるブレイン宇宙論のように，余剰次元の方向に物質の相互作用が伝わらない場合は，拡がりは大きくてもかまわない）．もし R がプランク長のようなきわめて小さい値だとすると，場を励起させるのに必要なエネルギー m_nc^2 は高エネルギー実験などで利用されるエネルギーよりもはるかに大きくなるため，場（スカラー場に限らず全ての場）はほとんど常に w 方向の振動が励起されていない基底状態にある．このとき，w 方向には何の変化も起きないため，w 方向に拡がりがあることは観測できない．

ここまでの議論は時空のゆがみを考慮していなかったが，続いて，一般の計量テンソルの場合を考えることにしよう．w 方向の次元とそれ以外の 4 次元を区別するために，ラテン文字は w も含めた 0 から 4 まで，ギリシャ文字は w を除いた 0 から 3 までの成分を表すものとし，w を含む 5 次元の計量テンソルを γ_{ij} と書くことにしよう（この記法は，4 次元部分がどうなるかを見やすくするためのもので，一般的な記法とは異なる）．計量テンソルも他の場と同じように w 方向には変動していないとし，w のスケールを定める γ_{44} は-1 に等しいとする（負号が付くのは，空間方向の符号をマイナスとする規約による）．w 方向を含む γ_{ij} の成分を次のように表すことにする．

$$\gamma_{\mu 4} = \gamma_{4\mu} \equiv -A_\mu \quad (\mu = 0 \text{ から } 3 \text{ まで}) \tag{4}$$

A_μ は w 座標を含まない座標変換に対してベクトルのように変換されるので，w を除く 4 次元時空の内部で見たときには，ベクトル場として振舞う．これを使うと，長さ要素は次のように表される．

$$ds^2 = \gamma_{\mu\nu}dx^\mu dx^\nu - 2A_\mu dx^\mu dw - dw^2$$

後の便宜を考えて

$$\gamma_{\mu\nu} = g_{\mu\nu} - A_\mu A_\nu \quad (\mu, \nu = 0 \text{ から } 3 \text{ まで}) \tag{5}$$

という書き換えを行うと，長さ要素は，

$$ds^2 = g_{\mu\nu}dx^\mu dx^\nu - (dw + A_\mu dx^\mu)^2$$

となる．

ここで，w 座標だけを次のように変える座標変換を考える．

$$w \to w' = w - \chi(t,x,y,z) \qquad (\chi \text{ は } w \text{ によらない任意関数}) \tag{6}$$

この座標変換に対して $\gamma_{\mu 4}$ （$= \gamma_{4\mu}$）は次のように変換される．

$$\gamma'_{\mu 4} = \frac{\partial x^i}{\partial x^\mu}\frac{\partial x^j}{\partial w'}\gamma_{ij} = \gamma_{\mu 4} + (\partial_\mu \chi)\gamma_{44} \qquad (i,\,j = 0 \text{ から } 4 \text{ まで，} \mu = 0 \text{ から } 3 \text{ まで})$$

(4) 式を使うと，A_μ の変換が与えられる．

$$A_\mu \to A'_\mu = A_\mu + \partial_\mu \chi \tag{7}$$

一方，(6) 式の座標変換に対する $\gamma_{\mu\nu}$ の応答を調べると，(5) 式で導入した $g_{\mu\nu}$ は変化しないことがわかる．

一般相対論は座標変換に対する不変性があるので，(6) と (7) の変換を同時に行ったとき，物理現象を記述する基礎方程式の形は変わらない．ところが，w 座標は観測できないので，w を除いた 4 次元世界においては，座標を固定して (7) 式の変換だけを行ったことになる．この変換は，（第 5 章 (2) 式で示した）電磁場のゲージ変換と同じ形をしている．このことから，カルツァは A_μ は電磁場そのものであり，$g_{\mu\nu}$ が 4 次元時空における見かけ上の計量テンソルになると解釈した．A_μ と $g_{\mu\nu}$ が形式的に 4 次元時空内部の電磁場および重力場と同じ相互作用になっていることは，具体的な計算によって確かめられる．

A_μ の相互作用がどうなるかを調べるには，かなり煩雑な計算が必要となる．ここでは，その道筋だけを簡単に紹介するにとどめよう．

5 次元時空での計量テンソルは，次のような形に略記できる．

$$\gamma_{ij} = \begin{pmatrix} g_{\mu\nu} - A_\mu A_\nu & -A_\mu \\ -A_\nu & -1 \end{pmatrix}$$

この逆行列となる反変テンソルは，容易に求められる．

$$\gamma^{ij} = \begin{pmatrix} g^{\mu\nu} & -A^\mu \\ -A^\nu & -1 + A_\lambda A^\lambda \end{pmatrix}$$

（ただし，$A^\mu = g^{\mu\nu}A_\nu$）

この 2 つのテンソルを使って，クリストッフェル記号を計算することができる．例えば，

$$\Gamma^\rho_{4\nu} = \Gamma^\rho_{\nu 4} = \frac{1}{2}g^{\rho\mu}(\partial_\mu A_\nu - \partial_\nu A_\mu)$$

曲率テンソルを求めて作用積分を書き下せば，A_μ がどのような相互作用を行うかがわかる．実際に計算してみると，場が w に依存しないとしたときの 5 次元重力場の作用積分は，4 次元時空における重力場の作用積分に，

$$\int dx \sqrt{-g} \left\{ -\frac{1}{4} (\partial_\mu A_\nu - \partial_\nu A_\mu)^2 \right\}$$

を加えたものになっている．この追加項は，座標変換に対する不変性を保つのに必要な $\sqrt{-g}$ を別にすると，第 2 章 (20) 式の L_A と同じラグランジアンの積分になっているので，A_μ は 4 次元の電磁場と全く同じ形の相互作用をすることがわかる．ただし，このままでは，重力と電磁気の相互作用の強度比が正しく与えられないので，

$$A_\mu \to \kappa A_\mu$$

と置き換える必要がある．

カルツァとクラインは，時空の次元は 4 次元より多いという前提の下で，余分な重力場の成分から電磁場を導き出すことに成功した．特に重要なのは，電磁場がなぜゲージ不変性を持つかを明らかにした点である．(7) 式の変換に対する不変性は，もともとは，(6) 式の座標変換に対して理論形式が不変になるという一般相対論の要請に由来するものである．ところが，w の座標軸は小さく丸まって観測できないため，現象としては，ベクトル場 A_μ のゲージ変換に対する不変性だけが現れる．第 5 章 §4 でも強調したように，一般相対論における座標変換はゲージ変換と形式的に良く似ており，時空の幾何学と物質の相互作用が深いところでつながっていることを窺わせていたが，カルツァ・クライン機構を仮定すれば，一般相対論における座標変換として両者を統一的に理解することが可能になる．

この機構は，特に超ひも理論で重要な役割を果たす．超ひも理論は 10 次元時空で定義されているが，4 次元を超える 6 つの余剰次元がコンパクト化しているという考え方である．この仮説が興味深いのは，単に余剰次元が観測されないという事実を説明するだけでなく，物質に関する相互作用が全て余剰次元の重力から導ける可能性がある点だろう．オリジナルなカルツァ・クラインの議論では 1 つの余剰次元から電磁気を導いたが，超ひも理論には 6 つの余剰次元があるため，計量テンソルの余剰成分を使って素粒子の標準模型に現れる全ての相互作用を導くことも不可能ではない．

もっとも，標準模型が自然に導かれるわけではない．超ひも理論の一般的な考え方では，10 次元のうち 4 次元がビッグバンに始まり膨張を続けている宇宙となり，残りの 6 次元がコンパクトな数学的構造を持つ世界（カラビ・ヤウ多様体と呼ばれる）を形作っている．ところが，このコンパクト化のパターンは無数に存在しており，標準模型を含むようなコンパクト化が起きるかどうかは偶然にゆだねられている．1980 年代後半に

超ひも理論がブームになったときには，この理論によって，世界がなぜ特定の物理法則に従っているかを説明できるのではないかという期待があったが，実際には，そうした説明には成功しておらず，無数の可能性の中の1つがたまたま実現されたとしか言えない．

カルツァ・クライン機構には，さらに深刻な問題点がある．特定の次元だけが小さくなる理由が全く説明できないのである．一般相対論では特定の次元だけに働く相互作用が存在することは許されず，全ての次元で同じような相互作用が生じるはずである．にもかかわらず，いくつかの次元（超ひも理論では10次元のうちの6次元）だけが小さくなるのは不可解である．この問題点は1920年代から批判の的にされており，いまだに特定の次元だけをコンパクト化するようなダイナミクスは見いだされていない．

(2) ブレイン宇宙論

余剰次元がそれほど小さくなくても，物質の相互作用が（時間を除く）多次元空間内部の3次元の領域に束縛されていれば，観測される空間は3次元になるはずである．こうしたアイデアを実現する具体的な模型としては，超ひも理論で現れるDブレインを利用したブレイン宇宙論がある．

超ひも理論（と言っても，Dブレインを考えるときには，もはやひもだけの理論ではないが）にはいくつかの種類があり，端のないリング状のひもだけを扱う理論の他に，両端のある開いたひもを想定するバージョンもある．こうしたひもの両端は，第7章§6で紹介したDブレインにつながっているという条件を採用することが多い．ひもが3次元空間（および1次元の時間）に拡がったD3ブレインにつながって離れられず，ひもが作り出す物質と力がD3ブレインに束縛される場合，物質の相互作用を利用する限り，D3ブレインの外にある余剰次元の存在は観測できない．

一方，重力子は，ひもがリング状になったものなので，ブレインから離れて余剰次元の方向に伝わることができる．このため，余剰次元があまりに大きいと，重力の効果が外に漏れる影響で距離の逆2乗に比例するというニュートンの法則が破れてしまう．逆2乗則は0.1ミリメートル程度の間隔まで良い精度で成り立っていることが確かめられているため，ブレイン宇宙論における余剰次元の大きさも，たかだか0.1ミリメートル程度と推測される．これは，4次元宇宙全体に比べると小さいが，カルツァ・クライン機構の余剰次元よりもかなり大きい．巨視的な拡がりを持つ余剰次元があると，素粒子反応によってブラックホールが生成されやすくなるので，2008年から稼働している大型ハドロン衝突加速器LHCの実験でミニ・ブラックホールが作り出せるかもしれない．ただし，物理学者たちの下馬評によると，標準模型で唯一見つかっていないヒッグス粒子発見のオッズが2倍であるのに対して，余剰次元のオッズは14倍となっており，

それほど期待されているわけではない（フェルミ研究所 300 人の研究者に聞いた結果；*Science* **315** (2007) 1657）.

ブレイン宇宙論が関心を持たれているのは，これが宇宙項問題を解決する可能性があるためである．WMAP（ウィルキンソン・マイクロ波異方性探査機）などのデータによると，現在の宇宙は膨張スピードが加速されており，その原因は，暗黒エネルギーとも呼ばれる宇宙項にあると推定されている（この結論には，仮説に依存する部分が多々ある）．この宇宙項は，①加速膨張になるために符号が正，②大きさはプランクエネルギー（プランク長の逆数を $\hbar c$ 倍したもの）に比べて 30 桁以上小さい——という特徴がある（ただし，宇宙の初期には宇宙項はかなり大きく，急激な加速膨張をもたらしたと考えられている）．カルツァ・クライン機構によって余剰次元がコンパクト化したとすると，通常は宇宙項は負の値になり，膨張スピードは減速されてしまうことが知られている．この難点を避けるために，D ブレイン間の相互作用が特定の形になって正の宇宙項を生み出しているという説が提唱されている．さらに，D ブレイン周囲の時空のゆがみなどを考慮すると，宇宙項の大きさをいろいろと調整することもできる．もっとも，パラメータの値や D ブレインの配置を人為的に調整しないと観測と一致する結果にはならないため，D ブレインを利用して宇宙項問題を解決する試みの評価は分かれている．このほか，D ブレイン同士の衝突がこの宇宙の始まりになるという「エキピロティック宇宙論」など，いろいろな応用が提案されている．

巨視的な余剰次元に関しては，リサ・ランドール著『ワープする宇宙』（日本放送出版協会）にわかりやすく解説されている．

参考文献

　本書は，量子重力理論の入り口に至る道のりを俯瞰し，そこから1歩か2歩踏み込んでいるだけなので，さらに詳しく勉強したい人のために，参考文献をあげておく．

量子重力理論全般

　ループ量子重力理論・超ひも理論を含む量子重力全般に関して見渡すには，次の本に収録された論文が役に立つ．

　『別冊・数理科学 2009 年 10 月号　量子重力理論』（サイエンス社）

　ループ量子重力理論の創始者が，いろいろな理論について批評した次の論文も興味深い．

　C. Rovelli, "Strings, loops and others: a critical survey of the present approaches to quantum gravity" (arXiv:gr-qc/9803024v3, 1998)

　（本文中にも登場したが，arXiv はインターネット上で読める論文を集めたサイトで，上の記号で検索すれば論文を入手することができる．）

第 1 〜 3 章

　量子場理論・一般相対論の教科書としては，本文中で紹介したもの以外に次のような著作がある．

　V. P. ナイア著『現代的な視点からの場の量子論　基礎編』（シュプリンガー・ジャパン，2009）

　M. E. Peskin and D. V. Schroeder, *An Introduction To Quantum Field Theory* (Westview Press, 1995)

S. Weinberg, *Gravitation and Cosmology* (Wiley, 1972)

S. W. Hawking and G. F. R. Ellis, *The Large Scale Structure of Space-Time* (Cambridge University Press, 1973)

第4章

量子重力におけるくりこみ不能性を具体的な計算で示した日本語の書物はほとんどない．次の本は，実際の計算方法や束縛系の量子化に伴う取り扱いについて解説し，後半で超ひも理論にも触れているが，ややわかりにくい．

木村利栄／太田忠之著『古典および量子重力理論』（マグロウヒル出版，1989）

超ひも理論などの現代的な量子重力理論が登場する以前に物理学者たちがどのような試みをしていたかは，次の論文集から窺える．

General Relativity: an Einstein Centenary Survey, edited by S. Hawking and W. Israel (Cambridge University Press, 2010)

第5章

ループ量子重力理論はまだ研究途上であり，日本語で読める良書は少ないが，創始者のひとりであるスモーリンの著作はしっかりしている．

L. スモーリン著『量子宇宙への3つの道』（草思社，2002）

より本格的な解説は，英語の文献を見ていただきたい．

A. Ashtekar and J. Lewandowski, "Background Independent Quantum Gravity: A Status Report" (arXiv:gr-qc/0404018v2, 2004)

C. Rovelli, "Loop Quantum Gravity" (http://www.livingreviews.org/lrr-2008-5)

格子ゲージ理論については，次の解説が比較的わかりやすい．

岩崎洋一著「格子ゲージ理論」（『物理学最前線11』（大槻義彦編，共立出版，

1985）に収録）

第 6 章

超ひも理論に関しては，推進派と批判派が一般向けの書物を出版しているが，ここでは，それぞれ 2 冊ずつあげておく．

    B. グリーン著『エレガントな宇宙——超ひも理論がすべてを解明する』（草思社，2001）
    L. サスキンド著『宇宙のランドスケープ——宇宙の謎にひも理論が答えを出す』（日経 BP 社，2006）
    P. ウォイト著『ストリング理論は科学か——現代物理学と数学』（青土社，2007）
    L. スモーリン著『迷走する物理学』（武田ランダムハウスジャパン，2007）

本格的な教科書としては，本文中に示したカクとポルチンスキーのものが優れている．D ブレインや M 理論に関しては次の書物にも解説されているが，数式中心で専門家以外には理解が難しいだろう．

    太田信義著『超弦理論・ブレイン・M 理論』（シュプリンガー・フェアラーク東京，2002）

第 7 章

次の本は数式がないにもかかわらず，ブラックホールを巡るさまざまな論点について踏み込んで解説しており，ホーキング放射にも触れている．

    K. S. ソーン著『ブラックホールと時空の歪み——アインシュタインのとんでもない遺産』（白揚社，1997）

数式を用いたホーキング放射の解説は，英語の文献しか見あたらない．

    R. M. Wald, *Quantum Field Theory in Curved Spacetime and Black Hole Thermodynamics* (University of Chicago Press, 1994)

情報パラドクス（ブラックホールが蒸発する際に情報が失われるかという問題）を巡るホーキングとサスキンドの論争についての著書も面白いが，超ひも理論に基づく解決法に関しては，さまざまな異論が提出されている．

> L. サスキンド著『ブラックホール戦争——スティーヴン・ホーキングとの20年越しの闘い』（日経BP社，2009）

第8章

初期特異点の問題は，ホーキングのベストセラーに登場する．

> S. W. ホーキング著『ホーキング，宇宙を語る——ビッグバンからブラックホールまで』（早川書房，1989）

より深く知りたい場合は，次の解説を参照してほしい．

> J. J. Halliwell, "Introductory Lectures on Quantum Cosmology" (arXiv:0909.2566v1 [gr-qc], 1990)

本書では少ししか触れなかった超ひも理論に基づく宇宙論に関しては，一般向けの著作が多く出版されている．

> P. J. スタインハート／N. トゥロック著『サイクリック宇宙論——ビッグバン・モデルを超える究極の理論』（早川書房，2010）
> 橋本幸士著『Dブレーン——超弦理論の高次元物体が描く世界像』（東京大学出版会，2006）
> 白水徹也著『宇宙の謎に挑む ブレーンワールド』（化学同人，2009）

あとがきに代えて——最先端科学の捉え方

　科学は論争をしながら最適な解決策を模索していく学問である．
　学問を進歩させる原動力となった著名な論争は少なくない．銀河系は宇宙における唯一の天体集団か渦巻星雲として観測される無数の島宇宙の1つなのかを争ったシャプレーとカーチスの論争，量子力学は原理的な理論か統計的な理論かを巡るボーアとアインシュタインの論争，陽電子は「電子の海」に開いた穴だと主張するディラックとそれに反対するパウリの論争などである．これほど有名でなくても，科学者同士の論争は学術雑誌や学会・シンポジウムを舞台として日々繰り広げられている．
　科学における最先端とは，まさに論争が行われる現場である．このため，最先端分野になるほど議論の余地が大きいという逆説が生じる．技術の向上を反映した実験観測のデータならば新しいほど信頼性が高いが，理論の場合はそうではない．最先端の理論は，採用すべきか棄却すべきかを見極める途上にあり，当然のことながら，その中の少なからぬものが捨てられる運命にある．
　科学者たちは，自分が携わる理論の改良を続けるだけではなく，論争を有利に運ぼうとして，理論の正当性をあらゆる方法でアピールする．このやり方が，ときには科学者以外をも巻き込むことがある．いまだ論争の最中にある内容が，最先端科学の成果として世に出てしまうのである．一般の人は，最先端なのだから正しいと錯覚しがちだが，実は，実証的な根拠に欠ける仮説でしかないケースも少なくない．
　量子重力は，まさに論争の渦中にある分野である．ここ十数年にわたってループ量子重力理論と超ひも理論の陣営間で争いが繰り広げられているが，決着がつけられる見通しはない．どちらかが正しいという保証すらなく，まだ考案されていない理論がいつか正当化されるかもしれない．こうした中で，一般向けに書かれた書物が混乱を拡大している．ある本では，超ひも理論に基づくランドスケープやDブレインのアイデアが宇宙の謎を解き明かすと解説され，別の本では，超ひも理論は科学理論として必要な要件すら備えていないと難じられる．互いに矛盾する内容のうち，どれが正しくてどれが間違っているか，最先端で研究する科学者もわかっていないし，わかったとしたら，その分野はもう最先端ではない．
　最先端科学を勉強するのは悪いことではない．しかし，学界の状況を大局的に見る目

を持っていないと，かえって混乱するばかりだろう．その分野はどのような問題意識の下に研究されており，何が論点となっているのか——こうした点を踏まえていないと，「最先端科学の成果」に騙されることになりかねない．

　本書を手にした読者の中には，ブレイン宇宙論やスピンネットワークなどのトピックがあまり解説されていないことに不満を抱く人がいるかもしれないが，こうした話題は，それぞれの理論の陣営に属する科学者が紹介すればよいと考えたまでである．読者に捉えてほしいのは，最先端に至るまでの道程であり，この分野が物理学全体の中でどのような位置にあるかという大局である．それがどこまで伝えられたかは心許ないが，こうした意図は汲み取っていただきたい．

吉 田 伸 夫

索引

欧字・数字

3 脚場　117
4 脚場　117
AdS/CFT 対応　181
D ブレイン　134
M 理論　155
WMAP　194
W 粒子　135
Γ 関数　170
δ 関数　45
ζ 関数　153

あ行

アインシュタインの関係式　20
アインシュタイン方程式　78
アシュテカ変数　116
アノマリー　149
アハラノフ・ボーム効果　30
アモルファス　128
暗黒エネルギー　195
一様等方　184
ウィークボソン　42
ウィルソン・ループ　113
宇宙項　78
宇宙定数　78
宇宙標準時　184
ウンルー温度　172
ウンルー効果　172
エキピロティック宇宙論　195
エッジ　125
エネルギー保存則　164
エネルギー量子　25
演算子法　5
エントロピー　155
エントロピー増大則　164

か行

ガウス曲率　68
ガウス単位系　28
ガウスの曲面論　67
角運動量　132
仮説演繹法　100
カラビ・ヤウ多様体　193
ガリレイ変換　58
カルツァ・クライン機構　148
慣性質量　63
慣性力　63
共形場理論　181
共変性　72
共変微分　72
共変ベクトル　49
共鳴　23
局所的超対称性　133
曲率　67
曲率テンソル　72
虚数時間　59
クォーク　3
グラスマン数　133
くりこみ可能　56
くりこみ不能　28
くりこみ変換　86
くりこみ理論　28
クリストッフェル記号　73
グルーオン　3
形式不変性　75
計量テンソル　71
経路積分　5
ゲージ関数　107
ゲージ条件　30
ゲージ不変性　29
ゲージ不変量　112
ゲージ変換　29

ゲージ粒子　138
結合定数　86
光円錐　162
交換関係　18
格子間隔　107
格子ゲージ理論　107
格子点　106
光子場　36
格子理論　106
拘束条件　32
光電効果　37
光量子　35
ゴースト場　148
固有時　159
コンパクト化　130

さ行

最小作用の原理　6
磁気単極子　179
"時空の原子"　105
実用単位系　28
自由粒子　6
重粒子　137
重力子　80
重力質量　63
重力赤方偏移　65
重力波　79
重力ポテンシャル　64
シュレディンガー方程式　22
シュワルツシルト解　158
シュワルツシルト半径　158
シュワルツシルト・ブラックホール　165
シュワルツシルト面　158
準粒子　43
消滅演算子　46
初期特異点　183
示量変数　177

スカラー曲率　75
スカラー積　71
スカラー電子　133
スカラー場　72
スカラーポテンシャル　29
スカラー量　61
スケール因子　184
ステファン・ボルツマンの法則　176
スピノル　38
スピン　40
スピン接続　117
スピンネットワーク　125
正孔　43
正準形式　118
正振動数項　168
生成演算子　171
摂動論　44
遷移振幅　10, 11
全曲率　68
漸近自由性　91
相対性原理　58
双対性　136
素粒子　28

た行

第2量子化　42
大統一理論　92
タキオン　149
縦波　34
ダランベール演算子　45
単体分割理論　98
地平面　162
中間子　63
中性子　65
超重力理論　98
潮汐力　162
超対称性パートナー　133
超ひも理論　98
重複度　125
調和振動子　24
対消滅　51
対生成　51
定在波　23
ディラック方程式　38

停留値　9
電子場　38
電弱統一理論　90
テンソル　71
伝播関数　44
等価原理　63
統計力学　163
特異点　158
特殊相対論　25
ドップラー効果　64

な行

内部振動　143
南部・後藤の作用　141
ニュートリノ　93
熱放射　167
熱力学　157
熱力学第1法則　164
熱力学第2法則　164

は行

背景放射　174
排他律　132
パウリ行列　118
波数ベクトル　34
バックグラウンド計量　104
波動関数　21
波動性　37
波動方程式　26
ハミルトン形式　118
バリオン　137
反変ベクトル　49
万有引力定数　65
反粒子　39
ビッグクランチ　184
ヒッグス場　93
ビッグバン　149
微分同相変換　105
標準模型　42
表面加速度　162
表面積増大則　166
ヒルベルト空間　19
ファインマン図形　51
ファインマン則　51
フェルミ準位　43

フェルミ粒子　132
フォティーノ　133
フォノン　43
不確定性関係　10
負振動数項　168
物質波　20
負ノルム状態　148
フラックス　120
ブラックホール　155
プランク長　92
プランク定数　10
プランク分布　174
プランク放射　167
フーリエ成分　35
フーリエ変換　35
ブレイン宇宙論　183
ヘヴィサイド単位系　28
ベクトル場　38
ベクトルポテンシャル　29
ベータ崩壊　90
ベッケンスタイン・ホーキング・エントロピー　177
偏光　34
ポアッソン括弧式　118
ホイーラー・ドウィット方程式　119
ホーキング温度　175
ホーキング放射　157
ボース粒子　132
ホール　43
ボルツマン因子　164
ボルツマン定数　163

ま行

マクスウェル方程式　9
ミニ・ブラックホール　175
ミュー粒子　93
ミンコフスキ計量　79
ミンコフスキ時空　59
無からの創造　187
無境界仮説　187
面積公式　123

や行

ヤコビアン　83

有効場　86
湯川型ポテンシャル　150
油滴実験　55
陽子　42
陽電子　40
横波　34
余剰次元　191

ら行

ラグランジアン　8
ラプラス演算子　22
リッチテンソル　75
リーマン幾何学　67
粒子性　37
量子異常項　149
量子色力学　91
量子電磁気学　18
量子場　10
量子補正　54
量子ゆらぎ　5
理論の量子化　18
臨界次元　139
リンク　108
リンク変数　110
リンドラー座標　158
ループ状態　119
ループ変数　113
ループ量子重力理論　98
零点振動　25
ロバートソン・ウォーカー計量　184
ローレンツ因子　58
ローレンツ変換　58

わ行

和の規約　49

著者紹介

吉田伸夫 (よしだのぶお)

1956年, 三重県生まれ. 東京大学理学部物理学科卒業, 同大学院博士課程修了. 理学博士. 専攻は素粒子論（量子色力学）. 東海大学, 明海大学で非常勤講師を務めながら, 科学哲学や科学史をはじめ幅広い分野で研究を行っている（ホームページ『科学と技術の諸相』参照. http://scitech.raindrop.jp/). 著書に『思考の飛躍』『光の場, 電子の海』『宇宙に果てはあるか』（以上, 新潮選書),『日本人とナノエレクトロニクス』（技術評論社）などがある.

NDC421 213p 21cm

明解 量子重力理論入門 (めいかい りょうしじゅうりょくりろんにゅうもん)

2011年8月10日 第1刷発行
2022年9月1日 第7刷発行

著　者	吉田伸夫
発行者	髙橋明男
発行所	株式会社講談社
	〒112-8001 東京都文京区音羽2-12-21
	販売　(03) 5395-4415
	業務　(03) 5395-3615
編　集	株式会社講談社サイエンティフィク
	代表　堀越俊一
	〒162-0825 東京都新宿区神楽坂2-14 ノービィビル
	編集　(03) 3235-3701
印刷所	株式会社平河工業社
製本所	株式会社国宝社

KODANSHA

「明解」は, 株式会社三省堂の登録商標です.

落丁本・乱丁本は, 購入書店名を明記のうえ, 講談社業務宛にお送りください. 送料小社負担にてお取り替えいたします. なお, この本の内容についてのお問い合わせは講談社サイエンティフィク宛にお願いいたします. 定価はカバーに表示してあります.

© Nobuo Yoshida, 2011

本書のコピー, スキャン, デジタル化等の無断複製は著作権法上での例外を除き禁じられています. 本書を代行業者等の第三者に依頼してスキャンやデジタル化することはたとえ個人や家庭内の利用でも著作権法違反です.

JCOPY 〈(社)出版者著作権管理機構委託出版物〉

複写される場合は, その都度事前に(社)出版者著作権管理機構（電話 03-5244-5088, FAX 03-5244-5089, e-mail: info@jcopy.or.jp）の許諾を得てください.

Printed in Japan

ISBN 978-4-06-153275-5

講談社の自然科学書

入門 現代の量子力学　量子情報・量子測定を中心として	堀田昌寛／著	定価 3,300 円
入門 現代の宇宙論　インフレーションから暗黒エネルギーまで	辻川信二／著	定価 3,520 円
入門 現代の力学　物理学のはじめの一歩として	井田大輔／著	定価 2,860 円
ディープラーニングと物理学	田中章詞・富谷昭夫・橋本幸士／著	定価 3,520 円
これならわかる機械学習入門	富谷昭夫／著	定価 2,640 円
1週間で学べる！Julia 数値計算プログラミング	永井佑紀／著	定価 3,300 円
入門講義 量子コンピュータ	渡邊靖志／著	定価 3,300 円
宇宙地球科学	佐藤文衛・綱川秀夫／著	定価 4,180 円
宇宙を統べる方程式　高校数学からの宇宙論入門	吉田伸夫／著	定価 2,970 円
明解 量子重力理論入門	吉田伸夫／著	定価 3,300 円
明解 量子宇宙論入門	吉田伸夫／著	定価 4,180 円
完全独習 現代の宇宙物理学	福江 純／著	定価 4,620 円
ライブ講義 大学1年生のための数学入門	奈佐原顕郎／著	定価 3,190 円
ライブ講義 大学生のための応用数学入門	奈佐原顕郎／著	定価 3,190 円
基礎量子力学	猪木慶治・川合 光／著	定価 3,850 円
量子力学 I	猪木慶治・川合 光／著	定価 5,126 円
量子力学 II	猪木慶治・川合 光／著	定価 5,126 円
古典場から量子場への道　増補第2版	高橋 康・表 實／著	定価 3,520 円
量子力学を学ぶための解析力学入門　増補第2版	高橋 康／著	定価 2,420 円
量子場を学ぶための場の解析力学入門　増補第2版	高橋 康・柏 太郎／著	定価 2,970 円
量子電磁力学を学ぶための電磁気学入門	高橋 康／著　柏 太郎／解説	定価 3,960 円
新装版 統計力学入門　愚問からのアプローチ	高橋 康／著　柏 太郎／解説	定価 3,520 円
共形場理論入門　基礎からホログラフィへの道	疋田泰章／著	定価 4,400 円
マーティン／ショー 素粒子物理学 原著第4版	B. R. マーティン・G. ショー／著　駒宮幸男・川越清以／監訳　吉岡瑞樹・神谷好郎・織田 勤・末原大幹／訳	定価 13,200 円
超ひも理論をパパに習ってみた	橋本幸士／著	定価 1,650 円
「宇宙のすべてを支配する数式」をパパに習ってみた	橋本幸士／著	定価 1,650 円
なぞとき 宇宙と元素の歴史	和南城伸也／著	定価 1,980 円
なぞとき 深海1万メートル	蒲生俊敬・窪川かおる／著	定価 1,980 円
微分積分学の史的展開　ライプニッツから高木貞治まで	高瀬正仁／著	定価 4,950 円

※表示価格には消費税（10%）が加算されています。

「2022年8月現在」

講談社サイエンティフィク　https://www.kspub.co.jp/